大数据时代的
智慧城市与信息安全

范 渊 主编

电子工业出版社
Publishing House of Electronics Industry
北京·BEIJING

内 容 简 介

随着信息技术的迅猛发展，信息技术与经济社会的交汇融合，引发了数据的爆炸式增长。大数据技术赋予了人类前所未有的对海量数据的处理和分析能力，促使数据成为国家基础战略资源和创新生产要素，战略价值和资产价值急速攀升，大数据的出现使得"智慧城市"的核心内容建设成为了可能。但是，信息安全问题也被进一步扩大，大数据时代智慧城市的安全建设面临着越来越严峻的挑战。

本书讲述了大数据给城市发展建设带来的机遇，提出了智慧城市数据大脑的建设方式，并重点讲解了在大数据环境下如何安全地建设城市数据大脑的各个系统模块，以及运用大数据分析、云计算等新技术来创新网络安全防护体系，应对新的复杂的网络安全威胁，保障智慧城市的安全运行。

本书是编者团队在智慧城市信息安全领域的第三部作品。其中《智慧城市与信息安全》的第1版和第2版，受到了广大读者，特别是业内专业人士的欢迎。《大数据时代的智慧城市与信息安全》一书则对目前较热的大数据安全领域进行了重点剖析。本书适合参与智慧城市规划建设运营的管理人员和信息化从业人员阅读，也可作为智慧城市与信息安全相关专业的重要参考书。广大对智慧城市与信息安全等知识感兴趣的读者也可以阅读本书。

未经许可，不得以任何方式复制或抄袭本书之部分或全部内容。
版权所有，侵权必究。

图书在版编目（CIP）数据

大数据时代的智慧城市与信息安全 / 范渊主编. —北京：电子工业出版社，2018.4
ISBN 978-7-121-26953-0

Ⅰ. ①大… Ⅱ. ①范… Ⅲ. ①现代化城市－信息安全－安全技术 Ⅳ. ①TP309

中国版本图书馆 CIP 数据核字（2018）第 060218 号

策划编辑：张瑞喜
责任编辑：张瑞喜
印　　刷：中国电影出版社印刷厂
装　　订：中国电影出版社印刷厂
出版发行：电子工业出版社
　　　　　北京市海淀区万寿路 173 信箱　邮编　100036
开　　本：787×1092　1/16　印张：19.25　字数：468 千字
版　　次：2018 年 4 月第 1 版
印　　次：2023 年 3 月第 5 次印刷
定　　价：76.00 元

凡所购买电子工业出版社图书有缺损问题，请向购买书店调换。若书店售缺，请与本社发行部联系，联系及邮购电话：（010）88254888，88258888。
质量投诉请发邮件至 zlts@phei.com.cn，盗版侵权举报请发邮件至 dbqq@phei.com.cn。
本书咨询联系方式：zhangruixi@phei.com.cn。

本书编委会

主编：范 渊

参编（按姓氏拼音为序）：

陈 钢、褚玉妍、丁 熙、丁 莹
杜东方、冯旭杭、郭鹏飞、韩熊燕
李德恩、李新社、林明峰、刘 博
龙文洁、毛润华、莫 凡、聂桂兵
钱 鹏、邵 俊、沈亚婷、史锡荣
谈修竹、王 萌、王 欣、王 贺
王卫东、王云鹏、吴鸣旦、薛龙虎
杨 勃、杨锦峰、杨煜东、叶 鹏
张 宇、郑 赳、周 俊、邹 龙

美工： 陈田子、沈梦超、张 彩

序

中国科学院院士　何积丰

党的十九大把习近平新时代特色社会主义思想确立为党必须长期坚持的指导思想，具有重大的政治意义、理论意义和实践意义。而建设新型智慧城市是习近平新时代中国特色社会主义思想的重要组成部分。早在2016年4月19日的网信工作座谈会上，习近平总书记就提出"要以信息化推动国家治理体系和治理能力现代化，统筹发展电子政务，构建一体化在线服务平台，分级分类推进新型智慧城市建设，打通信息壁垒，构建全国信息资源共享体系，更好用信息化手段感知社会态势、畅通沟通渠道、辅助科学决策。"同年，习总书记在10月9日中央政治局第36次集体学习时的讲话中又指出："我们要深刻认识互联网在国家管理和社会治理中的作用，以推行电子政务、建设新型智慧城市等为抓手，以数据集中和共享为途径，建设全国一体化的国家大数据中心，推进技术融合、业务融合、数据融合，实现跨层级、跨地域、跨系统、跨部门、跨业务的协同管理和服务。"习近平总书记的讲话高屋建瓴、意蕴深刻，对新时期深化推进新型智慧城市建设，深入落实国家大数据战略，建设新时代中国特色社会主义具有重大而深远的意义。

习近平总书记在十九大报告中专门指出"推动互联网、大数据、人工智能和实体经济的深入融合"，而新型智慧城市建设正是运用现代信息技术深入融合各类实体经济的重要举措，必须认真贯彻这一城市可持续发展的重要路径。然而信息安全问题一直伴随着信息技术的发展，特别是智慧城市这个复杂而庞大的系统工程，更是面临着诸多的信息安全风险与挑战。一旦智慧城市的信息安全防护不当，就可能造成城市管理局部混乱、个人隐私遭到恶意泄露、政府管理应急决策失误，甚至引发社会局部动荡。因此，有效管控与防范信息安全风险是智慧城市建设中非常重要的一环。特别是随着国家大数据战略的实行，数据成为了新的生产资料，数据的共享、交易和流通成为了一种新的常态，带来了比传统数据应用更复杂的应用场景，给数据安全防护带来了全新的挑战，而智慧城市建设本身就是一个信息系统和数据资源不断融合共享利用的过程，如何确保这些城市数据资源在共享使用过程的安全性，是城市管理者必须要面对的挑战。

范渊同志率领的信息安全团队近年来一直关注智慧城市的发展，积极参与各地的智慧城市信息化安全建设，取得了不错的成绩，更难能可贵的是，他们将这些宝贵的实践经验进行了总结并奉献给了社会，先后推出了《智慧城市与信息安全》第 1 版和第 2 版，受到了广大读者特别是业内人士的一致好评。本次出版的《大数据时代的智慧城市与信息安全》是该系列的第三部作品，并且将重点放在了目前火热的大数据领域，不仅详细阐述了大数据环境下智慧城市该如何安全建设，更是将安恒信息在信息安全领域的众多创新成果进行了分享，相信该书一定会给广大智慧城市信息化从业人员和读者带来启发和收益。

前言

范 渊

自 2014 年出版《智慧城市与信息安全》第一版以来，已过去了近 4 年时间，回想当初的创作初衷，只是在看到国内智慧城市安全建设缺乏规范和指导后，想把团队在智慧城市信息安全领域的一些研究和实践情况做一个分享，也是想起个抛砖引玉的作用。不曾想到书籍的推出受到了业界的普遍欢迎，印刷了 10 余次，总发行量达到了 1 万余册，更获得了客户和行业专家的一致认可。这样的成绩，对我们团队既是压力，也是动力，也坚定了我们持续创作下去的决心。2016 年，《智慧城市与信息安全（第 2 版）》顺利出版了，第 2 版书籍在第 1 版的基础上，融入了更多新的理念、新的技术、新的应用和新的案例，并邀请了多位业界专家参与了书籍的编制工作，更把我们团队在智慧城市项目上遇到的难点以及客户的痛点问题进行了剖析，提出了可行的解决方案，更有针对性和实践性，深受读者的肯定和欢迎，也获得了不少业内人士的褒奖，至今仍作为畅销书在网上和实体书店出售。

本书依然聚焦于智慧城市与信息安全领域，但与前两版《智慧城市与信息安全》不同的是，这次我们团队将重点放在了大数据上，大数据也是本书的核心主线。随着大数据时代的到来，数据已然成为了新的生产资料，被喻为新时代的石油，大数据正日益对全球生产、流通、分配、消费活动以及经济运行机制、社会生活方式和国家治理能力产生重要影响。对国家而言，对数据的掌握和利用已成为重塑国家竞争优势、完善国家公共治理体系的关键，国家竞争力也将部分体现为一国拥有数据的规模、质量上，以及运用数据的能力上；对企业而言，数据驱动的创新应用成为企业全生产链条升级发展的全新模式，数据正在成为社会生产的新主导要素。大数据技术赋予了人类前所未有的对海量数据的处理和分析能力，运用大数据推动经济发展、完善社会治理、提升政府服务和监管能力正在成为趋势，同时大数据技术也使得"智慧城市"的核心诉求成为了可能。然而大数据技术引发的数据利用新模式与保护数据安全之间存在着天然的冲突，大数据环境下，数据的产生、流通和应用更加普遍化和密集化，数据的集聚和融合使得数据的价值攀升，对数据安全的防护工作更加复杂，也更为重要。从国家层面而言，数据安全是保障国家安全，维护国家网络空间主权，强化相关国际事务话语权的工作重点；从企业层面来看，数据安全关系到商业秘密的规范化管理和合理保护与支配，是企业长久发展不可回避的新阶段任务；对于个人而言，数据安全与个人生活息息相关，直接关系到每位公民的合法权益。

本书对大数据环境下的智慧城市发展进行了展望，提出了智慧城市数据大脑的建设模式，并重点讲解了在大数据环境下如何安全地建设城市数据大脑的各个系统模块，以及如何运用大数据分析、云计算等新技术来创新网络安全防护体系，来应对新的复杂的网络安全威胁，保障智慧城市的安全运行。没有信息安全，信息化发展越快，造成的危害就可能越大；没有安全保障的智慧城市建设，也终究像空中楼阁一样随时会轰然倒塌，信息安全永远是智慧城市健康发展的重要基石。

在本书的编写过程中，特别要感谢一些行业专家和技术专家的参与，其中包络中国科学院院士何积丰、中央网信办网络安全协调局局长赵泽良、公安部十一局总工程师郭启全、国家工业信息安全发展研究中心主任尹丽波、中国计算机学会计算机安全专业委员会主任严明、浙江工商大学信息学院教授邵俊，感谢几位专家对我们书籍创作工作的帮助和支持。

智慧城市信息安全建设是一个任重而道远的过程，需要全行业人士的共同参与，本人及其团队所涉猎的领域具有一定的局限性，特别希望一些行业专家能够提供更多的想法和建议，来共同推动我国的智慧城市安全建设。在此附上我的微信二维码，希望读者朋友们在阅读此书后，将您宝贵的意见和建议反馈给我们团队，当然您对书中的某些内容和实践案例感兴趣，也欢迎前来咨询。

范　渊

2018 年 2 月

建设网络强国，是落实"四个全面"战略布局的重要举措，更是实现"两个一百年"奋斗目标和中华民族伟大复兴梦的必然选择，而网络安全是网络强国战略得以实施的重要保障。多年来，范渊所带领的安恒信息团队不忘初心，始终致力于网络安全领域的研究和实践，为我国的网络强国梦贡献一份力量。本次编写的《大数据时代的智慧城市与信息安全》一书，重点介绍了大数据时代的智慧城市规划建设思路以及安全管理与运营的实践经验，也将安恒信息在网络安全领域的一些创新成果进行了分享，具有很高的参考价值。

——中央网信办网络安全协调局局长 赵泽良

保障网络安全，建设网络强国，是我国一项长期而艰巨的任务。在智慧城市逐渐兴起的背景下，信息安全问题也日益凸显，专注于信息安全前沿理论分析和技术研究的范渊及其团队，多次将其研究成果和实践方法编写成书与大众分享，较好地普及了智慧城市领域的信息安全知识，全面地讲述了智慧城市建设中面临的信息安全威胁、挑战与解决之道。本书是该系列的第三本作品了，并将重点放在了目前火热的大数据领域，对做好大数据时代的智慧城市安全建设工作具有较大参考价值。在此对该书的出版表示衷心祝贺和良好祝愿！

——公安部十一局总工程师 郭启全

如果把电子政务当作政府"互联网+"1.0，那么，政府开启大数据治理就是政府"互联网+"2.0，眼下世界发达国家政府的大数据治理也处于起步阶段，这正是我国运用大数据推动治理体系创新与治理能力提升的大好契机。而大数据技术是把双刃剑，其所带来的安全问题不容忽视，想要用好大数据，必须安全先行。范渊研究员所编写的《大数据时代的智慧城市与信息安全》一书全面描绘了大数据时代的城市治理和安全规划建设，思路清晰，有理有据，既有系统性的研究理论，又有具体的落地实践，具有较高的学习价值。该书对我国的城市大数据治理以及安全规划建设具有较大的参考价值，在此对该书的出版表示衷心的祝贺。

——中国计算机学会计算机安全专业委员会主任 严明

《大数据时代的智慧城市与信息安全》一书，不仅提出了对智慧城市数据大脑建设方式的理解，更系统性地对城市数据大脑的安全规划和建设提出了科学的、合理的思路和方法，相信会给广大对智慧城市规划以及信息安全感兴趣的读者带来较大的收获。

——国家工业信息安全产业发展联盟理事长 尹丽波

目 录

第一部分　大数据驱动下的智慧城市

第1章　大数据升级城市智慧 3
　1.1　城市病与信息化机遇 3
　　1.1.1　城市化带来的挑战 3
　　1.1.2　智慧城市的应运而生 4
　　1.1.3　大数据城市发展的新引擎 6
　1.2　大数据引领未来智慧城市建设 7
　　1.2.1　大数据促进城市治理能力现代化 7
　　1.2.2　大数据构建民生服务新体系 9
　　1.2.3　大数据开启企业创新发展新格局 10
　　1.2.4　大数据让城市生活更加智能 12
　1.3　智慧城市数据大脑建设 13
　　1.3.1　城市物联网建设 14
　　1.3.2　移动互联网、下一代互联网建设 15
　　1.3.3　基于云计算的城市数据大脑建设 16
　　1.3.4　大数据驱动下的城市智能化管理 18

1.4 城市无处不在的网络安全威胁 19
　　1.4.1 信息化发展与网络安全的博弈 19
　　1.4.2 愈演愈烈的网络违法犯罪 21
　　1.4.3 网络安全是智慧城市健康发展的基石 22

第二部分　大数据时代智慧城市"数据大脑"的安全建设

第 2 章　城市"数据大脑"的感知系统——物联网安全 27

2.1 智慧城市的物联网应用及发展 27
　　2.1.1 城市能源管理 28
　　2.1.2 居住环境安全 29
　　2.1.3 城市生活、工业废弃物管理 30
　　2.1.4 城市交通管理 30
　　2.1.5 城市应急与执法管理 31
　　2.1.6 物联网的发展方向 31
2.2 物联网安全威胁 32
　　2.2.1 物联网安全威胁大事件 32
　　2.2.2 物联网安全威胁分析 37
2.3 物联网安全治理 39
　　2.3.1 智慧城市下的物联网安全治理概述 39
　　2.3.2 物联网安全目标及防护原则 40
　　2.3.3 全球物联网安全防御策略 41
　　2.3.4 我国物联网安全标准 42
　　2.3.5 物联网层次结构及安全模型 43
　　2.3.6 物联网安全关键技术 47
　　2.3.7 物联网的安全体系设计 54

第 3 章　城市"数据大脑"的中枢神经系统——云计算安全 59

3.1 云计算是城市数据大脑的核心 59
3.2 云计算的安全威胁与挑战 60
　　3.2.1 云计算安全威胁 60
　　3.2.2 云计算平台侧面临的威胁 62

3.2.3　云计算租户侧面临的威胁 65
　3.3　云计算的安全防护实践 66
　　　3.3.1　云安全总体防护目标与原则 66
　　　3.3.2　云安全总体防护设计思路 68
　　　3.3.3　面向云平台侧安全体系 74
　　　3.3.4　面向云租户侧安全体系 79

第4章　城市"数据大脑"的智慧源泉——数据资源安全 85

　4.1　智慧城市的数据资源 85
　　　4.1.1　智慧城市数据资源的特点 85
　　　4.1.2　智慧城市数据资源管理的关键问题 86
　4.2　智慧城市数据资源面临的安全风险 93
　4.3　智慧城市数据安全防护思路 94
　　　4.3.1　数据安全的原则和策略 95
　　　4.3.2　总体防护思路 95
　　　4.3.3　安全控制措施 96
　4.4　智慧城市数据安全防护实践 102
　　　4.4.1　安恒大数据安全实践 103
　　　4.4.2　阿里云大数据安全实践 105
　　　4.4.3　华为大数据安全实践 107
　　　4.4.4　京东大数据安全实践 109
　　　4.4.5　中国移动大数据安全实践 110
　　　4.4.6　IBM大数据安全实践 111

第5章　城市"数据大脑"的动力系统——工业互联网安全 115

　5.1　工业互联网是城市的动力保障 115
　　　5.1.1　工业互联网基本情况 115
　　　5.1.2　工业互联网发展现状 117
　　　5.1.3　工业互联网与智慧城市 120
　5.2　工业互联网安全威胁与挑战 122
　　　5.2.1　工业互联网面临的安全问题 122
　　　5.2.2　工业互联网带来的全新挑战 125
　5.3　工业互联网安全防护体系与实践 127
　　　5.3.1　国外安全防护实践 127

5.3.2 安全防护整体方案 130

第6章 城市"数据大脑"的安全底线——个人信息和隐私保护 133

6.1 个人信息与隐私 133
6.1.1 个人信息的概念 133
6.1.2 个人信息的分类 134
6.1.3 个人信息、个人数据和隐私的关系 135

6.2 国外个人信息与隐私保护实践 137
6.2.1 个人信息保护的法律模式 137
6.2.2 个人信息保护的立法原则 137
6.2.3 美国的个人隐私保护 138
6.2.4 欧盟的个人隐私保护 140

6.3 我国网络安全法与个人信息保护 142

第7章 区块链技术助力智慧城市创新发展 145

7.1 日益兴起的新技术——区块链 145
7.1.1 区块链技术的发展 145
7.1.2 区块链的概念 146
7.1.3 区块链技术的特点 147

7.2 目前智慧城市建设中面临的问题 149

7.3 使用区块链技术解决智慧城市中的问题 150
7.3.1 区块链在智慧城市中的基础应用 150
7.3.2 区块链在智慧城市中应用的最新研究 152

第三部分 数据驱动安全，安全助智慧腾飞

第8章 什么是大数据分析 155

8.1 数据采集是一切的食粮 155
8.1.1 数据是智慧城市的核心资源 155
8.1.2 数据采集的特点 155
8.1.3 数据采集的设计 156
8.1.4 建设智慧城市数据中心 157

- 8.2 小数据是试验田 157
  - 8.2.1 小数据的价值 157
  - 8.2.2 数据分析的实验技能 158
  - 8.2.3 小数据的局限 159
  - 8.2.4 从小数据走向大数据 159
- 8.3 秒级实时分析大数据，真的吗？ 160
  - 8.3.1 天下武功，唯快不破 160
  - 8.3.2 实时大数据交互式分析的内功心法 161
  - 8.3.3 让实时大数据交互式分析用上大索引利器 162
  - 8.3.4 智慧城市中必不可少的实时大数据交互式分析 163
- 8.4 分布式计算不是简单的 1+1=2 164
  - 8.4.1 分布式计算的概念与发展 164
  - 8.4.2 Map-reduce 计算框架解析 165
  - 8.4.3 分布式计算环境下各种组件的相互协调作用 166
  - 8.4.4 分布式计算 168
- 8.5 深度学习有多深 168
  - 8.5.1 深度学习简介及历史回顾 169
  - 8.5.2 何为深，深为何 170
  - 8.5.3 深度学习在智慧城市中的应用 176
- 8.6 大数据技术助推人工智能 176
  - 8.6.1 人工智能的前世今生 177
  - 8.6.2 大数据和人工智能的关系 179

第 9 章 大数据分析在网络安全中的应用 181
- 9.1 大数据是手段不是目的 181
- 9.2 大数据是网络安全的未来 183
- 9.3 大数据态势感知保护关键网络应用 185
  - 9.3.1 大数据态势感知是攻防分析，不是"地图炮" 185
  - 9.3.2 大数据态势感知是能力落地，不是"看热闹" 186
  - 9.3.3 大数据态势感知是智能安全中心，不是"数据杂烩" 186
  - 9.3.4 态势感知是手段，核心应用才是关键 186
- 9.4 大数据建模防御数据泄漏和窃取 187
  - 9.4.1 传统数据防泄漏方案分析 188
  - 9.4.2 大数据建模防数据泄漏方案 189

9.5 利用大数据分析进行反欺诈 190
9.5.1 诈骗与反欺诈 190
9.5.2 电信反欺诈 191
9.5.3 金融反欺诈 191
9.6 借助大数据分析技术保障电子邮件安全 192

第10章 大数据与云计算融合下的新一代安全防护技术 197
10.1 网络空间信息普查和风险感知 197
10.1.1 网络空间元素探测与安全底图建设 198
10.1.2 安全漏洞探查与验证 199
10.1.3 0day 漏洞精准识别与预警技术 200
10.1.4 安全事件感知技术 201
10.1.5 对暗链的识别技术 201
10.1.6 基于大数据的钓鱼攻击识别技术 202
10.1.7 多线路网站服务质量监测 202
10.1.8 多维度态势感知分析技术 203
10.1.9 网络安全重点事件专题分析 204
10.2 基于机器学习的云端安全防护 205
10.2.1 基于页面镜像的篡改防护与永久在线技术 205
10.2.2 漏洞识别与虚拟补丁技术 206
10.2.3 基于大数据技术的攻击识别与防护 207
10.2.4 协同防护技术 209

第11章 培养一流网安人才助推网络强国战略 215
11.1 大数据时代网络安全人才现状 215
11.1.1 大数据时代网络空间安全人才需求缺口巨大 215
11.1.2 普通高校与高等职业院校的网络安全教学未成体系 216
11.1.3 网络空间安全人才继续教育混乱而流于形式 217
11.2 网络空间安全人才培养和教育的困惑 218
11.2.1 网络空间安全需要怎么样的人才 218
11.2.2 完善人才教育体系应包含哪些方面 220
11.2.3 校企合作培养网络空间安全人才 221
11.2.4 培养优秀网络安全人才应坚持哪些导向 222
11.3 网络空间安全人才培养和教育发展的探索 223

- 11.3.1 高校教育：建设国家一流网络空间安全学院 223
- 11.3.2 在职教育：坚持创新、丰富实践、适应需求 225
- 11.3.3 产学研结合：网络空间安全人才培养与教育的创新模式 226
- 11.4 他山之石：他国网络空间安全人才培养与教育观 229
  - 11.4.1 美国网络空间安全人才培养和教育趋势探析 229
  - 11.4.2 英国网络空间安全人才培养和教育趋势探析 231
  - 11.4.3 其他国家网络空间安全人才培养和教育趋势探析 234
- 11.5 基于实验室的大数据安全人才培养 235
  - 11.5.1 大数据时代网络空间安全人才的特点 235
  - 11.5.2 大数据时代网络空间安全人才培养的目标 236
  - 11.5.3 大数据时代网络空间安全人才培养方式 237
  - 11.5.4 大数据时代网络空间安全人才选拔模式 239

第四部分　经典案例

第 12 章　优秀案例分享 243

- 12.1 某市政务数据安全保障体系规划项目 243
  - 12.1.1 项目背景 243
  - 12.1.2 项目必要性 243
  - 12.1.3 存在的主要问题 245
  - 12.1.4 建设内容 247
  - 12.1.5 项目特色 250
- 12.2 大数据智能安全平台助力某金融机构构建网络安全体系 250
  - 12.2.1 项目背景 250
  - 12.2.2 项目建设内容 251
  - 12.2.3 项目成效 252
- 12.3 某城市级云安全运营服务案例 253
  - 12.3.1 案例背景 253
  - 12.3.2 解决方案 254
  - 12.3.3 特色和价值 256
- 12.4 某市平安城市安全案例 260
  - 12.4.1 项目背景 260

- 12.4.2 平安城市建设面临的安全问题及需求 260
- 12.4.3 对策与措施 264
- 12.4.4 项目成效 268

12.5 涉众型金融风险监测预警处置实践 269
- 12.5.1 背景 269
- 12.5.2 涉众型经济犯罪的现状与问题 269
- 12.5.3 对策与措施 270
- 12.5.4 应用成效 272

12.6 某电厂工控网络和信息安全防护体系建设 273
- 12.6.1 背景 273
- 12.6.2 电厂建设面临的安全威胁 274
- 12.6.3 对策与措施 275

12.7 某市康养之都智慧城市建设案例 279
- 12.7.1 背景 279
- 12.7.2 建设目标 279
- 12.7.3 建设内容 280
- 12.7.4 创新特色 281

12.8 教育行业网络安全综合整治案例 281
- 12.8.1 背景 281
- 12.8.2 治乱解决方案 282
- 12.8.3 堵漏解决方案 283

12.9 某市智慧公安建设案例 289

第一部分 大数据驱动下的智慧城市

城市是文明的标志，是人类经济、政治和社会活动的中心，城市发展水平是衡量一个国家和地区社会组织程度和管理水平的重要标志。我国正处在城镇化快速发展的阶段，城市规模不断扩张，然而随着城市化进程的推进，人们日益扩大的需求与城市日益有限的供给之间的矛盾越来越大，对城市的安全运行和管理提出了更高的挑战。

创新是城市发展不竭的动力，信息技术的不断进步推动了现代城市管理模式的创新，智慧的地球、智慧的城市成为当今世界的热点，也为城市发展指明了方向。加快智慧城市建设，将先进的技术和理念深度融入城市的规划、服务和管理的整个过程，是我国新型城镇化建设的必由之路。

智慧城市是城市信息化的高级阶段。我国已经基本完成了城市的数字化改造，但是既有的"数字城市"是各个孤立的单向数字模块如同积木般搭建起来的呆板工程，缺乏整体的联动和协调，制约了城市信息化的进一步发展。真正的智慧城市需要实现数字和数字、数字和人的多向智慧互动，使各个智慧模块结合成为一个有机整体。而实现"数字城市"向"智慧城市"转变的关键就是大数据，大数据的出现使得"智慧城市"的核心内容建设成为可能，推动"数字城市"成功地向"智慧城市"跨越。大数据将遍布智慧城市的方方面面，从政府决策与服务、城市的产业布局和规划，到城市的运营和管理方式，再到包含衣食住行在内的居民生活方式，都将在大数据支撑下走向"智慧化"。

第 1 章 大数据升级城市智慧

1.1 城市病与信息化机遇

城市化在带来快速的经济发展的同时，也伴随着出现了一些问题，居住越来越拥挤；交通越来越拥堵；工业生产中的废弃物已经影响到人们的身体健康；想找个称心如意、感兴趣的工作已成为一种奢望；不断爆发的食品安全问题，使得人们抱怨越来越多；城市原有的环境被破坏，晴朗的天空都成为一件使人欢呼雀跃的事情。城市面临着新的发展瓶颈，出现了新的问题，需要用崭新的思路来解决这些问题。

1.1.1 城市化带来的挑战

在原始社会，人类住在山洞或树上，靠采集和狩猎获得生活资源，随着生产经验的不断积累，人类逐渐了解了动植物的习性，开始通过栽培植物和驯养动物来获取生活资源，种植业和畜牧业逐渐形成，从而产生了农业。农业的出现使得人类的居住点逐渐固定下来，出现了固定的居民点，这就是城市的雏形。

随着人类社会的不断发展，国家出现了，城市逐渐成为统治中心，同时也成为文化发展和经济发展的聚集地。到了近代，随着工业革命的兴起使得城市发生了巨大的变化，大量劳动力聚集到城市，城市化进度不断加速。根据联合国的人居署统计，1970 年世界城市化水平只有 37%，而 2000 年为 47%，2007 年已有 33 亿人生活在城市，超过了全球人口总数的 50%，预计到 2030 年，世界城市人口比例会增至 60%（50 亿），至 2050 年这一数字将升至 70%，全世界三分之二的人口（超过 60 亿）将居于城镇。

城市化是指人口和产业活动在空间上集聚、乡村地区转变为城市地区的过程，是社会生产力发展到一定阶段，农村人口转化为非农村人口，人口向城镇集聚，农村地区转化为城镇地区，城镇数据增加的过程。在世界范围内，城市化率在不断地增长，而我国的城市化进程发展更快，20 世纪 70 年代末时城市化水平只有 14%；1999 年达到 29.5%；2002 年到 2011 年，我国城市化率以平均每年 1.35 个百分点的速度发展；到 2012 年首次突破 50%关口，达到 51.27%；2015 年 1 月 20 日国家统计局发布的 2014 年经济数据显示，我国城市化率达到了 54.77%。城市化率从 20%到 50%，美国用了近 60 年，日本用了近 50 年，英国和德国用了大约 100 年，而我国仅用了 35 年。

高速的城市化发展，带来了蓬勃的经济发展，但也为城市发展带来了巨大压力，全球所面临的城市问题也越来越多，也越来越突出，同样，这种压力在我国也显得尤为突出。随着人口不断地涌入城市，所需的资源不断超过城市地承载能力，城市通过不断扩张物理空间来提高城市承载能力，盲目地向周边摊大饼式地扩延，大量的耕地被占，大量的原始环境被破坏。这种简单粗暴的城市扩展方式，以及人口的高度集中带来了越来越多的问题，如人口膨胀、住房紧张、交通拥堵、环境恶化、就业困难、资源紧缺等，这些就是近年来所说的"城市病"。这些"城市病"将会加剧城市负担、制约城市化发展，以及引发市民身心疾病等。

城市化是社会发展的趋势，但是城市管理者也逐渐意识到，城市性能的提升不能仅仅依靠硬件基础设施数量和科技含量上的提升，而更需要不同种类的硬件基础设施之间的协调工作，需要适当的社会资源的建立，同时也需要各种不同的现实社会的信息来为城市治理提供数据支撑和智力支撑。要解决城市病问题，需要用新的模式、新的理念和新的技术来探索和实践。

1.1.2 智慧城市的应运而生

城市的飞速发展，以及人们认知的不足，使得城市在迅速的扩张中出现了各种问题。于是人们对以往的城市发展进行反省，并提出"可持续性发展"的理念。但是采用何种方式方法能够满足当代人不断提高的物质、文化需求，又不对后代人满足其需求和能力构成危害，是摆在城市建设、管理面前的一个新问题。信息技术的飞速发展和广泛应用，使得大数据、互联网、物联网等技术深入影响人们的生活，人们逐渐认识到充分利用这些技术也许可以走出一条可持续发展之路。

在目前的信息化时代，基于信息技术的各种应用不断出现，电子商务、物流管理、位置服务、GIS 服务、微博、微信、网络视频、远程医疗等，信息技术的发展催生的这些应用在慢慢改变着人们的生活方式、交流方式，改变着社会服务的提供方式。这些变化，促使人们对政府服务提出了更高的要求，而政府要实现这样的对外服务，又催生自身基于信息化服务要求上的体制机制上的创新。通过不断的实践，人们发现，通过提升 ICT（信息通信技术）在监管、决策、服务提供、信息共享等方面广泛和深度的应用，加速信息流通、提高共享水平、普及大数据分析，本身就是实现集约、低碳、环保、可持续发展的有效途径。以信息技术为代表的科技进步，提供了城市发展和进步的新思路，于是一种新型的城市建设模式——智慧城市，在各个国家的不断摸索中诞生了。

智慧城市是运用新一代信息技术促进城市规划、建设、管理和服务智慧化的新理念和新模式，是城市信息化发展的高级阶段，是对城市可持续发展理念的有效支撑。2009年，"智慧城市"概念第一次被引入我国，引起了我国政府的高度重视，多部委组织开展智慧城市关键技术的研究和城市试点工作，2012年，在党的十八大提出到2020年全面建成小康社会的奋斗目标后，我国智慧城市建设全面铺开。

智慧城市建设是一个渐进的过程，建立在城市信息化、数字化发展成果的基础上，可看作数字城市发展的高级阶段和更友好模式。我国智慧城市经历了数字城市、无线城市两代雏形阶段，数字城市是实体城市的虚拟映射，通过把遍布城市各处的信息采集系统按城市的坐标进行逻辑关联，实现城市全部信息的有机整合，数字城市在推动政府管理创新和提高政府科学决策水平、提高城市信息化水平和树立良好的城市形象、开拓信息产业新领域和推动经济社会发展、促进全社会的文明进步和改变公众工作学习生活方式等方面，确实起到了很好的作用。但是由于体制和技术的双重原因，形成了垂直化和条块化强，扁平化和融合化弱的特点，既有的"数字城市"是各个孤立的单向数字模块如同积木般搭建起来的呆板工程，信息不能共享，系统之间不能有效联动，制约了城市信息化的进一步发展。而真正的智慧城市需要实现数字和数字、数字和人的多向智慧互动，使各个智慧模块结合成为一个有机整体，需要展现"系统中的系统"特质。其核心内容有两点：一是以数字化的方式对所需信息的充分获取和广泛传递，二是对所得数字化信息的及时智慧的处理与普遍应用。因此，"智慧城市"需要打破行业、区域等壁垒，使座城市的所有环节实现信息互联互通，再及时将处理分析好的信息结果反馈到各个城市环节，有效指导城市高速、高效地顺利运转。这样一来，城市的每一个环节都是一个能够及时反应的智慧模块，例如，"智慧交通"、"智慧能源"、"智慧通信"等，所有的智慧模块又构成一个有机整体，交流互动、协同工作。

实现"数字城市"向"智慧城市"转变的关键就是大数据。大数据的出现使得"智慧城市"的核心内容的建设成为可能，大数据可以推动"数字城市"成功地向"智慧城市"跨越。大数据能够对整个城市的所有构成单元——包括城市里的每一个居民进行不间断的信息跟踪和采集，借助跨模块大数据平台和区块链技术快捷有效地将所有采集到的单元数据进行整合分析，就可以跟踪了解整个城市的运行情况，管理控制中心就能够针对各种突发情况及时反应、迅速处理，使整个城市的运行总体保持着良好的状态。再进一步，通过成熟可靠的大数据算法对采集整理到的城市大数据进行挖掘分析，甚至可以前瞻预判城市的运行态势，提前反应，通盘调度城市相关运行环节，在潜伏期就消除可能的突发情况，从而保证城市的优质运行态势。城市大数据智慧控制中心还能够同城市里的每一个行为主体进行数据互动，为之提供方便可靠的数据服务。每一个环节和个人都为智慧城市无偿提供大数据，智慧城市又反过来回馈给每一个环节和个人便利的大数据服务，通过数据互动，整个城市成为一个智慧互动的有机整体。

1.1.3　大数据城市发展的新引擎

世界是信息的，世界的本质是数据，一切皆可以数字化。信息革命正是源自这一世界观的革命，一切数字化意味着可以用数字来描述世间一切事物的运动与变化，一切数字化让世界变成可以计算的数据海洋，"人在干、数在转、云在算"正在成为人类生活的普遍形态。自 2015 年 3 月 15 日李克强总理提出"互联网+"行动计划起，一石激起千层浪，引发举国热议。"互联网+"是中国政府顺应人类历史潮流而主动切换转型跑道，以信息化为新动能，用新动能推动新发展的"换道超车"的战略转型，是实施网络强国战略的重要举措。"互联网+"是各行各业的全面上网，是传统行业的数字化改造，是虚拟经济与实体经济的深度融合，从而创造出新的产业发展生态，形成新经济、新动能。"互联网+"的实质是用芯片把世间万物装载到云端的网络化、在线化和数据化，是经济、社会、城市运行的全面上网，从而形成一个与物理世界并行的数字世界。这样，人们就可以生活得更方便、更好玩、更快捷，且能参与互动，可以用数据方式展现经济、社会运行，政府可以通过数据更高效地管理物理世界。全面的"互联网+"产生了多维度的海量数据，改变了我们信息的获取方式、生活方式、工作方式和学习方式，将我们带入一个"可计算、可预见"的，被称为"大数据"的时代，在这个新时代，人们开始用数据看待事物的变化，用数据来管理世界，用数据来改变生产和生活方式。

数据出效益，数据成为新的生产资源，是新竞争优势的源泉。大数据是观察社会的显微镜、监测自然的仪表盘，大数据的实质是预测，通过预见到的事物变化或情绪的移动方向来提升资源效率、改善人类生活。大数据开启了人类从数据看世界的新思维，形成了透过数据发现规律和趋势的竞争新工具，把我们带到了将数据当作生产资源的新时代。它让数据爆炸所带给我们的困扰和压力转化为生产动力，让数据转化为生产资源，从而让人类从劳动生产率转向知识生产率。同时由于数据容易存储、可分享、可重复使用和拓展维度使用，因此数据具有直接使用效率、创维使用效率和关系改进效率等多重好处，可以说数据成为当今社会最重要的生产资源。

就经济而言，如果善于收集、使用数据，让大数据产业发挥"侦察兵"功能，挖掘、匹配市场需求，为工农业导航，那么我们就能在提高实体效率的基础上创造软财富、新价值，直到实现 C2B 的个性化制造，避免生产与使用中的不可见因素、让产品在使用中产生更多的派生性价值等，最大限度地提高资源效率、缓解资源约束。

就社会服务、治理而论，大数据技术让人类获得了真正了解自身和社会如何演变所需要的数据。政府如能通过数据收集与分析，提高做决策和预见趋势的能力，既能提升金融、交通、能源、健康、非政府组织等社会基础设施的运行效率，又能为日常活动提供最优运行方案。同时如果政府善于利用网络数字技术，利用数据开放、公共服务数字化等现代手法服务社会、服务群众，依托便捷、高效的服务提供能力和政民互动性，可极大地提高政府对群众的黏度。政府如能运用于公民之间交互所生成的数据来改善治理结构，就可以让每个人的声音都被听到，从而建立起一种民主的知识型社会，开创政府大数据治理的新局面。

对国家而言，对数据的掌握和利用已成为重塑国家竞争优势、完善国家公共治理体系的关键。在大数据时代，国家竞争力已部分体现为一国拥有数据的规模、质量以及运用治理数据的能力。纵观大数据技术对于经济转型、社会治理创新的预期效果，如果我们善于在低成本的数字世界管理高成本的物理世界，做到用"数据说话、用数据决策、用数据管理、用数据创新"，做好数字世界的"彩排、预演"日常工作、保留工作机动性，做到在方方面面加快信息的流动，减少物质资源的流动，那么大数据技术必将提升资源效率、助力治理体系和城市治理能力的现代化，大数据已然成为加快城市发展的新引擎。

1.2 大数据引领未来智慧城市建设

信息技术与经济社会的交汇融合引发了数据的爆炸式增长，数据已成为国家基础性战略资源，大数据正日益对全球生产、流通、分配、消费活动以及经济运行机制、社会生活方式和国家治理能力产生重要影响，全球社会正式进入了"数据驱动"的时代。大数据技术赋予了人类前所未有的对海量数据的处理和分析能力，促使数据成为国家基础战略资源和创新生产要素，战略价值和资产价值急速攀升，运用大数据推动经济发展、完善社会治理、提升政府服务和监管能力正在成为趋势。

1.2.1 大数据促进城市治理能力现代化

2015年的中央城市工作会议强调，要推进城市管理机构改革，创新城市工作体系机制，促进城市治理体系和治理能力的现代化。智慧城市的建设将新一代信息技术融入了城市规划、建设、运行、服务和管理的整个过程，为城市治理现代化提供了基础支撑。现代化的城市治理需要的是政府、企业、市民和第三方机构之间的集体参与，是"自上而下"与"自下而上"相结合，形成"政府、社会、市场"多元共治的新模式，而城市治理的成功与否，最终体现的是决策是否科学、合理，是否符合社会的发展需要，是否符合人民的现实需要，其关键就在于实现城市信息的分享、流通，从而促成多方的交流与达成共识，并在此基础上开展协商合作和集体行动。

智慧城市的建设、政府的信息公开和数据开放、大数据技术的发展应用，开启了大规模实时、在线、多方协作的社会治理的新局面。城市的数字化建设带来了数据量的爆发式增长，海量数据就像血液一样遍布城市领域的方方面面，给了城市管理者看清城市运行本质的能力；政府信息公开保障了公众的知情权，让公众知道政府在做什么，而政府数据开放实现了公众对政府数据的利用，激发了社会公众参与城市治理的热情，实现了决策的民主化；大数据技术让政府能够依托"实时、全样"的城市数据进行整合分析，提高了政府决策的科学性和精准性，提高了政府预测预警能力以及应急响应能力，实现从过去"主观主义"的模糊化治理方式向"数据引领"的精准化治理方式转变。

借助大数据，可以为政府在城市各个领域提供强大的决策，优化行政资源、降低管理成本、提高管理效率和应急响应能力，节约决策的成本。在城市管理方面，通过充分利用大数据的各类资源，发挥城市网络化管理的效用，达到最大程度的共享应用，以提升城市和社区的服务质量、提高服务能力、加强服务管理，创建服务型社会，使城市管理工作和社区服务水平迈上更高的台阶；在城市规划方面，通过对城市地理、气象等自然信息和经济、社会、文化、人口等人文社会数据信息的挖掘，可以为城市规划提供强大的决策支持，强化城市管理服务的科学性和前瞻性，围绕环境、交通、医疗、教育等，构建城市日常运营以及应急联动指挥响应管理平台；在安防与防灾领域，通过大数据的挖掘，可以及时发现认为或自然灾害、恐怖事件，提高应急处理能力和安全防范能力；在舆情监控领域，通过网络关键词搜索及语义智能分析，能提高舆情分析的及时性、全面性，全面掌握社会民意，绘制社会不同时段情绪波动的实时色彩图，监控社会情绪，提高公共服务能力，应对网络突发公共事件，打击违法犯罪，构建主动式社会管理体系和管理模式；在环保领域，通过实时监测水中各项参数，结合卫星遥感等多源异构数据，分析环境生态变化趋势，并采取有效的应对措施来防范环境的恶化；在交通管理方面，通过对道路交通信息的实时监测、分析，辅以相关的指挥管理，能有效缓解交通拥堵，并快速响应突发状况，为城市交通的良性运转提供科学的决策依据；在市场监管方面利用大数据整合信息，将工商、国税、地税、质监等部门所收集的企业基础信息进行共享比对，通过分析可以发现监管漏洞，提高执法水平，达到促进财税增收、提高市场监管水平的目的。

目前，我国基于大数据的城市治理在部分领域已初具成效，例如，利用网络和大数据进行商品打假工作。一直以来打假和治假都是政府管理部门的头等大事，是促进市场繁荣的前提条件；打假和治假更是一个涉及宣传教育、渠道简化和透明、用技术消除信息不对称性、建设信用制度、降低鉴定成本、提高维权意识、完善法律和自律机制等方面的系统工程。我国假货市场的治理难，一直以来都是相关政府部门的难点和痛点。互联网信息技术的发展，数字化时代的到来，特别是大数据技术的成熟，让管理部门逐渐摸索出了一套集"监测、预警、控制和应急"于一身的大数据打假模式。大数据打假是基于互联网、物联网、大数据等高科技手段和完整的信用体系，通过与企业社会之间的信息共享，协同联动而建立起来的一套线上线下相结合的高效打假模式。企业和公众可以通过自身的服务平台以及在线举报平台快速的汇聚相关可疑售假信息，通过大数据分析，在很多情况下可以预见侵权违法现象的发生，从而起到提前预防的作用，减少损害，又由于信息的可追溯性，网上的所有行为都记录在案，运用大数据技术进行分析、汇集和整合，从而发现蛛丝马迹，可大大提高打假的效率和准确度。例如，在淘宝网上售假，被用户发现举报后，阿里公司基于自身数据快速展开调查，确定谁在卖和在哪里卖，汇聚相关信息提供给公安部门，公安部门可根据这些数据进行分析研判，快速制定行动计划，进行现场的查处。

再比如，针对药品的安全问题，目前按照药监局的要求，凡生产基本药物品种的中标企业，须按规定在上市产品最小销售包装上加印（贴）统一标识的药品电子监管码。通过解读电子监管码，不仅可以分清真药和假药，还能清楚知晓药品的成分、功效、禁忌、流通过程、出厂日期等信息。用电子监管码让药品出现在数字世界，利用物联网和"一品一码"便可以实现全过程的监控，不仅有利于打击制售假药、排查问题药品流向、遏制假药流通，又能防止医保资金被违规用于非医保药品，堵死非法套取医保资金之路，政府通过药品销售流转数据，通过大数据分析，能绘制出国内疾病发生时间、地域、周期等可视化管理图，及时发现大规模疾病爆发的风险，从而进行预警和提前部署。

1.2.2　大数据构建民生服务新体系

以人为本是智慧城市建设核心理念。一方面，民生乃善治之本，解决城市发展问题，根本上是要解决民生问题，智慧城市的建设要突出为民、便民、惠民，运用互联网、大数据手段让更多的民众共享发展成果，让智慧城市建设更好地满足公众需求，提高公众的生活品质，提升公众满意度和现实获得感；另一方面，"互联网+"战略的实施，也让我们要善于运用互联网的思维来推进城市的建设，互联网思维的精髓就是用户至上，注重社会参与和服务体验，满足用户的差异化、个性化需求，促进社会共建、共治、共享。对于政府，运用大数据技术可以更好地理解群众需求、改进服务质量，做好事前服务与社会管理工作，构建"互联网+"的新服务体系。

随着移动设备、社交媒体、定位系统、搜索服务在大众生活中的广泛应用，移动位置、群体搜索、人群偏好和行为习惯等用户数据可被更广泛地收集，将这些数据进行关联和分析，可以描绘出现代人的生活习性、活动轨迹以及城市的运行特点和节奏，政府相关部门可根据这些数据确定交通、能源及餐饮的峰值需要，决策交通、能源供给服务，利用数据驱动的预报进行疾病防控、应急响应及开展公共服务。

以交通服务为例，城市交通每时每刻都在产生大量有价值的信息，但不同交通信息系统的目的是不一样的，如地铁检票口能够确定乘客从哪个站进、哪个站出，而公交调度系统则能确定在某个时段有几班车从哪里开往哪里。如果将两个系统的数据进行整合共享，便能知道某个时刻某个站点的人流情况，拥挤度如何等。如果过分拥挤，便可以决定增加运力。再比如，市民从 A 地到 B 地，需要先乘坐公交车到 C 地，然后再乘坐地铁到 B 地。通常，这个市民的数据是被分别存放在地铁和公交两个系统中的，数据到了交通管理部门，即便是同一个市民从 A 地到 B 地，也会被认为是两次不同的行程。但如果结合人的轨迹信息，并将公交和地铁数据进行整合，就会发现原来有大量的人的实际需求是从 A 地到 B 地，而非从 A 地到 C 地或 C 地到 B 地，那么管理部门就可以考虑直接开通一条从 A 地直接到

B 地的线路，方便市民的出行。

政府部门可以利用大数据技术完善一体化公共服务体系，制定在线的公共服务指南，整合各政府部门的服务资源，让数据多跑路，让群众少跑腿，向公众提供一体化的便捷的在线公共服务，使公众获得基本公共服务更加方便、及时和高效。

近年来，我国行政审批制度的改革在打造服务型政府等方面取得了显著成果，但不可否认，群众和企业办事难、办事慢、多头跑、反复跑的现象仍然存在，群众对改革的获得感仍有不少提升空间。运用云计算、大数据、物联网、移动互联网等现代信息技术进一步实现"流程优化、业务协同"成为服务改革不断深入的"数字引擎"。以浙江省为例，通过"最多跑一次"改革工程，打破了传统政府部门之间的信息孤岛，实现政务数据之间的共享共用，极大地方便了群众和企业办事，践行了以人民为中心的发展思想。浙江在部署"最多跑一次"改革之初，就将旨在实现部门间规章制度对接和流程整合的"一窗受理、集成服务"作为改革的主抓手，要求材料精简、标准明确、流程优化、联合审批、业务协同，以此倒逼网上审批、市场准入、便民服务等一系列改革。辖区内各政府通过推进"多审合一""多测合一""多评合一""多证合一""证照联办"等，从制度层面推动"流程优化、业务协同"，而其中最为重要的就是不同政务部门之间的信息系统互联和数据共享。浙江省政府部门基于浙江政务服务网推进全省政务数据汇聚，建成了省市县一体化的公共数据交换共享平台，在全省范围内施行数据"无条件归集，有条件使用"的原则，通过大数据技术实现政务数据的共建共享共用，打破了传统以部门为视角的办事模式，以自然人全生命周期为视角的"一证通办一生事"正成为现实。原来分散在各级各部门，每个人的生育、就学、就业、婚姻、养老等各个阶段所涉及的审批服务事项被梳理整合，包含了人社、民政、公安、不动产、公积金等 10 余个部门的 250 余项事项。市民凭一张身份证，就能办理从出生至死亡的绝大部分涉民事项，无需提供其他证明材料。办民宿、开超市、开餐馆……原来都要去多个部门办理，如今可在统一信息平台"一体化"审批，实现一件事情"最多跑一次"。一年多来，浙江着力解决了公共数据和电子政务领域存在的基础设施条块割裂、网络互联互通不畅、业务系统缺乏协同等问题，各地各部门牢固树立"大数据思维"，以强烈的改革共同体意识，深入推进"最多跑一次"改革事项数据共享和网上办事，实现了让百姓少跑腿、数据多跑路，以实际行动增强人民群众实实在在的获得感。

1.2.3 大数据开启企业创新发展新格局

随着计算机、信息技术的突飞猛进，企业竞争优势的来源和重点竞争领域也发生了深刻的变化。20 世纪 80 年代的企业竞争优势源自质量之争，20 世纪 90 年代的竞争优势源于流程再造，21 世纪第一个十年的企业竞争优势来自速度之争。到了 21 世纪第二个十年，企业竞争优势则来自大数据。过去企业智商被分布式存储于人才的大脑中，信息的分享与价值挖掘受到极大制约，很难完全发挥，而在大数据环境下，人才并非企业智商最重要的载体，数据才是企业智商真正的核心载体。

任何行业本身都会产生数据，大数据技术让企业真正懂得数据背后所蕴含的行为及意义，透过数据，可以更好地了解企业的运作和客户的需求。如今，所有行业都越来越认识到大数据驱动的业务战略和运作的价值。随着技术的进步，企业在数据获取、数据计算、数据管理和数据分析方面的能力不断提高，这种进步使得企业在其相关业务领域的想象空间得到扩展，更多的设想和新的理念不断变为现实，当数据被看作是企业的关键生产资源时，数据就成了企业发展的新的驱动力，带来了各种业务上的创新，更成为企业竞争分化的驱动。

以零售行业为例，大数据应用有两个层面，一个层面是零售行业可以了解客户的消费喜好和趋势，进行商品的精准营销，降低营销成本。例如，记录客户的购买习惯，将一些日常的必备生活用品，在客户即将用完之前，通过精准广告的方式提醒客户进行购买，或者定期通过网上商城进行送货，既帮助客户解决了问题，又提高了客户体验。另一个层面是依据客户购买的产品，为客户提供可能购买的其他产品，扩大销售额，也属于精准营销范畴。例如，通过客户购买记录，了解客户关联产品购买喜好，将与洗衣服相关的产品如洗衣粉、消毒液、衣领净等放到一起进行销售，提高相关产品销售额。另外，零售行业可以通过大数据掌握未来的消费趋势，有利于热销商品的进货管理和过季商品的处理。电商是最早利用大数据进行精准营销的行业，电商网站内推荐引擎会依据客户历史购买行为和同类人群购买行为，进行产品推荐，推荐的产品转化率一般为 6%～8%。电商的数据量足够大，数据较为集中，数据种类较多，其商业应用具有较大的想象空间，包括预测流行趋势、消费趋势、地域消费特点、客户消费习惯、消费行为的相关度、消费热点等。依托大数据分析，电商可帮助企业进行产品设计、库存管理、计划生产、资源配置等，有利于精细化大生产，提高生产效率，优化资源配置。未来考验零售企业的是如何挖掘消费者需求，以及高效整合供应链，满足消费者需求的能力，因此，信息技术水平的高低成为获得竞争优势的关键要素。不论是国际零售巨头，还是本土零售品牌，要想顶住日渐微薄的利润率带来的压力，就必须思考如何拥抱新科技，并为客户带来更好的消费体验。

未来，企业在智慧城市建设中需要利用互联网思维和大数据技术完成自身运营体系的变革。运营管理的基本任务是以最有效的方式生产或提供各种产品和服务以满足客户的需求，传统企业的运营体系由战略、人力资源、研发、供应链、制造、营销和服务组成，大数据驱动就是要充分利用大数据时代的数据获取、数据分析能力，使得企业能够控制成本，生产出能够更加贴合用户需求的产品和服务。

企业可充分利用自身的运营数据和互联网上的数据（比如利用舆情分析系统、垂直搜索系统），根据自身的分析目标，对这些数据进行分析，为企业战略制定提供数据支撑和决策辅助支撑，从而使得企业战略符合自身发展需要、符合社会发展需要、符合用户需要。企业能够根据战略、业务、项目需要，快速、精准地确定人力资源需求，并且能够根据网络上海量的个人轨迹，精准、快速地确定候选人，完成团队组建。在研发阶段，可充分利用互联网平台导入客户参与，分析互联网相关产品舆情信息，精准定位产品需求，充分利用互联网提供的众包、协作能力，快速进行产品开发，并且能够根据数据，快速、合理地建立产品供应链，形成质量、成本可控的产品生产能力。在产品营销阶段，充分利用互联网的信息快速传播、放大能力，制定符合自身产品特点的营销策略，使得产品信息能够利用互联网快速到达目标客户群，在产品存活期，企业充分利用互联网的快速交流能力，形成对产品的快速服务支撑体系，提供对产品用户精准的个性化服务。

1.2.4　大数据让城市生活更加智能

　　大数据充斥着现代社会的每个角落，无论是交通、医疗领域，还是教育、金融等领域，数据随时为企业决策提供依据，为潜在消费市场与特定服务人群带来便捷。如今大热的物联网、云计算、移动互联网、车联网、手机、平板电脑、PC以及新兴的各式各样传感器，无一不是数据来源或承载的方式。大数据在商业上的应用和价值早已有目共睹，然而对于普通人，它究竟又能有哪些作用呢？

　　开车去上班，对许多人来说，路上的堵车经常让人抓狂，但是有了大数据以后，上班之路轻松了不少，因为懂得利用大数据技术给自己指路，打开随身手机上的地图软件，按照手机地图的指示，避开了用红线标记的交通拥堵路段，按照规划的绿色行车路线往公司前进，虽然绕了不少路，但因为避开了拥堵路段，用的时间却更少了。软件是怎么知道哪个路段出现拥堵的呢？一是大家随身携带的手机，会每隔几秒钟与基站联系一次，当大量手机在某个路段停止或缓慢移动时，基本可以判断该路段出现拥堵；二是遍布大街小巷的监控摄像头可以直接看到路段的拥堵情况，很多城市的交通管理部门会即时在拥堵路段进行标记，并提供数据给相关服务企业；三是在很多城市的交通管理中应用越来越普遍的小型无人驾驶直升机，也会在因事故等造成的大型拥堵事件中派上用场。这是对交通大数据的利用来方便公众的出行。

　　在开车路上，手机突然响了，拿起手机一看，是一个来自长沙的陌生号码，手机上的软件显示该号码被130人标记为"骚扰电话"，你果断按下了拒接键。通过收集全国手机用户所做的标记（例如保险推广、诈骗电话、骚扰电话等），记录在数据存储中心，当某一部手机接到已被标记的号码来电时，手机软件可以在大量数据中找到这个号码，并根据标记内容提醒用户。这是利用大数据技术让公众免受恶意电话的骚扰。

　　登录淘宝网，想为自己买双鞋。由于之前浏览过类似的商品，一打开电脑，网页上自动跳出了此类商品的广告，所列出的鞋子正好是适合你的型号和价格区间，极大方便了客户的选购。大数据技术可以根据你曾经买过的商品价格，分析你的消费水平，同时根据你最近的浏览和搜索，分析你当下的需求，二者结合，进行针对性非常强的推销。只要个人账户不变，每个人的数据都会被积累，形成隐形的"消费水平变化曲线图"，并据此自动调整广告内容。这是利用大数据技术来进行精准的营销，减少了客户的选购时间成本。

生病了去医院，医生将病人的化验诊疗信息输入电脑，立刻得到了病人的患病情况和诊疗方案，医生可结合病人实际情况快速给出具体的诊疗措施。医疗行业拥有大量的病例、病理报告、治愈方案、药物报告等，通过对这些数据进行整理和分析将会极大地辅助医生提出治疗方案，帮助病人早日康复。特别是随着基因技术的发展成熟，可以根据病人的基因序列特点进行分类，建立医疗行业的病人分类数据库。医生在诊断病人时，可以参考病人的疾病特征、化验报告和检测报告，参考疾病数据库来快速确诊病人病情。在制定治疗方案时，医生可以依据病人的基因特点，调取相似基因、年龄、人种、身体情况相同的有效治疗方案，制定出适合病人的治疗方案，帮助更多的人及时进行治疗。这是利用医疗大数据，提高医疗服务效率和质量。

出去旅游，在旅游网站或 APP 上输入出发日期、出发地、目的地、返程日期，就能快速得到一条经过优化的旅游线路，然后让游客根据自身实际情况按条件检索，选择不同的出行线路、交通工具，选择不同价位、不同星级的宾馆，选择不同景点并预定门票，到了出发日期直接带上身份证和手机，就能来一场说走就走的旅行。不论走到哪里，打开旅游 APP，周边吃、住、行、玩等方面的信息都会立刻呈现在游客面前，游客可以实现网上下单，到店享受的极简服务流程。这一切，都是因为打通了交通行业、酒店业、旅游业、餐饮服务业之间的信息通道，让数据实现了共享，并以游客为中心把旅游全程涉及的各个方面都安排妥当。这是利用旅游大数据，提高旅游服务效率和质量。

不管有没有意识到，大数据早已开始深深地影响人们的生活，使我们的生活更加智能和美好。

1.3 智慧城市数据大脑建设

智慧城市以信息技术、新型科学技术手段为支撑，来优化城市管理，完善城市服务，促进城市发展。智慧城市建设的技术体系包含了物联网、互联网尤其是移动互联网和下一代互联网技术、云计算和大数据四大类关键技术，正是通过这些技术之间的协同和灵活应用，让我们的城市产生了智慧，犹如给城市装上了大脑。物联网相当于人类的眼、耳、鼻、喉和皮肤等，是城市大脑的感觉神经系统，其主要功能是识别物体、采集信息。互联网和云计算相当于城市大脑的中枢神经系统，负责传递和处理信息。而大数据是城市智慧和意识产生的基础，通过对海量城市数据的分析和利用，以实时获取各行业各领域有价值的信息，从信息中获取知识，从知识中涌现出智慧，从而做出更科学的决策，对未来做出更准确的预测。建立"用数据说话、用数据决策、用数据管理、用数据创新"的城市管理新模式，来解决城市发展中的各种问题。

1.3.1 城市物联网建设

我国工程院院士王家耀提出,"智慧城市"是通过物联网把"数字城市"与"物理城市"连接在一起,本质上是物联网与"数字城市"的融合,由此可见,物联网是智慧城市建设的技术基础。城市是一个复杂的系统,各种部件极为复杂,如公路、建筑、桥梁、电网、给排水系统、油气管道等。运用物联网技术,把感应器嵌入和装备到城市各类设施中去,利用局域网或互联网等通信技术把感应器、控制器、机器、人员和部件等联系在一起,形成人与物、物与物相连和远程控制,是城市智能化管理和服务的基础,无处不在的传感器将会搜集城市的各种数据,使得城市处处可以被量化、事事可以被感知,而城市治理的基础,就是对城市现状的准确了解。

从技术特点来看,物联网的主要作用是"感知",通过各种信息传感设备识别物体,采集相关信息。物联网技术在智慧城市的建设中,也比较适合用于政府部门的监测类业务,特别是对自然环境和人造物品的自动监测。但是智慧城市物联网的建设关键不仅仅在于城市传感器的数量,采集到的城市信息的多少,更重要的是基于物联网的大数据分析,基于大数据分析的城市治理、应用创新才是物联网发展的核心。"见物不见人"同样是智慧城市建设的大忌,以部分城市的视频监控系统为例,很多城市都安装了 20 万到 60 万个视频监控摄像头,每天产生海量的视频影像和信息,是城市最大的数据来源,但是视频监控系统存在分而治之的现象,部门间信息没有实现共享,同时重建设、轻应用,只重视视频监控的数量,而不注重对这些视频数据的利用,导致数据利用程度不高,人力成本依然突出的现象。因此,智慧城市物联网的建设应根据城市发展的实际,综合分析城市面临的内外部发展因素,在此基础上,依托物联网技术,通过对城市各种信息的透彻感知和度量、泛在接入和互联以及智能分析和共享,借助各应用系统的协同合作,实现"安全、便捷、健康、高效"的城市管理目标,提高城市的整体运作水平。物联网在各个领域的智慧化应用,是促进智慧城市发展的必要手段。下面简单介绍一下目前物联网被广泛应用的领域。

在市政领域,通过建立在线监测系统应用试点,对市政设施,包括桥梁、高架立交桥、隧道等基础设施的安全状态信息通过信息采集终端进行自动采集和实时监测,有效促进了城市市政管理的效率,实现城市市政建设的智慧化。

在物流领域,应用 RFID、全球卫星定位系统(GPS)、地理信息等物联网技术,可以实现物品快速标识、准确定位和实时跟踪。利用物流管理系统处理和控制物流信息,实现企业物流运输合理化、仓储自动化、包装标准化、装卸机械化加工配送一体化、信息管理网络化,可大大提高物流、供应链管理水平,降低物流成本,实现智慧物流的建设。

在制造领域,在生产过程中应用 RFID、传感器和嵌入式智能技术进行各种参数的采集、传输、分析和控制,实现生产制造的高度自动化和智能化。目前这些技术已经在汽车制造、船舶制造、数控机床等制造领域大量使用,大大提高了生产设备的信息处理能力和效率，降低生产成本。对机器装备故障、产品次品率、工件损耗等参数进行监控，大大提高产品的可靠性和竞争力。物联网技术在制造领域的应用促使自动化制造向更高级的智慧化制造转型。

在交通领域，利用车载物联网设备实时监测车流量、车速、车型等交通信息，对道路交通信息进行实时发布，为公众提供出行参考，改善交通拥堵和阻塞，最大限度地提高路网的通行能力，实现城市交通的智慧化管理。

在安全领域，利用视频监控系统，可对现实社会发生的公共安全事件进行事后跟踪、重现、分析，对一些涉及公共安全的事件进行全程事中跟踪、预判和预警。利用具有热红外线探测技术的监控摄像头，可以实现对火灾的及时报警。利用环境感知传感器，可实时监测温度、湿度、瓦斯浓度等环境参数，一旦发生瓦斯浓度超标、环境温度超标等，就会自动拉响警报等。

在医疗卫生领域，如在家庭医药领域，建立家庭远程医疗保健服务的新模式，通过物联网功能的便携式医疗设备的应用，使人们足不出户即可享受实时的健康监测、服药提醒、保健咨询和紧急呼救等服务。另外，在医院建设方面，RFID技术在病患管理、用药安全、血液制品管理以及医疗废弃物处理等方面应用，实现医院日常管理的高度信息化和智能化，避免或减少医院在医疗安全、用药安全、医疗废弃物处理领域的安全事故的发生率。

政府部门应把城市物联网建设作为构建智慧政府的重要内容，推进物联网技术在政府服务领域的深度应用，结合自身业务特点，大力开展物联网技术应用试点示范工作，提高行政管理和公共服务的自动化、智能化水平，促进行政管理和公共服务模式的创新，实现从传统电子政府向智慧化的服务型政府转变。

1.3.2 移动互联网、下一代互联网建设

通畅、便捷、低廉、可靠的互联网是智慧城市建设的重要神经系统，智能移动终端的崛起以及4G时代的开启为移动互联网的发展注入了巨大的能量。"移动改变生活"，作为移动通信和互联网融合形成的新兴产业形态，移动互联网具有便携、实时、可定位等特征，其必然超越传统有线互联网，引领智慧城市建设的最新潮流。

移动互联网目前已成为全球关注的热点，虽然目前业界对移动互联网并没有一个统一的定义，但对其概念却有一个基本的判断，即从网络角度看，移动互联网是指以宽带IP为技术核心，可同时提供语音、数据、多媒体等业务服务的开放式基础电信网络；从用户行为角度来看，移动互联网是指采用移动终端通过移动通信网络访问互联网并使用互联网业务，这里的移动终端包括手机、上网本、PDA、平板电脑、笔记本等多种类型。目前，移动互联网正在逐渐渗透到人们生活、工作的各个领域，微信、移动音乐、手机游戏、视频应用、手机支付、位置服务等丰富多彩的移动互联网应用迅猛发展，正在深刻改变信息时代的社会生活，对公众的出行、生活、学习产生了巨大的影响。移动互联网的发展也为创

新城市公共资源供给模式、破解重大民生问题提供了新的机遇。移动互联网实现了"人"与"公共服务"的无缝连接，有效促进了移动办公和移动政务的发展，对于优化社会资源配置、提升均等服务水平、实现信息普惠全民具有促进作用。基于微信公众号、支付宝服务平台的移动医疗模式，使得患者在手机上可直接预约挂号、缴费、候诊、查询报告等，而无须在医院大厅多次排队，有效缩短了就医流程。各类空气质量监测APP，让每个人都能实时了解空气质量情况从而提前做好出行准备；当发现污染空气的行为或现象时，也可通过在线举报，实现全民监督。移动互联网不仅为我国信息经济的跨越式发展提供了有利条件，而且使得社会公众可以更便捷地获取各种公共服务，大幅度地提升了社会整体服务效率和水平，是智慧城市建设中的重要组成部分。

下一代互联网是指基于IPv6协议的新一代互联网。与目前基于IPv4协议的互联网相比，下一代互联网可提供的IP地址数量趋于无限，解决了现有互联网地址池资源不足的缺点，从而能够更好地满足经济社会发展对互联网地址资源池不断增长的需求。下一代互联网的网络传输速度将比现在提高1 000~10 000倍，随心所欲的网络视频传输、大规模数据和图文的即时收发将成为现实。下一代互联网可解决现有互联网无法判断每一个数据来源的缺陷，其设计的专用安全协议可以通过网络设备对用户接入的合法性进行检查，监控所有数据流向和网络行为，从而更加有效地防范黑客、病毒的攻击，实现更安全的网络管理。

下一代互联网的技术趋势将为物联网、云计算等新一代信息技术的普及创造更大的空间，从而为智慧城市的建设提供强有力的支撑作用。2013年，国家发改委等部门联合开展下一代互联网示范建设工作，在北京、上海等具有一定基础条件的22个城市中，先行支持建设一批具有典型带动作用的示范城市，加快基础设施建设和升级改造，着力探索解决我国下一代互联网发展遇到的突出矛盾和问题。2017年，中共中央办公厅、国务院办公厅印发了《推进互联网协议第六版（IPv6）规模部署行动计划》，并发出通知，要求各地区各部门结合实际认真贯彻落实，行动计划提出，用5到10年时间，形成下一代互联网自主技术体系和产业生态，建成全球最大规模的IPv6商业应用网络，实现下一代互联网在经济社会各领域深度融合应用，成为全球下一代互联网发展的重要主导力量，实现互联网应用和产业的跨越发展。

1.3.3 基于云计算的城市数据大脑建设

云计算是一种基于互联网的计算服务模式，也是一种基于互联网的服务使用和交付模式，通过互联网，客户可以像使用管道煤气和自来水一样，使用云计算的计算服务，让计算能力成为可以流通的商品。云计算的资源具有弹性可扩展的特性，计算能力很强，可以快速处理海量数据并借助互联网向客户提供服务，使用方便，价格低廉。

智慧城市是由多应用、多行业、复杂系统组成的综合体。各个应用系统之间存在着海量数据共享、交互需求，各个应用系统需要共同抽取数据进行综合计算和呈现综合效果。要从根本上支撑智慧城市系统的安全运行，必须建设基于云计算的智慧城市云计算数据中心。云计算数据中心的建设，使城市能够有效整合计算资源和数据，支撑更大规模的应用，处理更大规模的数据，并且能够对数据进行深度挖掘，从而为政府决策、企业发展、公共服务提供更好的平台。

2017年10月13日在杭州举办的云栖大会开幕式上，杭州城市数据大脑正式亮相，为这座拥有2 200多年历史的城市建立了一个指挥中心——城市数据大脑。杭州城市数据大脑一开始以解决交通拥堵问题为出发点，通过收集交通监控摄像头的数据进行分析，每十五分钟根据摄像头看到的交通情况去更新红绿灯的策略，用红绿灯的智能调解来疏导交通，使得道路车辆通行速度平均提升了3%至5%，在部分路段有11%的提升。未来，杭州城市数据大脑除了被用来改善城市交通拥堵问题，还会用来解决各种民生问题，让群众办事"最多跑一次"，让公众更加便捷地享受各种公共服务。而杭州城市数据大脑的核心技术就是云计算，正是云计算技术提供了对海量数据的存储、计算和分析能力，来挖掘城市大数据的价值，来解决或缓解各种城市病问题，给群众提供更好的民生服务。没有云计算，就不会有云存储，而没有云计算和云存储，也就不会有大数据，也就不会有城市数据大脑的产生。

城市数据大脑是面向"智慧城市"的城市综合信息服务系统，以城市云计算中心为载体，整合城市内分散的硬件、软件和数据资源，以一种更加智慧的方法实现资源共享及业务协同，从而显著提升城市管理和公共服务能力。城市数据大脑可以将散落在各个角落的数据汇聚到一起，使用云计算、大数据和人工智能技术，让城市的各个"器官"协同工作，变成一个能够自我调节、与人类良性互动的有机体。

前文说过，智慧城市实现的关键是大数据，要让数据成为生产资源去流通、去使用、去创造价值。而数据不是天然就有价值的，只有计算才能让数据变得可被利用，让数据在使用和流动过程中产生价值，这个计算能力只能是云计算。因此智慧城市的架构设计应该以云计算数据中心为核心，通过云计算数据中心来整合城市计算资源和数据资源，支撑更大规模的应用，处理更大规模的数据，并且能够对城市数据进行深度挖掘，让这些数据产生价值，为政府决策、企业发展、公众服务提供更好的支撑平台。目前多地也认可了智慧城市"1+N"平台的建设模式，1为基于云计算的城市大数据中心（例如，杭州城市数据大脑），实现城市数据的汇聚、共享和共用，并为城市决策、运营、管理、协作和应急指挥提供支撑。N为各类不同的行业服务云平台，如政务云、交通云、教育云、社区云、旅游云等，由传统的行业部委信息系统升级而来，提供专属行业领域的服务，并可以与"1"无缝对接实现数据的共享。"1+N"架构也被认为是新型智慧城市的最佳建设模式。

1.3.4 大数据驱动下的城市智能化管理

尽管发展迅速，我国城市管理在许多方面仍然停留在传统经验阶段，没有完整的基础数据，缺少对整个城市的综合系统分析，缺乏经常性的定量分析和比较健全的动态管理制度，对许多隐患和问题特别是涉及不同领域或行业的相互关联的一些矛盾和事件不能及时发现征兆。与早期的城市信息基础设施建设和数字城市建设相比，智慧城市建设更加强调系统之间的整合与服务，更加强调统筹兼顾、协同配合、快速高效、实时互动和智能服务。

智慧城市的有效运转是以城市管理的各软、硬件系统的协同联动为基础的。为实现城市基本构成要素（人、物、环境）的协同运行，智慧城市不同系统之间除了业务上的逻辑联动外，还需要将各种数据信息进行有效的集成，在多个系统之间实现数据交换与共享，将数据作为新的生产资源，来提高政府管理效率，提高社会生产力。数据资源是互联网时代重要的生产要素之一，是重要的社会财富和资产，数据资源和物质资源、能量资源一起构成了支撑现代经济社会和社会发展的资源体系，而政府部门活动的规模和特点决定了其所拥有的数据是信息社会非常重要和宝贵的数据资源，如何利用这些宝贵的数据资源来完善城市的管理和服务，是当前政府部门的核心工作。然而因为多方面原因，过去这些政府数据并未能有效地整合起来，挖掘出数据作为生产资源的潜在价值，首先是行政分割导致人为的壁垒，部门利益把自己所掌握的数据和信息作为部门独享财富和"传家宝"；其次是各种数据支离破碎，很多数据甚至没有经过整理，更无从谈数据库的建设，导致数据的可用性非常低；最后是数据保密范围的界定不清晰，导致数据的共享变得尤为困难。

智慧城市的建设首先就要打破政府各个部门之间的信息孤岛，使得政府部门的数据资源在政府履职过程中能够被充分利用，让政府数据资源得以流动和共享。随着物联网、互联网、云计算技术在智慧城市建设中的广泛应用以及各种信息服务系统的运行，数据作为一种重要的战略资源，已经不同程度的渗透到了城市各个部门、行业和领域。这些城市数据记录了城市运行过程中的痕迹，其汇聚后形成的大数据是城市中所有个体（人、物、环境等）的集合，可以准确还原城市系统的运行过程和变化趋势。城市大数据成为智慧城市管理和运作的基础，为实现对城市的高效和智能化管理，智慧城市建设必须面对种类繁多、数量庞大的城市大数据，特别是空间、视频等方面的大数据，利用云计算的优势，对城市大数据进行有效的存储、融合、检索、挖掘、应用，通过从海量的数据中提取出潜在的有规律的知识和信息，为城市规划、建设和管理提供决策支持。利用大数据技术，弥补了城市管理中的信息盲区和管理盲点，促进城市管理工作由被动向主动、由静态向动态、由粗放向精细、由无序向规范转变，对城市提高管理效率、节约资源、保护环境和可持续发展具有重要价值。

大数据在一定程度上可以使城市管理更加智能和高效，然而大数据从本质上来说还是一种技术手段，所以大数据只能用于辅助决策而不能代替决策，面对需要解决的问题，大数据只能把可供选择的选项和它们可能带来的影响提供给决策者,最终如何采用、如何执行、力度多大还得由决策者结合各方面的因素综合考量。

1.4 城市无处不在的网络安全威胁

智慧城市是城市信息化发展的高级阶段,是城市可持续发展的内在需求,其核心是新一代信息通信技术与城市发展的深度融合,提供各种智慧化的信息服务,实现改善城市人居的环境质量、优化城市管理和生产生活方式、提升城市居民的幸福感受。信息化技术是手段,也是重要的工具,因此智慧城市的发展,离不开信息化技术的发展与应用。然而古往今来,很多技术都是"双刃剑",一方面可以造福社会、造福人民,另一方面也可以被一些人用来损害社会公共利益和民众利益。信息化的发展,新技术的运用,在推动智慧城市发展的同时,也带来了新的网络安全隐患和风险。

1.4.1 信息化发展与网络安全的博弈

当今世界,信息技术革命日新月异,对国际政治、经济、文化、社会、军事等领域发展产生了深刻的影响。信息化和经济全球化相互促进以及互联网融入社会生活的方方面面,深刻改变了人们的生产生活方式。我国正处在这个大潮之中,受到的影响越来越深。在我国,互联网和信息化工作已取得了显著发展成就,2014 年,我国互联网用户数达到 6.49 亿人,位居全球第一,互联网普及率达 47.9%,电子信息产业全年完成销售收入达到 14 万亿,领先于全国工业发展水平。在我国已成为网络大国的同时我们也要看到,在自主创新方面我国还相对落后,核心技术受制于人的现象依然突出,网络安全问题依然严峻。长期以来,对网络安全与信息化发展的关系,存在一些争论,我们也确实看到,一些应用上去了,安全问题会随之而来;一些新技术出来了,传统的网络安全技术防线和管理规定就会失效,信息化发展和网络安全之间存在着天然的博弈。

2003 年国家信息化领导小组发布的 27 号文件《关于加强信息安全保障工作的意见》提出,我国信息化建设的指导思想是"以安全保发展,在发展中求安全"。实践证明,这一指导思想是符合当时我国的经济状况和信息化发展水平。但是,近年来随着我国逐步成为全球网络大国,网络安全形势日趋严峻、复杂。我国网络安全所面临的内外形势都要求我们应该适时调整和改变我国的网络安全政策。正是在这样的背景下,信息化发展和网络安全成为以习近平总书记为核心的新一届政府治国理政思想的重要组成部分。党的十八大以来,站在新的历史起点上,习近平总书记根据目前国内外网络安全形势的变化,在多个场合反复强调治理互联网、用好互联网是一场"新的综合性挑战",是一个"着眼国家安全和长远发展、统筹协调涉及经济、政治、文化、社会和军事等各个领域的重大问题"。

还特别指出"我们务必要认清面临的形势和任务,充分认清网络安全和信息化工作的重要性和紧迫性,因势而谋、应势而动、顺势而为"。

习近平总书记的一系列重要论述,阐明了网络安全在国家安全体系中的重要战略地位。伴随着全球信息经济的高速发展,网络安全形势也越来越复杂。网络安全问题已经和食品安全、能源安全等一起成为全球性焦点问题。特别是斯诺登事件后,令全世界都感到了极度震惊和不安,也重重地敲响了我国网络安全的警钟。

在党的十八届三中全会上,习近平总书记进一步提出"网络和信息安全牵涉到国家安全和社会稳定,是我们面临的新的综合性挑战"。在国家安全委员会成立后不久,党中央又成立了中央网络安全和信息化领导小组,并由习近平总书记担任小组组长,在该小组第一次会议上,习近平总书记鲜明地指出网络安全和信息化是事关国家安全和国家发展、事关广大人民群众工作生活的重大战略问题,并强调"没有网络安全就没有国家安全,没有信息化就没有现代化",提出网络安全和信息化是"一体之两翼、驱动之双轮",并进一步确立了"以安全保发展,以发展促安全"的指导思想。这些重要论断的提出,廓清了过去存在的模糊认识,阐明了网络安全和信息化在国家总体战略中的重要地位,表明党中央对国家安全以及网络安全在国家安全中的地位和作用有了更进一步的认识,对于网络安全治理具有纲领性和指导性的意义。中央网络安全和信息化领导小组的成立,将我国的网络安全和信息化工作提到了国家层面,充分体现出了党中央对保障网络安全、维护国家利益、推动信息化发展的坚定决心。

2014 年 4 月 15 日,在中央国家安全委员会第一次会议上,习近平总书记提出了"总体国家安全观",强调要构建包括信息安全在内的 11 种安全于一体的国家安全体系。总体国家安全观的提出,不仅是中国特色国家安全理论的重大突破,也为网络安全和信息化工作提供了基本遵循。2016 年 4 月 19 日,习近平总书记在主持召开网络安全和信息化工作座谈会时正式强调:"网络安全和信息化是相辅相成的。安全是发展的前提,发展是安全的保障,安全和发展要同步推进。"如今,网络安全已经上升到和国家信息化同等重要的位置,我国信息化进程也已经从着重推进发展阶段进入到了更加注重网络治理和安全保障的阶段。处理好安全和发展的关系,做到协调一致、齐头并进,是习近平总书记基于社会信息化持续推进环境下加强国家安全治理的新思路,对国家网络安全治理具有创新性和引领性作用。

习近平总书记的系列重要论述,阐明了网络安全与信息化之间的辩证关系。安全是发展的堤坝。我们应该认识到,没有网络安全,信息化发展越快,造成的危害就可能越大,而没有信息化发展,经济社会发展将会滞后,网络安全也没有保障,已有的安全甚至会丧失。伴随着国民经济和社会信息化进程的加快,网络系统的基础性、全局性作用日益显现,保持信息化发展的持续稳定势必对网络安全的要求越来越高。新形势下如何处理好安全与发展的关系已经成为可以直接影响到国家总体布局、策略导向的重大问题。习近平总书记将网络安全和信息化形象地比喻为"一体之两翼、驱动之双轮"。这一比喻所蕴含的精髓，就是必须对二者进行统一谋划、统一部署、统一推进和统一实施，做到"以安全保发展、以发展促安全"，才能实现信息化的健康发展。网络安全是信息化推进过程中会必然出现的问题，只能在发展的过程中用发展的方式加以解决，要努力实现技术创新和体制机制创新，不断形成维护网络安全的新思路、新方法、新举措。

1.4.2　愈演愈烈的网络违法犯罪

随着计算机、智能手机等上网设备和 QQ、微信、陌陌等聊天工具的普遍应用，利用网络实施犯罪的现象日趋严重，同时物联网、云计算、大数据、移动互联网等新一代信息通信技术的普及，更为不法分子的违法行为提供了空前的隐蔽性和便利性。在 2017 年 1 月召开的中央政法工作会议上，中共中央政治局委员、中央政法委书记孟建柱指出，我国网络犯罪已占犯罪总数的三分之一，并以每年 30%以上速度增长，从个人信息泄漏，到网络电信诈骗、网络谣言，再到网络恐怖主义等可能给国家安全及个人安全带来威胁的各类违法犯罪活动愈演愈烈。

随着经济和科技的发展，计算机和网络开始走入普通人的生活，导致网络犯罪呈现出简单化的趋势。以往的网络犯罪，要求行为人具有相当程度的电脑编程、应用能力，才能实施破坏活动。而今却不然，侵入并破坏计算机的安全系统成了一般网民就能办到的事，因为在今天，打通或穿透整个系统的工具能在互联网上轻易获得，黑客们在互联网上开设的教授"如何入侵计算机信息系统"的网站比比皆是，任何一名"上心"的网民均能在短时间内自我"培训"成为一名黑客，致使普通人也可以利用现代科技带来的便利走上网络犯罪的道路，获取非法利益，给社会环境的稳定带来危害。其次网络犯罪实施起来极为便利，只需要一台可以接入互联网的设备即可，同时犯罪嫌疑人可在家里、办公室、网吧等任何有联网计算机的地方实施犯罪，甚至可以利用联网的手机实施犯罪，而且网络犯罪从始至终行为人都可以不直接接触被害人一方，这使大部分的网络犯罪行为呈现隐蔽性强的特点，而一旦犯罪成功其收益却不可限量。以通过网络实施诈骗为例，行为人可以通过多种方法骗取受害人钱财，金额可高达几千万，甚至上亿。因此，网络犯罪可谓典型的低投入、高产出犯罪，并且不仅仅是经济成本上的低投入、高产出，由于其实施手法上的隐蔽性，在风险程度上也是低投入、高产出的。反之，遏制、打击网络犯罪，却需付出相对大得多的反犯罪成本，导致铤而走险的不法分子越来越多。

随着大数据时代的到来，易获取的海量信息为我们带来了数不清的好处，人们的日常生活变得更加便利，企业能够更精准地为目标人群开发产品，政府决策的准确性也随之提高。但与此相伴的是，我们的个人信息包括隐私的泄漏风险也如影相随。就像电影《终结者》中的天网一般，每个人都是网上的一个节点，日常生活的一举一动都会以数据的形式在这张网络上沉淀下来。当这些数据被贩卖，我们就都成了资本眼中的"摇钱树"。我们怀着惊喜迎向新时代的阳光,却未能注意到我们身后的阴影正在变大。

沸沸扬扬的徐玉玉电信诈骗案,随着最后一名嫌疑的主动归案而告一段落。在信息大爆炸的时代里,人们的注意力很快就发生了转移,但伴随本案而暴露出来的,关于大数据时代的用户隐私保护问题正愈演愈烈,不断地提醒我们,其实我们每个人正在大数据的时代长河里"裸泳"。在"徐玉玉案"中,个人信息遭到泄漏是导致徐玉玉遭诈骗致死的重要原因,然而大多数人对以下几种情况一定不陌生:刚买完房,手机会接到多家开发商、中介机构的电话或短信;孩子刚出生,推销婴幼儿产品的广告纷至沓来;车险一到期,各大熟知你信息的保险机构就开始"轮番关怀",公众对个人信息的泄漏早已见怪不怪了。正如360总裁周鸿祎指出的,大数据时代可以不断采集数据,当看起来是碎片的数据汇总起来,"每个人就变成了透明人,每个人在干什么、想什么,云端全部都知道。"

2016年,仅电信网络诈骗就立案63万起,占全部刑事案件的近10%。据统计,在欧美等发达国家,电信诈骗已成第一大犯罪类型,而在中国,近几年电信诈骗案年增速超30%。电信诈骗的频发与个人信息泄漏紧密相关,中国互联网协会发布的《中国网民权益保护调查报告2016》显示,2016年因信息泄漏而遭受的经济损失高达915亿元。网络非法获取公民个人信息日益猖獗,涉及身份信息、电话号码、家庭地址,扩展到网络账号及密码、银行账号及密码、购物记录、出行记录,且形成了"源头——中间商——非法使用人员"的黑色产业。机关单位、服务机构等掌握大量个人信息的企业内鬼利用自己的权限获取公民个人信息进行贩卖,不法分子通过技术手段实施攻击、撞库或利用钓鱼网站、木马、免费WIFI、恶意APP等技术手段窃取,这两种行为成为导致信息泄漏的主要成因。

我国面临的问题也是全世界面临的挑战。防范打击日益复杂的网络犯罪,需要不断完善网络立法,在应对网络犯罪过程当中提供新的规范支持和更为有效的制度支撑;需要在更大范围内实现综合协调、联动融合;需要深入推进基础信息化建设,充分运用大数据技术和信息化手段提升防控智能化水平,打造国家级网络安全中心,在推进我国智慧城市建设的过程中,更需要同步完善网络安全,提高城市应对网络安全风险的防范能力。

1.4.3 网络安全是智慧城市健康发展的基石

伴随着"互联网+"战略的推进以及国家"十三五"规划创新、协调、绿色、开放、共享发展理念的提出,我国智慧城市建设正在加快推进。据统计,截至2015年9月,全国95%的副省级以上城市、76%的地级以上城市,总计约500多个城市提出或在建智慧城市。

由于物联网、云计算、大数据、移动互联网等新一代信息与通信技术在智慧城市中的广泛应用,使智慧城市信息系统从孤立向全面互联互通、数据共享以及万物互联的方向发展。智慧城市的建设过程中,要利用先进的物联网感知技术,全面感知城市的要素和运行状态,要建立人与人、人与物、物与物之间的信息交互及过程,要通过海量数据收集及存储分析来挖掘系统间、人与物之间、人与人之间的联系规律等,势必导致智慧城市中存在着大量的信息系统以及这些系统中拥有海量的有价值信息，这些信息无疑是城市乃至国家的重要战略资源。如何确保这些数据、信息的安全，是智慧城市建设中务必要谨慎对待的重大问题。其次越来越多的城市基础设施会与互联网打通，传统的较为封闭的工业控制系统，也会尝试着互联网化，这样一来，传统的信息安全威胁将扩展到城市基础设施，可以借助互联网侵害城市基础设施的安全，导致智慧城市所面临的网络安全风险，不再仅仅是信息泄漏、信息系统无法使用等"小"问题，而是会对现实世界造成直接的、实质性的影响，如设备运行异常（交通瘫痪、城市运行停滞）、设备运行停滞（停水、停电、停气、停供暖）、设备损坏（零部件损坏甚至火灾事故）、环境污染甚至人员伤亡等。

大数据技术的发展，数据被喻为新时代的石油，是未来重要的生产资源，也是城市智慧升级的催化剂，对国家而言，对数据的掌握和利用已成为重塑国家竞争优势、完善国家公共治理体系、提高公共服务能力的关键，国家竞争力也将部分体现为一国对拥有数据的规模、质量以及运用数据的能力；对企业而言，数据驱动的创新应用成为企业全生产链条升级发展的全新模式，数据正在成为社会生产的新主导要素。大数据时代下，数据的产生、流通和应用更加普遍化和密集化，数据的集聚和融合使得数据的价值攀升，更可能从海量数据中分析出一些国家机密信息和重要敏感信息，因此，对数据安全的防护显得尤为重要。从国家层面而言，数据安全是保障国家安全，维护国家网络空间主权，强化相关国际事务话语权的工作重点；从企业层面来看，数据安全关系到商业秘密的规范化管理和合理保护与支配，是企业长久发展不可回避的新阶段任务；对于个人而言，数据安全与个人生活息息相关，直接关系到每位公民的合法权益。大数据时代背景下，新的技术、新的需求和新的应用场景都给数据安全防护带来全新的挑战。

一个城市的管理和运营需要科学的决策，通过对大数据的采集、处理、整合、分析和应用，能够清晰展示城市运行情况、预判发展态势，为城市管理提供智能决策，是城市走向智慧化的有效途径。然而，大数据技术及其应用模式也带来了在数据采集、数据处理、数据存储、数据共享和内容安全等方面新的安全风险，在智慧城市建设与应用中大数据安全和个人信息保护问题也成为智慧城市安全重点关注解决的问题。目前大数据全生命周期安全保障面临严峻挑战。在大量数据产生、收集、存储、管理、分析和共享的过程中，会面临如数据安全、用户隐私、商业合作等一系列问题，这既涉及一些传统的安全问题，如物理安全、设备安全、网络安全、主机安全、系统安全等，也涉及一些新的安全问题，例如，因数据散乱在众多系统中，信息来源十分庞杂而带来的数据收集安全；因数据种类和业务类型众多而带来的数据整合和存储安全；因海量数据的集中存储而带来的数据管理安全；因外部需求和用户隐私而带来的数据审计和共享的问题等。而现有的数据安全机制并不能满足大数据安全需求，数据的分布式、精细化处理进一步加大了数据泄漏和用户隐私的风险，企业存储的大数据将成为黑客攻击的显著目标，并成为高级可持续攻击的载体。

智慧城市整合了政府、金融机构、医院、运营商、企业等多方面资源，从智能安防到智能电网，从二维码到移动支付，从微博、微信到各种自媒体，智慧城市民生服务领域不断扩大，与此同时，信息安全侵害的领域也在不断扩大。特别是公民个人信息和隐私保护正在成为制约大数据技术发展和智慧城市进步的瓶颈。近年来，我国政府也高度重视数据在经济新常态中推动国家现代化建设的基础性作用，数据是新治理和新经济的关键，这个判断已经广被国人接受。而在所有类型的数据中，个人信息由于能明确指向或可识别出特定个人，具有更大的资产价值。然而在智慧城市建设初期，人们普遍缺乏个人信息保护意识，也缺乏安全防护实践，同时由于我国在个人信息与隐私保护方面的法律法规尚不完善，使得民生领域个人信息隐私侵害问题变得日益严峻。一方面，网上购物、聊天、支付等活动，总会不经意地"出卖"自己的姓名、身份证号、电话、住址等个人隐私信息，随着居民生活对智能网络依赖性的增长，个人、家庭的生活信息通过物联网、社交网络全方位暴露，使得个人信息泄漏风险加剧；另一方面，由于法律法规的缺乏，智慧城市应用服务提供商在利益的驱动下可能存在非法的采集用户的个人隐私信息，非法出卖和利用非常规采集的个人信息与隐私数据。一旦个人信息泄漏，被不法分子利用个人信息与特定个人之间的紧密关系实施各种犯罪，轻则遭遇广告推销垃圾短信，重则遭遇金融电信的精准诈骗，导致财产损失，"徐玉玉案"这样源于个人信息泄漏而导致人身伤亡的惨剧，更给我们敲响了警钟。

  没有网络安全，信息化发展越快，造成的危害就可能越大，没有安全保障的智慧城市建设，也终究像空中楼阁一样随时会轰然倒塌。随着大数据时代的来临，大数据技术驱动了城市智慧的升级，智慧城市建设迎来了新的篇章，然而智慧城市的健康发展，网络安全永远是其重要的基石。大数据环境下智慧城市安全该如何建设，大数据时代的数据安全又该如何保障，如何运用大数据、云计算等新的信息技术手段去提升智慧城市安全防护的智能化水平，将在后续章节重点讲述。

第二部分 大数据时代智慧城市"数据大脑"的安全建设

由于物联网、云计算、大数据、移动互联网、工业互联网等新一代信息通信技术在智慧城市中的广泛应用,使智慧城市信息系统从孤立向全面的互联互通、数据共享以及万物互联的方向发展,正是通过这些技术之间的协同和灵活应用,让我们的城市产生了智慧,犹如给城市装上了大脑。物联网相当于眼、耳、鼻、喉和皮肤等感知系统,识别物体、采集信息;传统互联网、移动互联网和云计算相当于城市大脑的中枢神经系统,负责传递和处理数据信息;数据是城市大脑的核心元素,大数据是城市大脑智慧和意识产生的基础,通过对海量城市数据的分析和利用,以实时获取各行业各领域有价值的信息,做出科学的决策;工业互联网犹如运动神经系统,执行大脑的各种决策。城市依赖信息化技术手段向着与人类大脑高度相似的方向进化着,产生了类似人类的智慧,向着可持续化发展的智慧城市迈进。

智慧城市数据大脑整合了政府、金融机构、医院、运营商、企业等多方面资源和数据信息,所能提供的服务领域在不断地扩大,与此同时,信息安全侵害的领域也在不断扩大,特别是大数据应用下的公民个人信息和隐私保护正在成为制约大数据技术发展和智慧城市进步的瓶颈。人类的大脑运行需要健康的体魄,智慧城市数据大脑的稳定运行同样需要安全的保障,需要从组成城市数据大脑的各个系统层面来加强网络安全防护建设,从而确保城市数据大脑的可持续安全运行。

第 2 章 城市"数据大脑"的感知系统——物联网安全

2.1 智慧城市的物联网应用及发展

城镇化发展的步伐一直跟随着现代科技的步伐，为越来越多的居民带来方便的城市生活。在整个人类历史的发展过程中，不只是人口激增给城市生活带来了变化，在人口密集的城镇中，各类城市事务的复杂度和非居民事务的产生对城市带来了更多的挑战和机遇。以往的城市管理者凭借多年的基层实践经验对城市发展做出预判，通过各类实际调研活动来掌握城市运转的健康度和城市运转的实际情况。然而，城市的不断发展已经让经验变得不再可靠，让各类陈旧的调研手段不再全面，在这样的变化中，采用新技术，部署新设备已经是解决各类城市问题的新手段、新方法。

人类对自然界认识的步伐，从来就没有停止。早期模拟技术的充分利用，让人类对大自然有了更深一度的感知，利用工业革命的爆炸式发展和电气时代的科技进步，从模拟跨越到数字时代，从感知自然界的模拟信号维度上升到人类自己创造的数字信号时代，自然和科技的距离将通过繁星密布的传感器技术以光速飞奔到云端，在云端为城市管理者、城市居民提供更精准的实时数据，从而以此为依据做出更有利于城市发展的决策，安排出更便捷和舒适的出行计划和生活规划，在医疗、教育、环境卫生中发挥出以往传统方法无法达到的效果。不难看出，一个城市的发展会经历不同的阶段和环节，智慧城市的建设将是这一发展过程中值得深入和充分实践的阶段，也是城市管理者越来越重视的一个阶段，智慧城市的落地和运营已经成为城市发展的名片。

在智慧城市的发展浪潮中，肯定不会缺少物联网的身影，在智慧城市的基础设施建设中少不了物联网技术的广泛应用，物理空间的数字化，物与物的通信，城市管理的无限延伸都依托于传感器的部署、传感网的构建和物联网应用的发展。全球许多城市都依靠物联网技术来解决城市问题（比如交通拥堵），提高居民的安全性（比如视频监控）和生活质量。物联网与智慧城市相融合的发展步伐已经无法阻挡，物联网的发展也推动着智慧城市向生活更加便捷、居住环境更加绿色、城市管理效率更加高效的方向稳步前行。

2.1.1 城市能源管理

城市能源的供给关系一直是城市稳定发展的最重要关系之一，城市运行少不了能源部门的支持，能源部门通过利用物联网技术构建智能电网系统，从而让整个城市的能源分配更加合理和高效。智能电网通过从安装在整个电网中的传感器收集数据进行用电量的预测分析，让发电容量与用电需求相匹配，从而实现更高效地输送电力。

在智能电网中，使用较为广泛的传感器是智能温度传感器和相量测量设备PMU（Power Management Unit，电源管理单元），其中PMU主要负责测量电信号的电流、电压和频率，这些测量指标直接影响着智能电网的生产安全，可以用于监控接入智能电网的可再生能源发电机（比如太阳能面板或风轮机）的效率，并确定将发电机放在何处才能生成最大化的能源。智能电网服务商还可以使用来自发电机、输电线、电缆、变压器和变电站上的传感器的数据来检测故障，并确定应安排维护的时间。

智能电网的运用不只是在电网运营者方面，在电网的终端方面也可以依赖智能电表让用户了解自己的能源使用情况，进而实现远程控制供电的需求。智能电表的普及节省了人工读取电表数据和进行切换的成本。智能电表集成了各类传感器组件，这些组件包括：霍尔传感器、加速计、震动传感器、各向异性磁电阻(AMR)传感器，以及PMU。利用以上类型的传感器，智能电表能够监控能源使用情况和效率，监控智能电表设备本身的状况，并检测自身产生的数据是否被篡改。这些传感器生成的数据经过聚合与分析，通过室内显示设备、可视化仪表板以及集成到移动或Web应用程序中的仪表板呈现出来，让用户能实时监控能源使用情况。这些仪表板和应用程序的使用能够让智能电网服务商跟踪成本并研究客户使用模式，识别能源消耗最多的活动和设备，从而改变智能电网服务商的行为来响应这些数据分析。

如果与内置了执行器组件（如充当远程开关的继电器）的智能设备相结合，智能电表还能帮助管理负载。例如，水池水泵或HVAC（加热、通风和空调）系统等高能耗设备会自动切换在非高峰时段运行，帮助预防停电和限制用电，并通过非高峰期电价为用户节省费用。类似的程序也可以推广到其他的计量设施，比如水和天然气。巴塞罗那市就采用了智能水表实现数据的挖掘和分析利用，使用智能仪表设备所产生的传感数据进行实时可视化监测，利用智能报告工具高效地通知用户相关使用情况，从而高效管理使用水资源，也为居民节省成本。

其次物联网技术也被用来控制城市照明系统，目前全球使用的街灯超过3亿盏，使用智能LED街灯可节省大量的能源，这不仅是因为LED相对于传统街灯的功耗更低，更因为这些智能化的街灯可以实现集中控制，可以根据附近是否有人或车来智能地调节灯的亮度。这些智能化街灯被植入了环境感知传感器，可通过分析来自距离传感器和运动检测传感器的数据，比如被动式红外传感器（PIR）、超声波传感器或微波（Doppler）传感器，或者使用来自摄像机的实况视频流,应用计算机视觉算法来检测是否有车辆或行人经过,并自动实现灯光的调节。居民也可以选择利用内置于他们手机或互联汽车中的 GPS 跟踪器来提供位置数据,进而通过对路段人流量和车流量的统计来智能化地调节该路段的照明情况。

2.1.2 居住环境安全

不论是城市的管理者还是城市中的居民都非常关注居住环境安全,环境安全的各类指标通过物联网技术可以进行精准采集。当然,这类环境安全指标数据也要通过环境传感器来捕获,环境传感器可用于监控公用水道、公园和绿地,传感器数据可用于识别需要清理或保护的区域。这些环境传感器还可用于跟踪整个城市各个位置的周边环境条件,比如,温度、湿度、降雨和空气质量等。

环境安全的检测少不了大量环境传感器的扩大部署和大范围传感网络的搭建,环境传感器的部署通过添加更多的传感器组件来扩展 WSN(Wireless Sensor Networks,无线传感器网络)中的智能传感器源节点功能。在典型的 WSN 中,智能传感器节点是基于微控制器的低功耗设备,这些设备由电池或太阳能电池供电,通过使用 6LoWPAN 和 IEEE802.15.4 或 RF 网络标准的网络进行连接。在网状拓扑结构中,传感器节点相互连接,并全部通过该网络参与数据传输,这使得网络范围得到扩展,同时还提高了网络的可靠性和自我修复能力。然而传感器网络常常容易受到各类环境噪声的干扰,例如下雨和尘雾等天气条件引发的干扰,以及来自建筑和水的反射表面的信号干扰,这种干扰是由信号采用多条路径时的多径衰减引起的。网状网络拓扑结构提供的冗余路径使网络能够智能地针对这些问题来路由流量,从而适应环境条件。另外,也可以采用信道跳跃技术,使环境传感器数据能够传递到云端,从而实现这些数据的处理、存储和分析。

空气质量传感器有助于解决许多城市面临的车辆或工业排放所导致的空气污染问题。通过安装在车辆上的二氧化碳传感器,可以直接监控车辆排放。通过传感网和网关设备,将无线传感器网络节点中收集的数据传输到云端,以便分析这些环境数据。智慧城市管理者也可以分批次对环境数据进行分析,以提供历史报告和洞察,也可以使用 IoT(Internet of Things,物联网)平台提供的流分析服务[①]来实时分析数据。这些服务使得用户可以通过实时分析传感器数据来预测空气质量事故,从而发布空气污染预警,使人们能够避免前往污染最严重的区域,这有助于改善在受影响区域生活或工作的居民们的健康情况。还可以通过对空气质量数据和工业排放数据的结合分析来调整交通线路,从而预防在城市特殊区域的排放物的不断累积。

---

① 流分析服务:指开发者自定义设备数据流类型和数据模板,让上传数据可视化展示。

2.1.3 城市生活、工业废弃物管理

城市生活中垃圾和废弃物的产生是在所难免的，如果不对这些生活和工业废弃物进行有效的管理，后果将会非常严重，城市环境会遭到破坏，城市居民的健康水平也会大大降低。城市管理者使用物联网技术可有效地降低废物管理和处置成本，提高城市废弃物的管理效率。

在智慧城市废物管理中，城市管理者可以向垃圾桶添加基于蜂窝网络的智能传感器，以便安排垃圾转运车仅在垃圾桶需要清空时才收集垃圾，或者可以使用街道上的传感器或对摄像头视频内容运行计算机视觉算法识别，识别垃圾越堆越多的区域并在监控过程中发现应该安装更多垃圾桶的区域。

在一些人口密度很大的国际大都市中，城市管理者通过监控哪里的垃圾越堆越多，并在此基础上集成天气数据和空建筑物的位置信息，通过数据分析手段帮助预测老鼠的行为轨迹，预测其筑巢的位置，从而让相关机构能提前在这类区域放置诱饵并有效控制老鼠数量。通过这一措施有效遏制了鼠患的发生和恶化，与以往在接到投诉后再放诱饵的方法相比，这类智能分析后的措施节省了将近20%的成本。

2.1.4 城市交通管理

城市居民的出行是除居民健康、教育、卫生以外最受到关注或者说可以直接影响城市居民幸福感的因素，在这一领域运用物联网技术可以解决很多困扰城市管理者的问题。

城市管理者通过分析来自包括道路传感器、路旁视频摄像头和可变限速标志在内的道路报告系统的数据，合理调配城市的交通资源，从而改善居民出行的体验。应用 IoT 技术来解决城市交通问题，这一过程涉及从传感器获取数据、数据加载到云端服务，最后生成可执行的命令，这些命令直接用于触发自适应交通信号灯等智能设备相连的执行器，或者间接应用于指导制定相关决策从而在市政交通的规划过程中简化分析流程，更高效地执行决策。

智慧交通的应用已经从车辆延伸到路面，在路面上的各类公共基础也加入到物联网的大军中，其中全球许多城市已采用了自适应交通信号灯，比如，杭州、悉尼、新泽西和多伦多。智能交通灯的运用，不但可以适时调整车辆通行时间，也可以利用对交通和道路传感器数据的历史分析来调节限速和通行费。在城市运营方面，除了用于疏导事故周围车辆之外，传感器还会报告道路和桥梁的状况，以便在需要时安排维修。

城市交通的安全稳定运营不只需要考虑车辆和行人的行进状态，也需要考虑车辆的停放问题。停车场资源的充分利用也是城市交通需要解决的一大问题。在城市路面上，城市管理者可以使用来自传感器和摄像头的道路报告数据来管理街面停车。例如，可以通过显

示可用停车场的智能停车移动应用程序发布数据,将车辆直接引导到最近的可用停车场,并管理停车费的支付,让停车尽可能顺利。

城市公共交通为居民带来方便的同时,也会因为运力不足和城市人口数量的原因造成车辆和车站的拥挤,从而引发公共安全事故。为有效避免此类问题的发生,可以通过利用智能售票系统的使用数据,以及安装在车上的传感器和GPS跟踪器的路线计时,自适应地改善公共交通运输。通过城市公共交通物联网解决方案可以向等车的市民提供公共交通服务可用性和延迟的实时报告。从更长远来看,它也可以调节时间表,以便更准确地反映记录的计时,还可以利用分析来预测一天的不同时段对不同服务的需求,并调节计时或引入更多服务来提高效率。

2.1.5 城市应急与执法管理

警方在城市应急与执法管理中扮演着主导者的角色,警方往往在信息资源收集和科技应用方面有着巨大的优势,然而在这一优势下,也会出现信息种类繁杂,信息量过大而无法及时处理的问题。在城市内,通过在高密度的安防产品中部署和集成计算机视觉算法,从而为警方和执法者提供城市中发生事件的实时可视化,使执法机构和应急响应人员能制定更好的决策。这种情景感知可用于每日预测、规划和假设分析,在出现危机时还能帮助执法者快速响应事故。或者在发生自然灾害的紧急情况下,这类传感器数据可以表明哪些道路受限制或无法通行(交通量比平常低),还可以用于确定优先疏散哪些区域,并确定应在事后清理和修理哪些道路。对于来自摄像头和传感器的这些数据,以及来自社交网络的内容等其他来源,可以使用机器学习和人工智能技术进行分析,以便预测何时可能发生犯罪行为。

2.1.6 物联网的发展方向

物联网是智慧城市发展的基础,智慧城市的众多智慧化产物,都源于利用从传感器收集的数据和其他检测数据,通过对数据的分析来获得知识,形成决策。而未来,通过物联网技术,实现城市范围内人、物与服务之间的网络互联,提高城市治理效率及服务的普惠化将成为城市的重要发展方向。随着智慧城市日趋成熟,城市也必将快速扩展和演化来满足不断变化的居民需求。随着城市区域的扩大,以及更多城市应用物联网技术,城市的网络互连将会扩展到更大的区域,最终也会提供更大范围内的数据和服务。

随着我们的生活方式和文化的不断演变,居民与IoT设备交互的方式,也会不可避免地随时间发生改变。智慧城市的建设需要不断变更,从而满足这些新变化。在这整个过程中,旧式基础架构和技术需要维护及变更,或直接重构,以适应现代化发展的需要,并不断的扩展和维护解决方案。例如,城市必须关注和不断借鉴行业中当前最佳的实践经验和案例，以开放标准为基础，设计智慧城市平台，然后再循序渐进地升级服务。另外，在设计物联网解决方案时必须考虑灵活性和可扩展性。但是，物联网在以极快的节奏发展，所以最好通过居民需求来推动它，而不是尝试预测太远的将来的需求。

智慧城市计划还必须从智能传感器收集的历史数据，证明它们如何通过应用物联网技术，逐步解决计划解决的问题。这涉及成本量化、时间节省、描述并评估、可维护性提高、减少交通拥堵指数控制、应急响应速度改善、居民参与率提高等相关的 KPI（Key Performance Indicator，关键绩效指标）。证明解决方案有效通常是获得持续投资和支持的前提条件。物联网平台提供了能帮助实现此过程的分析服务和可视化工具。

实现智慧城市是一场持久战。智慧城市的好处可能无法立刻看到，而且最初的升级可能是增量式的。但是，从更长远来看，通过对城市场景应用物联网所带来的效率和成本节省，使城市能扩展其市政基础架构并持续发展，同时提供显著的经济效益。

2.2 物联网安全威胁

智慧城市给了物联网发展和壮大的机会，随着网络全球化，物联网安全已不再仅仅局限于某座城市的辐射范围内，而是需要集合各方力量来共同面对的全球安全威胁。虽然目前物联网安全事件数量远不及传统互联网上发生的安全事件大，但物联网安全事件将会不断增长，对于已经出现的典型物联网安全事件进行充分的回顾性调查分析将会为物联网安全的发展提供更多前瞻性的信息。了解攻击者惯用的攻击行为模式，从而为制定物联网安全防御方案提供情报，让决策者做出更为准确的判断，从而提高攻击者的攻击难度，降低安全事件发生的概率。

2.2.1 物联网安全威胁大事件

我们来看一下近几年物联网领域发生的一些重大安全事件。

1. 三星 Tizen 漏洞导致 4 000 万台设备存在风险

2017 年 4 月，三星 Tizen 操作系统被发现存在 40 多个安全漏洞。Tizen 操作系统被应用在三星智能电视、智能手表、Z 系列手机上，全球已有不少用户正在使用 Tizen 操作系统的设备。

这些漏洞可能让黑客更容易从远程攻击与控制设备，且三星一直没有修复这些产品测试中编码错误所引起的漏洞。安全专家指出其代码早已过时，黑客可以利用这些漏洞远程获取物联网设备的最高权限，并控制该装置。

值得一提的是截至 2018 年 1 月，大约有 3 000 万台三星电视搭载了 Tizen 系统，而且三星更是计划到 2017 年年底之前在 1 000 万部手机上运行该系统，并希望藉此减少对

Android 系统的依赖，但很显然 Tizen 现在仍不安全。

2. 蓝牙协议漏洞导致 53 亿设备存在被勒索攻击的风险

2017 年 9 月，物联网安全研究公司 Armis 在蓝牙协议中发现了 8 个零日漏洞，这些漏洞影响 53 亿设备。从 Android、IOS、Windows 以及 Linux 系统设备到使用短距离无线通信技术的物联网设备，利用此蓝牙协议漏洞，Armis 构建了一组攻击向量"BlueBorne"，演示中攻击者可以完全接管支持蓝牙的设备，传播恶意软件，甚至可以建立一个 MITM(Man In The Middle，中间人)连接。

研究人员表示，利用此蓝牙协议漏洞成功实施攻击的必备条件如下。

(1) 被攻击设备中的蓝牙处于"开启"状态。

(2) 攻击设备在被攻击设备的蓝牙信号范围内。此外，甚至不需要配对受攻击设备与攻击者的设备，即可利用该漏洞实现攻击。

利用蓝牙漏洞实现的攻击向量"BlueBorne"可以用于各种恶意攻击，例如网络间谍、数据窃取、勒索攻击，甚至利用物联网设备创建大型僵尸网络（如 Mirai 僵尸网络），或是利用移动设备创建僵尸网络（如最近的 WireX 僵尸网络）。BlueBorne 攻击向量可以穿透安全的"气隙"网络（将电脑与互联网以及任何连接到互联网上的电脑进行隔离），这一点是其他大多数攻击向量所不具备的能力。

3. Mirai 僵尸网络导致 60 多万物联网设备被控制

2016 年 8 月 1 日，Mirai 病毒开始传播，以约每 76 分钟感染数量翻一番的速度快速感染物联网设备。一天时间 Mirai 病毒已经入侵了 65 000 多个物联网设备。在 2016 年 11 月的高峰时期，Mirai 感染和控制了 60 多万以上的物联网设备。

Mirai 的核心是一种自我传播的蠕虫，就是通过其发现、攻击和感染存在漏洞的物联网设备，来复制自己的恶意程序。我们也可以把它看作是一个僵尸网络，因为被感染的设备是通过一套中央命令和控制（C&C）服务器控制的。这些服务器告诉受感染的设备来攻击下一个目标。总的来说，Mirai 由两个关键组件组成：一个复制模块和一个攻击模块。

随着 Mirai 事件的不断发酵，Anna-senpai 在 2017 年 9 月 30 日通过黑客论坛发布了 Mirai 源代码。这个代码的发布导致其他黑客开始运行 Mirai 僵尸网络。自此，Mirai 袭击事件不是绑定到一个单一的行动者或基础设施上，而是绑定到多个团体上，这些袭击事件使溯源和动机解密更加困难。图 2.1 为 Mivai 功击事件爆发时间示意图。

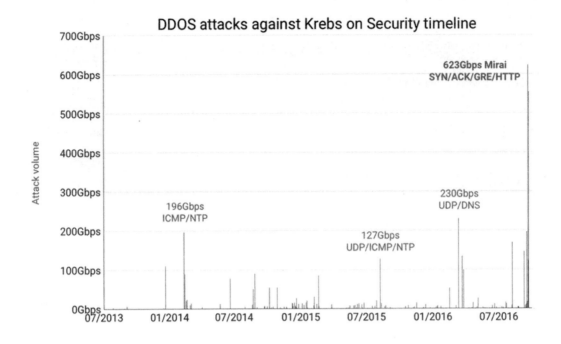

图 2.1　Mirai 攻击事件爆发时间

4. 自动售货机泄漏 160 万用户数据

2017 年 7 月，美国自动售货机供应商 AvantiMarkets 遭遇黑客入侵内网。攻击者在终端支付设备中植入恶意软件，并窃取了用户信用卡账户以及生物特征识别数据等个人信息。该公司的售货机大多分布在各大休息室，售卖饮料、零食等副食品店，顾客可以用信用卡支付、指纹扫描支付或现金支付的方式买单。AvantiMarkets 的用户多达 160 万。

根据某匿名者提供的消息，Avanti 没有采取任何安全措施保护数据安全，连基本的 P2P 加密都没有做到。事实上，售货终端以及支付终端等 IoT 设备遭遇入侵在近几年似乎已成为家常便饭。支付卡机器以及 POS 终端之所以备受黑客欢迎，主要是因为从这里窃取到的数据很容易变现。遗憾的是，POS 终端厂商总是生产一批批不安全的产品，而且只在产品上市发布之后才考虑到安全问题。图 2.2 为自动售货机攻击过程示意图。

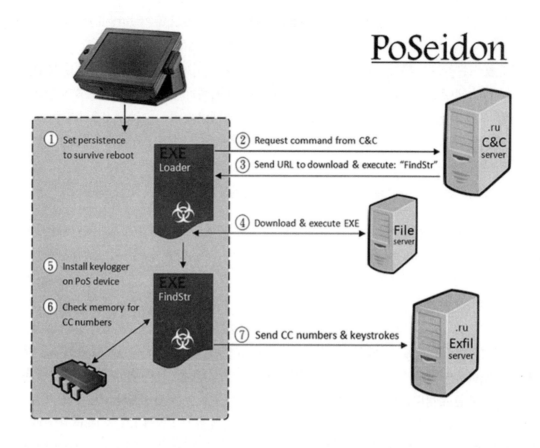

图 2.2　自动售货机攻击过程

5. 利用基带漏洞可攻击百万部华为手机

2017 年 4 月，基带漏洞可攻击数百万部华为手机。安全公司 Comsecuris 的一名安全研究员发现，未公开的基带漏洞 MIAMI 影响了华为智能手机、笔记本 WWAN 模块以及 IoT（物联网）组件。基带是蜂窝调制解调器制造商使用的固件，用于智能手机连接到蜂窝网络，发送和接收数据，并进行语音通话。

攻击者可通过基带漏洞监听手机通信，拨打电话，发送短信，或者进行大量隐蔽且不为人知的通信。该漏洞是 HiSliconBalong 芯片组中的 4GLTE 调制解调器引发的。

这些有漏洞的固件存在于华为荣耀系列手机中。研究人员无法具体确定有多少设备受到了这个漏洞的影响。他们估计有数千万的华为智能手机可能收到攻击。仅在 2016 年第三季度销售智能手机中，就有 50% 使用了此芯片。

6. 安防摄像头存在远程控制风险

2017 年 8 月，深圳某公司制造的 17.5 万个物联网安防摄像头被曝可能遭受黑客攻击，这些安防摄像头可以提供监控和多项安防解决方案（包括网络摄像头、传感器和警报器等）。

安全专家在该公司制造的两个型号的安防摄像头中找到了多个缓冲区溢出漏洞。这些安防摄像头都是 UPnP（Universal Plug and Play，通用即插即用）设备，它们能自动在路由器防火墙上打开端口接受来自互联网的访问。两款安防摄像头只需使用默认凭证登录，任何人都能访问摄像头的转播画面。同时，摄像头存在的缓冲区溢出漏洞还使黑客能对其进行远程控制。两款安防摄像头可能会遭受两种不同的网络攻击，一种攻击会影响摄像头的网络服务器服务，另一种则会波及 RSTP(Real Time Streaming Protocol，实时流传输协议)服务器。

7. 利用 LG 智能家居设备远程控制设备管理账户

2017 年 11 月，智能家居设备存在漏洞，利用该漏洞可以将吸尘器变成监视器，CheckPoint 研究人员表示 LG 智能家居设备存在漏洞，黑客可以利用该漏洞完全控制一个用户账户，然后远程劫持 LG 的 SmartThinQ 家用电器，包括冰箱、干衣机、洗碗机、微波炉和吸尘机器人。

LG 智能家居的移动端应用程序允许用户远程控制其设备(包括打开和关闭设备)。例如，用户可以在回家前启动烤箱和空调，在进超市前检查智能冰箱中还有多少库存，或者检查洗衣机何时完成一个洗衣循环。当用户离开时，无论设备是开启的还是关闭的，网络犯罪分子都可以利用该漏洞入侵智能家居设备，并将它们转换为实时监控设备。

研究人员演示了黑客通过控制安装在设备内的集成摄像头，将 LG 的 Hom-Bot 变成一个视频监视器。他们分析了 Hom-Bot 并找到了 UART（Universal Asynchronous Receiver/Transmitter，通用异步收发传输器)的连接，当连接被找到时，研究人员就可以操纵它来访问文件系统，一旦主进程被调试，他们就可以找到启动 Hom-Bot 与 SmartThinQ 移动端应用程序之间用于通信的代码了。

迄今为止 LG 已售出超过 100 万台 Hom-Bot 吸尘器，但并非所有型号的 Hom-Bot 吸尘器都具有 Home Guard 安全监控功能。

8. WPA2 漏洞导致终端设备无线通信中间人攻击风险

2017 年 10 月，WPA2 被曝存在严重安全漏洞，黑客可任意读取信息，有安全专家表示 WiFi 的 WPA2 (WPA2 是一种保护无线网络安全的加密协议) 存在重大漏洞，导致黑客可任意读取通过 WAP2 保护的任何无线网络信息。

据发现该漏洞的比利时鲁汶大学计算机安全学者马蒂·凡赫尔夫（Mathy Vanhoef) 称："我们发现了 WPA2 的严重漏洞，这是一种如今使用最广泛的 WiFi 网络保护协议。黑客可以使用这种新颖的攻击技术来读取以前假定为安全加密的信息，如信用卡号、密码、聊天信息、电子邮件、照片等。"据悉，该漏洞名叫"KRACK"，存在于所有应用 WPA2 协议的产品或服务中。其中，Android 和 Linux 最为脆弱，Windows、OpenBSD、iOS、macOS、联发科技、Linksys 等无线产品都受影响。

"KRACK"漏洞利用有一定局限性，比如，需要在正常 WiFi 信号辐射到范围内。另外，该漏洞是通过中间人窃取无线通信中的数据，而不是直接破解 WiFi 的密码。

9. 200 万父母与儿童语音信息遭泄漏

2017 年 3 月，智能玩具泄漏 200 万父母与儿童语音信息，SpiralToys 旗下的 CloudPets 系列动物填充玩具遭遇数据泄漏，敏感客户数据库受到恶意入侵。此次事故泄漏信息包括玩具录音、MongoDB 泄漏的数据、220 万账户语音信息、数据库勒索信息等。这些数据被保存在一套未经密码保护的公开数据库当中。SpiralToys 公司将客户数据库保存在可公开访问的位置之外，还利用一款未经任何验证机制保护的 Amazon 托管服务存储客户的个人资料、儿童姓名及其与父母、亲属及朋友间的关系信息。只需要了解文件的所处位置，任何人都能够轻松获取到该数据。

10. 汽车远程遥控漏洞导致 140 万辆汽车被召回

2015 年 7 月 24 日，美国菲亚特克莱斯勒汽车公司宣布，在美国召回 140 万辆轿车和卡车。这起召回源于两名网络安全专家的一场实验：两人在家利用笔记本电脑，通过汽车的联网娱乐系统侵入其电子系统，远程控制车的行驶速度、操纵空调、雨刮器、电台等设备，甚至还可以把车"开进沟里"。

2015 年，HackPWN 安全专家演示了利用比亚迪云服务漏洞，开启比亚迪汽车的车门、发动汽车、开启后备箱等操作。

2014 年，360 安全研究人员发现了特斯拉 TeslaModelS 车型汽车应用程序存在设计漏洞，该漏洞可致使攻击者可远程控制车辆，包括执行车辆开锁、鸣笛、闪灯以及车辆行驶中开启天窗等操作。

2.2.2 物联网安全威胁分析

从以上案例可以看出，黑客通过利用物联网漏洞，可以远程控制或劫持设备、批量窃取大量用户实时信息、监听设备间或设备与云端通信、仿冒真实设备或用户、破坏真实网络，并通过越权或过度使用等造成物理破坏，甚至可以对用户造成生命威胁。那么对于以上危害进行科学的安全威胁分析就显得尤为重要，从真实的物联网安全事例中见识到了它的种种危害，安全研究人员接下来就应该在实际中提取抽象的规律，研究这一现象发生的本质和内涵。

在网络安全中进行抽象的安全威胁分析可以让安全研究人员对整个网络空间的威胁分布和风险来源有更为深刻的理解并在后期做到更为全面的防御，在物联网安全领域也需要这方面的工作。

图 2.3 将物联网安全威胁分为六个安全威胁大类和若干安全威胁子类，利用分层的研

究方法，对物联网的安全威胁进行深入的分析，从而系统的了解物联网安全所面对的风险，并给物联网厂商提供可靠的安全建议，使得物联网产品具有安全防护能力。

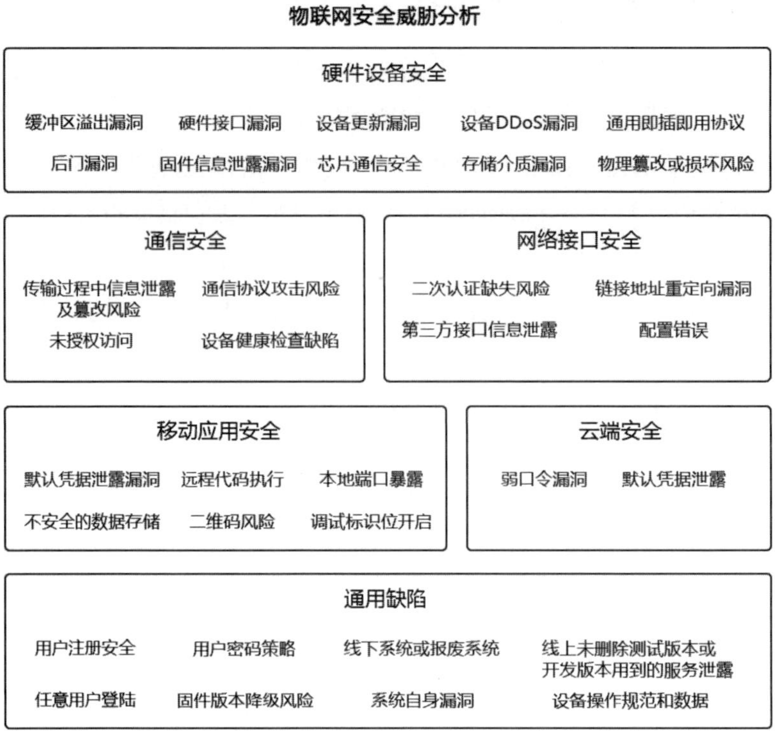

物联网安全威胁分析

硬件设备安全
| 缓冲区溢出漏洞 | 硬件接口漏洞 | 设备更新漏洞 | 设备DDoS漏洞 | 通用即插即用协议 |
| 后门漏洞 | 固件信息泄露漏洞 | 芯片通信安全 | 存储介质漏洞 | 物理篡改或损坏风险 |

通信安全
| 传输过程中信息泄露及篡改风险 | 通信协议攻击风险 |
| 未授权访问 | 设备健康检查缺陷 |

网络接口安全
| 二次认证缺失风险 | 链接地址重定向漏洞 |
| 第三方接口信息泄露 | 配置错误 |

移动应用安全
| 默认凭据泄露漏洞 | 远程代码执行 | 本地端口暴露 |
| 不安全的数据存储 | 二维码风险 | 调试标识位开启 |

云端安全
| 弱口令漏洞 | 默认凭据泄露 |

通用缺陷
| 用户注册安全 | 用户密码策略 | 线下系统或报废系统 | 线上未删除测试版本或开发版本用到的服务泄露 |
| 任意用户登陆 | 固件版本降级风险 | 系统自身漏洞 | 设备操作规范和数据 |

图 2.3　物联网安全威胁分析图

硬件设备安全威胁是物联网安全特有的威胁，因此成为安全研究者和物联网厂商重点研究的对象。

物联网的网络安全及通用缺陷与以往网络及系统安全中遇到的威胁很相似，由于安全研究者们网络安全领域经验丰富，且已经有很多成熟的安全防护、加固、预警产品，因此这一部分面临的安全技术挑战不高。

而物联网设备的通信大多采用较新推出的通信协议或厂商自研发的私有协议，这类协议的安全威胁发现与防御对于安全从业者来说是新的技术挑战。

物联网云端安全会在后续章节做详细讲解。

物联网对应的移动应用主要用于人机交互，方便用户对指定设备进行远程控制，但是攻击者也可以通过利用移动应用的漏洞，来越权控制任意被攻击者的联网设备。因此移动应用所面对的威胁不容小觑。

由于利用物联网设备进行攻击的影响范围波及整个互联网，会危害到居民生活、城市规划、社会稳定、经济稳定、甚至国家安全等各个方面，因此物联网的安全治理刻不容缓。

2.3 物联网安全治理

物联网安全的建立不能再走以往互联网环境下的网络安全的老路,在分析了物联网安全几个比较典型的安全事件后,我们也要将物联网安全的治理理念和方法引入到更为具体的实际应用场景中,智慧城市场景在物联网的应用是一个比较成熟且影响范围较广的一种物联网场景。在这一场景下的物联网安全治理工作将显得更为重要。

2.3.1 智慧城市下的物联网安全治理概述

在网络安全的发展过程中,安全管理的地位和角色一直都是保障网络安全的重要组成部分。通过高效、全面的管理手段也让网络安全的水平得到了明显的提高,网络安全事件的发生率、应急响应处置成功率都大大提高。那么在物联网安全领域,这样的宝贵经验一样不能缺少,在物联网安全领域更需要吸收先前的安全管理经验,弥补以往的不足,补充最新的内容从而提高新兴安全领域的安全管理水平。

在智慧城市物联网安全管理领域,首先需要建立严格的全流程,全生命周期的网络安全管理。城市运营者在推进智慧城市建设中要同步加强网络安全保障工作。智慧城市在建设过程中,不可避免地要兴建重要物联网信息系统。那么这类系统在设计阶段,就要考虑并要合理确定安全保护等级,在系统软件的起步涉及阶段,就要同步设计安全防护方案;完成设计阶段后,紧接着进入该系统的实施阶段,在此阶段要加强对技术、设备和服务提供商的安全审查,同步建设安全防护手段;系统建设完成后,系统平稳运行是每个系统都需要完成的使命。那么在运行阶段,更要加强各方面的安全管理,定期开展检查、等级评测和风险评估工作,认真排查安全风险隐患,增强日常监测和应急响应处置恢复能力。

单个系统的安全建设过程完成后,还需要加强整体智慧城市物联网的要害信息设施和信息资源安全防护。在整体智慧城市中,涉及居民生活的方方面面,这就需要对党政军、金融、能源、交通、电信、公共安全、公用事业等重要信息系统安全可控。完善智慧城市网络安全设施,重点提高态势预警、应急处理和信任服务能力。

在安全管理方面,如何通过物联网监测平台判断城市运转是否在正常范围内?这就需要建立相关的评价体系来实现可视化,从而建立管理评价体系,才能对城市运转有更精确的把握。在智慧城市的安全管理方面也要建立物联网重要信息使用管理和安全评价机制。这方面往往也需要借助国家相关的法律法规及其标准的内容,加强行业和企业自律,切实加强个人信息保护。

安全管理中安全责任的确认和增强安全意识,是安全管理中非常重要的一环。在智慧城市中,也需要建立网络安全责任制,明确智慧城市各部门负责人、要害信息系统运营单位负责人的网络信息安全责任,建立责任追究机制。加大宣传教育力度,提高智慧城市规划、建设、管理、维护等各环节工作人员的网络信息安全风险意识、责任意识、工作技能和管理水平。在较为特殊和专业的领域中，智慧城市各部门也需要建立信息安全认证服务，为保障智慧城市网络信息安全提供支持。

物联网安全当然少不了使用各类安全技术去提高其自身的安全防御能力，在智慧城市领域也一样少不了这类技术的运用。在智慧城市中的物联网安全技术方面主要是针对相关物联网设备厂商提出相关安全建议，从而在源头提高各类设备的安全性。所有物联网设备制造商尤其应该要求以下方面。

- 消除默认用户和口令：这将防止黑客构建弱口令字典，使他们能够像 Mirai 一样危害大量的设备。
- 强制设备自动升级存在问题的软件版本或固件版本。很多物联网设备部署完毕后对于运营者而言意味着"遗忘"，这使得工程师和服务人员去手动升级或修补漏洞的可能性会非常低。
- 实施限速：强制限制登录速率，防止暴力破解是缓解人们使用弱密码的好方法。另一种选择是使用验证码或双因素登录手段对设备管理进行限制。
- 如果物联网设备遵循基本的最佳安全实践，或其他网络安全相关组织制定的物联网安全标准，则可以避免物联网僵尸网络事件再次上演。
- 运用大数据威胁情报分析手段，从多方面、多角度来了解网络空间的威胁动态，从而快速采取应急措施，在威胁来临之前将问题解决。

2.3.2 物联网安全目标及防护原则

物联网基本安全目标是指在数据或信息在传输、存储、使用过程中实现机密性、完整性、可用性。感知节点通常情况下功能简单（如自动温度计）、携带能量少（使用电池），使得它们无法拥有复杂的安全保护能力，而感知网络多种多样，从温度测量到水文监控，从道路导航到自动控制，它们的数据传输和消息也没有特定的标准，很难提供统一的安全保护体系。物联网安全体系需要从物理安全、安全计算环境、安全区域边界、安全通信网络、安全管理中心及应急响应恢复与处置六方面构建全面的安全体系，满足物联网密钥管理、点到点消息认证、防重放、抗拒绝服务、防篡改或泄漏、业务安全等需求。

防护原则包括坚持综合防范、确保安全的原则：从法律、管理、技术、人员等多个方面，从预防应急和打击犯罪等多个环节采取多种措施。对组织安全、管理安全和技术安全进行综合防范，全面提高物联网的安全防护水平。坚持统筹兼顾、分步实施的原则：统筹信息化发展与信息安全保障，统筹信息安全技术与管理，统筹经济效益与社会效益，统筹当前和长远，统筹中央和地方。坚持制度体系、流程管理与技术手段相结合的原则，保证充足合理的经费投入、高素质安全技术和管理人员，建立完善的技术支持和运行维护组织管理体系，制定完整的运行维护管理制度和明确的维护工作流程。坚持以防为主、注重应急的原则：网络安全系统建设的关键在于如何预防和控制风险，并在发生信息安全事故或事件时最大限度地减少损失，尽快使网络和系统恢复正常。坚持技术与管理相结合原则：安全体系是一个复杂的系统工程，涉及人、技术、操作等要素，因此，必须将各种安全技术与运行管理机制、人员思想教育与技术培训、安全规章制度建设相结合。

2.3.3 全球物联网安全防御策略

2015 年初，美国 FTC（Federal Trade Commission，联邦贸易委员会）曾发布了一份有关物联网隐私与安全的报告，旨在为研发物联网相关连接设备的公司提出一系列安全建议，其中包括了如下几个方面。

（1）从一开始就为连接设备安装安全防护系统；

（2）在识别安全风险时，要制定一个"纵深防御"策略，即使用多重防御策略来逐级管控安全威胁；

（3）考虑并采取相关措施，以防止未经授权的用户访问用户的设备、数据或存储在互联网上的个人信息；

（4）对预期生命周期内的连接设备实施监控，并在可行的情况下，提供安全补丁，以覆盖已知的风险。

还有一点特别重要，即增加生产商监控连接设备的责任。但是，监控多少、监控到什么程度依然是不明确的，也并未提出具体实施办法。比照目前的困境来看，这些建议确实都是明智而有效的。从其内容也可以看出，提出者主要谈策略、责任、安全服务。

美国 DHS（Department of Homeland Security，国土安全部）对物联网安全主要关注侦测、认证和更新三个领域。DHS 在发布的"保障物联网安全的战略原则"中表示，物联网制造商必须在产品设计阶段进行安全风险评估和安全策略接入，否则可能会被起诉。在由网络安全政策与法律联盟（Coalition for Cyber Security Policy and Law）举办的下一任总统网络安全研讨会上，DHS 网络政策助理部长罗伯特·西尔维斯（Robert Silvers）提出，前端的安全性提升将有助于防范类似于 Mirai 僵尸网络的风险，例如使默认密码个性化、更长、更难破解，以及需要在设计阶段构建安全措施、可靠的操作系统升级、促进安全更新和漏洞管理等。

在战略原则中，DHS 定义了联邦机构需要执行的如下四项物联网安全事项。

（1）协调其他联邦部门和机构与物联网制造商、网络连接提供商和其他行业利益相关者合作。

（2）在所有利益相关者中强化与物联网有关的风险意识（提供不安全物联网产品的厂商和部署者将承担风险，实质是提高市场门槛）。

（3）识别并推进激励措施，保障物联网设备和网络安全（激励措施）。

（4）为物联网国际标准发展进程做贡献（抢占安全标准制高点）。同时，该原则总结出如下的结论:"由于物联网对关键基础设施、个人隐私和经济的潜在损害,后果不堪设想,美国无法承担不安全物联网设备带来的影响"。

美国商务部国家电信与信息管理局(NTIA)也计划启动一项多方利益协调程序,帮助消费者更好地理解早期物联网产品安全升级的相关问题。由此可见,美国在解决物联网安全问题上持续提出要加强"事前"安全设计与部署的要求,并且对不能达到要求的企业将给出"红牌罚下"。这一做法固然有打压中国产物联网设备的嫌疑,但从整体安全性的角度考虑,依然值得我们借鉴。

2.3.4 我国物联网安全标准

我国在物联网领域的安全标准研究最早始于传感网,在物联网安全领域相关国家标准研究和制定上牵头的主要为工业和信息化部和公安部两大部门,立项的标委会主要包括全国信息安全标准化技术委员会、公安部计算机与信息处理标准化技术委员会等。标准覆盖了物联网安全的通用模型、数据传输、终端安全、网关等方面的内容,总体呈现一种多点开花,但某些方面缺失的局面。具体标准情况如表2.1所示。

表 2.1 我国物联网信息安全标准国家标准情况汇总

序号	标准名称
1	信息安全技术射频识别系统密码应用技术要求第3部分:读写器密码应用技术要求
2	信息安全技术 射频识别(RFID)系统通用安全技术要求
3	信息安全技术 物联网感知层接入通信网的安全要求
4	公安物联网感知终端安全防护技术要求
5	公安物联网感知终端接入网安全技术要求
6	公安物联网系统信息安全等级保护要求
7	公安物联网感知层传输安全性测评要求
8	信息安全技术物联网信息安全参考模型及通用要求
9	信息安全技术物联网感知设备安全技术要求
10	信息安全技术物联网感知层网关安全技术要求
11	信息安全技术物联网数据传输安全技术要求
12	信息安全技术智能卡通用安全检测指南
13	信息安全技术 网络安全等级保护基本要求

其他在传感网、通信网方面也有相应的物联网安全标准,总体来说数量上是具备一定规模了,但从覆盖面上看还未能满足全方位安全保障的要求。例如,在面对海量物联网终端的安全管理方面,我们认为依然需要制定专门的标准规范;在物联网终端设备的安装运

维方面，缺少明确的安全责任划分，对企业生产的物联网终端智能设备还需要进行相应的安全评估，以确定其安全风险的大小，从而明确其可以获取更多帮助和支援。

2.3.5 物联网层次结构及安全模型

根据功能的不同，物联网体系结构可分为三层：感知层、网络层以及应用层。安全模型如图2.4所示。

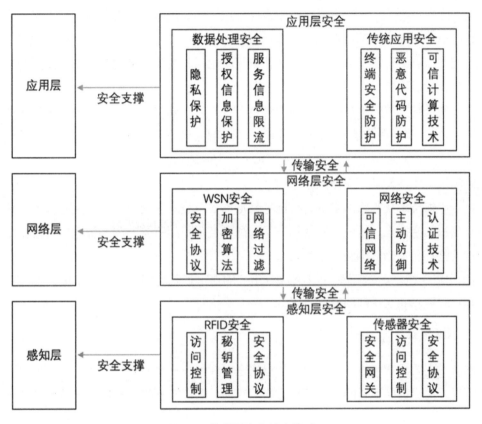

图2.4 物联网安全层次模型

1. 感知层安全

感知层是由无线传感器网络构成的封闭系统，通过网关节点完成和外部网络之间的所有通信，因此，其安全结构只需考虑无线传感器网络本身的安全。节点的硬件结构简单，计算和通信能力较弱，因此，不能符合传统意义上保密技术的需求。降低密码协议开销是该层需要解决的重要的安全问题。为了确保感知层内部通信的安全，感知层需要采用合适的密钥管理机制。为安全服务设置统一的标准比较困难，原因在于感知层的传感网类型的多样性，但是认证性和机密性两者缺一不可。机密性要求设定一个临时的会话密钥，而认证性用对称或非对称密码方案来解决。

如果感知节点所获得的信息没有采取安全防护措施，那么很可能这些信息会被第三方非法获取，从而造成很大的危害。考虑到安全防护措施的成本或者使用的便利性等因素，某些感知节点可能会采取很简单的信息安全防护，这样将会导致信息被公开传输。感知层内部节点间通信的密钥是很难掌握的，所以攻击者即便俘获了关键节点也不能对它实际控制。一般说来，感知层的关键节点被非法控制的可能性很小。但是，如果攻击者获得了一个关键节点与其他节点的共享密钥，就可以实际控制该节点，并且获取经由该节点的所有信息。相反，如果攻击者不知道该关键节点的共享密钥，他只能阻止部分信息的发送，而且容易被远程信息处理平台发觉。感知层经常遇到的情况是攻击者控制某些普通节点，与这些普通节点交互的关键节点上的所有信息都被窃取。攻击者的目的除了窃听信息以外还会通过感知节点传送错误的信息。因此，确保感知层的安全必须对恶意节点的行为进行判断并及时地加以阻断。

感知层最终要接入外在网络，所以难免会受到外在网络的攻击，主要是拒绝服务攻击（DOS）。感知节点在传统 Internet 环境内如果不能正确识别 DOS 攻击就可能导致网络陷于瘫痪。因此，感知节点必须拥有抵抗 DOS 攻击的能力。

感知层主要涉及以下安全问题。

（1）传感技术及其联网安全。目前感知层的安全技术主要有：安全架构、安全路由、入侵检测和加密技术。传感器网络的密钥分配主要采用随机预分配的模型。入侵检测主要分为被动监听和主动监测两种类型。

（2）RFID 相关安全问题。标签本身的访问缺陷；通信链路的安全；移动 RFID 的安全。主要存在假冒和非法访问问题。

2. 网络层安全

网络层主要负责将感知层获取的信息安全可靠地传送到应用层，主要涉及网络基础设施的管理。由于需要连通的网络架构方式的不同，所以跨网络架构的安全认证会遇到更多的挑战。

网络层安全架构的设计必须考虑高效性、兼容性和特异性。物联网由大量不同架构的网络组成，由于网络的性能各不相同，因此对网络攻击的防御能力也存在巨大差异。另外，出于对安全协议的一致性与兼容性的考虑，必须实现异构网络的平滑过渡。如果网络层不采取网络接入控制就很可能被非法接入，会造成网络层负担加重或者信息传输错误。在网络层，异构网络的信息交换是安全的脆弱点，存在中间人攻击、合谋攻击等安全威胁，因此需要更好的安全措施。网络层安全结构可以具体划分为两个子层，节到节安全子层和端到端安全子层。节到节的机密性由节点间认证以及密钥协商来保证其数据在传输过程中的安全性。而端到端子层的机密性，则必须建立端到端认证机制、端到端密钥协商以及密钥管理等机制。

网络层安全主要有以下特点。

(1) 物联网是在传统 Internet 基础上延伸和扩展的网络，随着应用领域的不同具有不同的网络安全和服务要求，不能简单复制互联网的技术模式。另外，目前的通信网络都是从人通信的角度设计的，不适合机器通信的场合。如果照搬现有的安全机制会破坏物联网机器间的逻辑关系。

(2) 网络层将面临现有网络的所有安全问题，因为物联网在感知层采用的数据格式的多样性，从感知层接收的数据是海量的并且是多源异构数据，与之而来的安全问题将更为复杂。

(3) 物联网需要严密的安全性和可控性，其绝大多数应用都与个人隐私或者企业内部秘密有关，所以必须提供严密的安全性和可控性，必须具备保护用户隐私、对抗网络攻击的能力。

网络层主要涉及以下安全问题。

(1) 物联网终端自身安全物联网终端业务的日益智能化使得物联网的应用更加丰富，但与此同时终端更容易受到木马、病毒的感染或者其他来自网络的威胁。如果攻击者入侵成功，通过网络传播就变得十分容易。这些木马、病毒在物联网内更易传播而且不容易被发现，会带来更大的破坏性，比起单一的通信网络而言更难防范。

(2) 承载网络信息传输安全随着不断加速的网络融合以及越来越复杂的网络结构，物联网的承载网络作为一个多网络叠加的开放性网络，基于无线和有线链路进行数据传输的物联网面临的威胁更大。如果攻击者随意窃取、篡改链路上的数据，伪装成网络实体截取数据或者对网络流量进行分析，对于网络安全的数据传输造成的破坏是巨大的。

3. 应用层安全

物联网应用直接面向用户，与普通大众的紧密程度更高，涉及的领域和行业较多。由于数据信息处理过于庞大，其在可靠性和安全性方面面临严峻的挑战，突出体现在业务控制和管理、中间件以及隐私保护等方面。

对于物联网来说，业务控制和管理是指对其设备进行远程签约，实现业务信息的配置。这并不是很容易解决的问题，因为传感器节点通常是先部署然后再连接至网络的，经常无人看守。另外，物联网需要建立一个强大而统一的安全管理平台，但由于此安全管理平台需要很高的权限来对所有的联网设备进行统筹控制，如果安全管理平台本身存在安全漏洞，那么就会引发新的安全问题。

物联网和人体有相似之处，感知层就像是人的四肢，传输层像是人的身体和脏腑，应用层就好像是人的大脑，那么中间件系统就是物联网的灵魂和枢纽，所以中间件在物联网中发挥的作用极为重要。

不同于感知层和应用层，应用层的隐私保护是必须考虑的一个问题。随着个人和商业信息的网络化，被认为是用户隐私的信息越来越多。设计不同等级的隐私保护将会成为物联网安全的热门研究。当前隐私保护方法分为两个发展方向：对等计算，通过直接交换和共享计算机相关的服务和资源来实现；语义 Web，通过规范定义和组织信息，使其具有语义信息，可以被计算机理解，达到与人相互沟通和交流的目的。

应用层面临的安全问题主要包括中间件层和应用服务层两个方面，中间件层的主要特征是智能，采用自动处理技术，目的是使处理过程更为方便迅速。自动处理过程对于恶意数据的判断能力是有限的，并且智能局限于按照一定规则进行判断和过滤。因此中间件层的安全问题体现在以下方面。

（1）垃圾信息、恶意信息等干扰：中间件层接收信息时，需要判断信息是否有用。来自网络的信息中有些是一般性数据，其他的可能是操作指令，这些指令中可能包含各种原因造成的错误指令，甚至是攻击者的恶意指令。

（2）海量数据的识别和处理：在物联网时代，待处理的信息是海量的，处理的平台是分布式的。如果一个处理平台处理不同性质的数据时，就需要其他的处理平台协同处理。如何有效处理海量数据是物联网面对的重大挑战。

（3）攻击者利用智能处理过程躲避过滤：智能处理与人类的智力相比还是有本质区别的，智能处理的存在可能让攻击者躲过智能处理过程，进而达到攻击的目的。因此，物联网的中间件层必须具备高智能的处理机制。

应用服务层涉及的是具体应用业务，其所包含的某些安全问题通过传输层和感知层的安全防护可能无法解决，是应用服务层的特殊安全问题。主要有以下几个方面。

（1）访问同一数据库的内容筛选决策：根据不同的应用需求，物联网会对共享数据分配不同的访问权限，权限不同，访问同一数据会得到不一样的结果。例如，交通监控视频数据在不同的场合可以设置不同的分辨率，在用于城市规划时只需很低即可，而在交通管制时就需要清晰一些，用于公安侦查时则需要更为清晰的画面，要求可以准确识别汽车的牌照。

（2）信息泄漏追踪：很多情况下，某些组织或个人需要获取物联网设备的信息，如何确保访问权限控制，以及获取信息的人员不会泄漏关键信息，是亟需解决的问题。

（3）计算机取证分析：无论采取什么技术都很难避免恶意行为的发生。对恶意行为给予相应的惩罚可以减少此类行为的发生。从技术上来讲，需要得到相关证据，这就使得计算机取证显得十分重要。

（4）剩余信息保护：与上述计算机取证相对的是数据销毁，其目的是销毁在密码算法过程中产生的临时中间变量，算法或协议实施完成后，这些中间变量就没用了。如果这些变量落入攻击者手中，会为攻击者提供重要的参数，增加了成功攻击的可能。

2.3.6 物联网安全关键技术

作为一种多网络融合的网络，物联网安全涉及各个网络的不同层次，在这些独立的网络中已实际应用了多种安全技术，特别是移动通信网和互联网的安全研究已经历了较长的时间，但对物联网中的传感网来说，由于资源的局限性，使安全研究的难度较大，因此本章节主要针对传感网中的安全问题进行讨论。

1. 密钥管理机制

密钥系统是安全的基础，是实现感知信息隐私保护的手段之一。与无线传感器网络和感知节点计算资源的限制相比，互联网不存在计算资源的限制，非对称和对称密钥系统都可以适用，互联网面临的安全主要是来源于其最初的开放式管理运营模式的设计，导致缺乏合理的授权管理和安全部署。移动通信网是一种相对集中式管理的网络，而无线传感器网络和感知节点由于计算资源的限制，对密钥系统提出了更多的要求，因此，物联网密钥管理系统面临两个主要问题：一是如何构建一个贯穿多个网络的统一密钥管理系统，并与物联网的体系结构相适应；二是如何解决传感网的密钥管理问题，如密钥的分配、更新、组播等问题。

实现统一的密钥管理系统可以采用两种方式：一是以互联网为中心的集中式管理方式。由互联网的密钥分配中心负责整个物联网的密钥管理，一旦传感器网络接入互联网，通过密钥中心与传感器网络汇聚点进行交互，实现对网络中节点的密钥管理；二是以各自网络为中心的分布式管理方式。在此模式下，互联网和移动通信网比较容易解决，但在传感网环境中对汇聚点的要求比较高，尽管可以在传感网中采用簇头选择方法，推选簇头，形成层次式网络结构，每个节点与相应的簇头通信，簇头间以及簇头与汇聚节点之间进行密钥的协商，但对多跳通信的边缘节点，以及由于簇头选择算法和簇头本身的能量消耗，使传感网的密钥管理成为解决问题的关键。

无线传感器网络的密钥管理系统的设计在很大程度上受到其自身特征的限制，因此在设计需求上与有线网络和传统的资源不受限制的无线网络有所不同，特别要充分考虑到无线传感器网络传感节点的限制和网络组网与路由的特征。它的安全需求主要体现在以下方面。

(1) 密钥生成或更新算法的安全性：利用该算法生成的密钥应具备一定的安全强度，不能被网络攻击者轻易破解或者花很小的代价破解。也即是加密后保障数据包的机密性。

(2) 前向私密性：对中途退出传感器网络或者被俘获的恶意节点，在周期性的密钥更新或者撤销后无法再利用先前所获知的密钥信息生成合法的密钥继续参与网络通信，即无法参加与报文解密或者生成有效的可认证的报文。

(3) 后向私密性和可扩展性：新加入传感器网络的合法节点可利用新分发或者周期性

更新的密钥参与网络的正常通信,即进行报文的加解密和认证行为等。而且能够保障网络是可扩展的,即允许大量新节点的加入。

(4)抗同谋攻击:在传感器网络中,若干节点被俘获后,其所掌握的密钥信息可能会造成网络局部范围的泄密,但不应对整个网络的运行造成破坏性或损毁性的后果即密钥系统要具有抗同谋攻击。

(5)源端认证性和新鲜性:源端认证要求发送方身份的可认证性和消息的可认证性,即任何一个网络数据包都能通过认证和追踪寻找到其发送源,且是不可否认的。新鲜性则保证合法的节点在一定的延迟许可内能收到所需要的信息。新鲜性除了和密钥管理方案紧密相关外,与传感器网络的时间同步技术和路由算法也有很大的关联。

根据这些要求,在密钥管理系统的实现方法中,业界提出了基于对称密钥系统的方法和基于非对称密钥系统的方法。在基于对称密钥的管理系统方面,从分配方式上也可分为以下三类:基于密钥分配中心方式、预分配方式和基于分组分簇方式。典型的解决方法有SPINS 协议、基于密钥池预分配方式的 E-G 方法和 q-Composite 方法、单密钥空间随机密钥预分配方法、多密钥空间随机密钥预分配方法、对称多项式随机密钥预分配方法、基于地理信息或部署信息的随机密钥预分配方法、低能耗的密钥管理方法等。与非对称密钥系统相比,对称密钥系统在计算复杂度方面具有优势,但在密钥管理和安全性方面却有不足。例如邻居节点间的认证难于实现,节点的加入和退出不够灵活等。特别是在物联网环境下,如何实现与其他网络的密钥管理系统的融合是值得探讨的问题。为此,人们将非对称密钥系统也应用于无线传感器网络,TinyPK 在使用 TinyOS 开发环境的 MICA2 节点上,采用 RSA 算法实现了传感器网络外部节点的认证以及 TinySec 密钥的分发。在 MICA2 节点上基于椭圆曲线密码 ECC(ellipse curve cryptography)实现了 TinyOS 的 TinySec 密钥的分发,对基于轻量级 ECC 的密钥管理提出了改进的方案,特别是基于圆曲线密码体制作为公钥密码系统之一,在无线传感器网络密钥管理的研究中受到了极大的重视,具有一定的理论研究价值与应用前景。

近几年作为非对称密钥系统的基于身份标识的加密算法(identity-based encryption,IBE)引起了人们的关注。该算法的主要思想是加密的公钥不需要从公钥证书中获得,而是直接使用标识用户身份的字符串。最初提出这种基于身份标识加密算法的动机是为了简化电子邮件系统中证书的管理。当 Alice 给 Bob 发送邮件时,她仅仅需要使用 Bob 的邮箱 bob@company.tom 作为公钥来加密邮件,从而省略了获取 Bob 公钥证书这一步骤。当 Bob 接收到加密后的邮件时,联系私钥生成中心,同时向 PKG 验证自己的身份,然后就能够得到私钥,从而解密邮件。

基于身份标识加密算法具有一些特征和优势,主要体现在以下方面。

(1)它的公钥可以是任何唯一的字符串,如 E-mail、身份证或者其他标识,不需要 PKI 系统的证书发放,使用起来简单。

(2) 由于公钥是身份等标识，所以，基于身份标识的加密算法解决了密钥分配的问题。

(3) 基于身份标识的加密算法具有比对称加密算法更高的加密强度。在同等安全级别条件下，比其他公钥加密算法有更小的参数，因而具有更快的计算速度和更小的存储空间。

2. 数据处理与隐私性

物联网的数据要经过信息感知、获取、汇聚、融合、传输、存储、挖掘、决策和控制等处理流程，而末端的感知网络几乎要涉及上述信息处理的全过程，只是由于传感节点与汇聚点的资源限制，在信息的挖掘和决策方面不占据主要的位置。物联网应用不仅面临信息采集的安全性，也要考虑到信息传送的私密性，要求信息不能被篡改和非授权用户使用，同时，还要考虑到网络的可靠、可信和安全。物联网能否大规模推广应用，很大程度上取决于其是否能够保障用户数据和隐私的安全。

就传感网而言，在信息的感知采集阶段就要进行相关的安全处理，如对 RFID 采集的信息进行轻量级的加密处理后，再传送到汇聚节点。这里要关注的是对光学标签的信息采集处理与安全，作为感知端的物体身份标识，光学标签显示了独特的优势，而虚拟光学的加密解密技术为基于光学标签的身份标识提供了手段，基于软件的虚拟光学密码系统由于可以在光波的多个维度进行信息的加密处理，具有比一般传统的对称加密系统有更高的安全性，数学模型的建立和软件技术的发展极大地推动了该领域的研究和应用推广。

数据处理过程中涉及基于位置的服务与在信息处理过程中的隐私保护问题。基于位置的服务是物联网提供的基本功能，是定位、电子地图、基于位置的数据挖掘和发现、自适应表达等技术的融合。定位技术目前主要有 GPS 定位、基于手机的定位、无线传感网定位等。无线传感网的定位主要是射频识别、蓝牙及 ZigBee 等。基于位置的服务面临严峻的隐私保护问题，这既是安全问题，也是法律问题。欧洲通过了《隐私与电子通信法》，对隐私保护问题给出了明确的法律规定。

基于位置服务中的隐私内容涉及两个方面，一是位置隐私，二是查询隐私。位置隐私中的位置指用户过去或现在的位置，而查询隐私指敏感信息的查询与挖掘，如某用户经常查询某区域的餐馆或医院，可以分析该用户的居住位置、收入状况、生活行为、健康状况等敏感信息，造成个人隐私信息的泄漏，查询隐私就是数据处理过程中的隐私保护问题。所以，我们面临一个困难的选择，一方面希望提供尽可能精确的位置服务，另一方面又希望个人的隐私得到保护。这就需要在技术上给以保证。目前的隐私保护方法主要有位置伪装、时空匿名、空间加密等。

3. 安全路由协议

物联网的路由要跨越多类网络，有基于 IP 地址的互联网络由协议、有基于标识的移动通信网和传感网的路由算法，因此我们要至少解决两个问题，一是多网融合的路由问题；二是传感网的路由问题。前者可以考虑将身份标识映射成类似的 IP 地址，实现基于地址的统一路由体系；后者是由于传感网的计算资源的局限性和易受到攻击的特点，要设计抗攻击的安全路由算法。

目前，国内外学者提出了多种无线传感器网络路由协议，这些路由协议最初的设计目标通常是以最小的通信、计算、存储开销完成节点间的数据传输，但是这些路由协议大都没有考虑到安全问题。实际上由于无线传感器节点电量有限、计算能力有限、存储容量有限以及部署野外等特点，使得它极易受到各类攻击。

无线传感器网络路由协议常受到的攻击主要有以下几类：虚假路由信息攻击、选择性转发攻击、污水池攻击、女巫攻击、虫洞攻击、Hello洪泛攻击、确认攻击等。针对无线传感器网络中数据传送的特点，目前已提出许多较为有效的路由技术。按路由算法的实现方法划分，有洪泛式路由，如Gossiping等；以数据为中心的路由，如LEACH（low energy adaptive clustering hierarchy）、TEEN（threshold sensitive energy efficient sensor network protocol）等；基于位置信息的路由，如GPSR（greedy perimeter stateless routing）、GEAR（geographical and energy aware routing）等。

4. 认证与访问控制

认证指使用者采用某种方式来"证明"自己确实是自己宣称的某人，网络中的认证主要包括身份认证和消息认证。身份认证可以使通信双方确信对方的身份并交换会话密钥。保密性和及时性是认证的密钥交换中两个重要的问题。为了防止假冒和会话密钥的泄密，用户标识和会话密钥这样的重要信息必须以密文的形式传送，这就需要事先已有能用于这一目的的主密钥或公钥。因为可能存在消息重放，所以及时性非常重要，在最坏的情况下，攻击者可以利用重放攻击威胁会话密钥或者成功假冒另一方。

消息认证中心主要是接收方希望能够保证其接收的消息确实来自真正的发送方。有时收发双方不同时在线，例如在电子邮件系统中，电子邮件消息发送到接收方的电子邮箱中，并一直存放在邮箱中直至接收方读取为止。广播认证是一种特殊的消息认证形式，在广播认证中一方广播的消息被多方认证。

传统的认证是区分不同层次的，网络层的认证就负责网络层的身份鉴别，业务层的认证就负责业务层的身份鉴别，两者独立存在。但是在物联网中，业务应用与网络通信紧紧地绑在一起，认证有其特殊性。例如，当物联网的业务由运营商提供时，那么就可以充分利用网络层认证的结果而不需要进行业务层的认证；或者当业务是敏感业务如金融类业务时，一般业务提供者会不信任网络层的安全级别，而使用更高级别的安全保护，那么这个时候就需要做业务层的认证；而当业务是普通业务时，如气温采集业务等，业务提供者认为网络认证已经足够，那么就不再需要业务层的认证。

在物联网的认证过程中，传感网的认证机制是重要的研究部分，无线传感器网络中的认证技术主要包括基于轻量级公钥的认证技术、预共享密钥的认证技术、随机密钥预分布的认证技术、利用辅助信息的认证、基于单向散列函数的认证等。

（1）基于轻量级公钥算法的认证技术。鉴于经典的公钥算法需要高计算量，在资源有限的无线传感器网络中不具有可操作性，当前有一些研究正致力于对公钥算法进行优化设计使其能适应于无线传感器网络，但在能耗和资源方面还存在很大的改进空间，如基于 RSA 公钥算法的 TinyPK 认证方案，以及基于身份标识的认证算法等。

（2）基于预共享密钥的认证技术。该类方案中提出两种配置方法：一是节点之间的共享密钥，二是每个节点和基站之间的共享密钥。这类方案每对节点之间共享一个主密钥，可以在任何一对节点之间建立安全通信。缺点表现为扩展性和抗捕获能力较差，任意一节点被俘获后就会暴露密钥信息，进而导致全网络瘫痪。

（3）基于单向散列函数的认证方法。该类方法主要用在广播认证中，由单向散列函数生成一个密钥链，利用单向散列函数的不可逆性，保证密钥不可预测。通过某种方式依次公布密钥链中的密钥，可以对消息进行认证。

访问控制是对用户合法使用资源的认证和控制，目前信息系统的访问控制主要是基于角色的访问控制机制(role-based access control，RBAC)及其扩展模型。RBAC 机制是一个用户先由系统分配一个角色，如管理员、普通用户等，登录系统后，根据用户的角色所设置的访问策略实现对资源的访问，显然，同样的角色可以访问同样的资源。RBAC 机制是基于互联网的 OA 系统、银行系统、网上商店等系统的访问控制方法，是基于用户的。对物联网而言，末端是感知网络，可能是一个感知节点或一个物体，采用用户角色的形式进行资源的控制显得不够灵活，一是本身基于角色的访问控制在分布式的网络环境中已呈现出不相适应的地方，如对具有时间约束资源的访问控制，访问控制的多层次适应性等方面需要进一步探讨；二是节点不是用户，是各类传感器或其他设备，且种类繁多，基于角色的访问控制机制中角色类型无法一一对应这些节点，因此，使 RBAC 机制的难于实现；三是物联网表现的是信息的感知互动过程，包含了信息的处理、决策和控制等过程，特别是反向控制是物物互连的特征之一，资源的访问呈现动态性和多层次性，而 RBAC 机制中一旦用户被指定为某种角色，他的可访问资源就相对固定了。所以，寻求新的访问控制机制是物联网、也是互联网值得研究的问题。

基于属性的访问控制（attribute-based access control，ABAC）是近几年研究的热点，如果将角色映射成用户的属性，可以构成 ABAC 与 RBAC 的对等关系，而属性的增加相对简单，同时基于属性的加密算法可以使 ABAC 得以实现。ABAC 方法的问题是对较少的属性来说，加密解密的效率较高，但随着属性数量的增加，加密的密文长度增加，使算法的实用性受到限制，目前有两个发展方向：基于密钥策略和基于密文策略，其目标就是改善基于属性的加密算法的性能。

5. 入侵检测与容侵容错技术

容侵就是指在网络中存在恶意入侵的情况下，网络仍然能够正常运行。无线传感器网络的安全隐患在于网络部署区域的开放特性以及无线电网络的广播特性，攻击者往往利用这两个特性，通过阻碍网络中节点的正常工作，进而破坏整个传感器网络的运行，降低网络的可用性。无人值守的恶劣环境导致无线传感器网络缺少传统网络中的物理上的安全，传感器节点很容易被攻击者俘获、毁坏或妥协。现阶段无线传感器网络的容侵技术主要集中于网络的拓扑容侵、安全路由容侵以及数据传输过程中的容侵机制。无线传感器网络协议栈如图2.5所示。

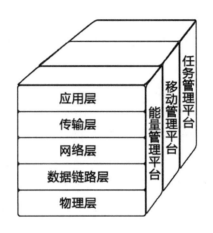

图 2.5　无线传感器网络协议栈

无线传感器网络可用性的另一个要求是网络的容错性。一般意义上的容错性是指在故障存在的情况下系统不失效、仍然能够正常工作的特性。无线传感器网络的容错性指的是当部分节点或链路失效后，网络能够进行传输数据的恢复或者网络结构自愈，从而尽可能减小节点或链路失效对无线传感器网络功能的影响。由于传感器节点在能量、存储空间、计算能力和通信带宽等诸多方面都受限，而且通常工作在恶劣的环境中，网络中的传感器节点经常会出现失效的状况。因此，容错性成为无线传感器网络中一个重要的设计因素，容错技术也是无线传感器网络研究的一个重要领域。目前相关领域的研究主要集中在以下方面。

（1）网络拓扑中的容错。通过对无线传感器网络设计合理的拓扑结构，保证网络出现断裂的情况下，能正常进行通信。

（2）网络覆盖中的容错。无线传感器网络的部署阶段，主要研究在部分节点、链路失效的情况下，如何事先部署或事后移动、补充传感器节点，从而保证对监测区域的覆盖和保持网络节点之间的连通。

（3）数据检测中的容错机制。主要研究在恶劣的网络环境中，当一些特定事件发生时，处于事件发生区域的节点如何能够正确获取到数据。

无线传感器网络中的容侵框架包括以下三个部分。

（1）判定恶意节点：主要任务是要找出网络中攻击节点和被妥协的节点，妥协的原因可能是运行了恶意代码或被攻击者截取等。基站随机发送一个通过公钥加密的报文给节点，为了回应这个报文，节点必须能够利用其私钥对报文进行解密并回送给基站，如果基站长时间接收不到节点的回应报文，则认为该节点可能遭受到入侵。另一种判定机制是利用邻居节点的签名。如果节点发送数据包给基站，需要获得一定数量的邻居节点对该数据包的签名。当数据包和签名到达基站后，基站通过验证签名的合法性来判定数据包的合法性，从而成功判定节点为恶意节点的可能性。

（2）发现恶意节点后启动容侵机制：当基站发现网络中可能存在的恶意节点后，则发送一个信息包告知恶意节点周围的邻居节点可能的入侵情况。因为还不能确定节点是恶意节点，邻居节点只是将该节点的状态修改为容侵，即节点仍然能够在邻居节点的控制下进行数据的转发。

（3）通过节点之间的协作，对恶意节点做出处理决定(排除或是恢复)：一定数量的邻居节点产生编造的报警报文，并对报警报文进行正确的签名，然后将报警报文转发给恶意节点。邻居节点监测恶意节点对报警报文的处理情况。正常节点在接收到报警报文后，会产生正确的签名，而恶意节点则可能产生无效的签名。邻居节点根据接收到的恶意节点的无效签名的数量来确定节点是恶意节点的可能性。根据无线传感器网络中不同的入侵情况，可以设计出不同的容侵机制，如无线传感器网络中的拓扑容侵、路由容侵和数据传输容侵等机制。

6. 决策与控制安全

物联网的数据是一个双向流动的信息流，一是从感知端采集物理世界的各种信息，经过数据的处理，存储在网络的数据库中；二是根据用户的需求，进行数据的挖掘、决策和控制，实现与物理世界中任何互连物体的互动。在数据采集处理中，我们讨论了相关的隐私性等安全问题，而决策控制又将涉及另一个安全问题，如可靠性等。前面讨论的认证和访问控制机制可以对用户进行认证，使合法的用户才能使用相关的数据，并对系统进行控制操作。但问题是如何保证决策和控制的正确性与可靠性。

在传统的无线传感器网络中，由于侧重对感知端的信息获取，对决策控制的安全考虑不多，互联网的应用也是侧重与信息的获取与挖掘，较少应用对第三方的控制。而物联网中对物体的控制将是重要的组成部分，需要进一步更深入的研究。

物联网的安全和隐私保护是物联网服务能否大规模应用的关键，物联网的多源异构性使其安全面临巨大的挑战，就单一网络而言，互联网、移动通信网等已建立了一系列行之有效的机制和方法，为我们的日常生活和工作提供了丰富的信息资源，改变了人们的生活和工作方式。相对而言，传感网的安全研究仍处于初始阶段，还没有提供一个完整的解决方案，由于传感网的资源局限性，使其安全问题的研究难度增大，因此，传感网的安全研究将是物联网安全的重要组成部分。同时如何建立有效的多网融合的安全架构，建立一个跨越多网的统一安全模型，形成有效的共同协调防御系统也是重要的研究方向之一。目前就密钥管理、安全路由、认证与访问控制、数据隐私保护、入侵检测与容错容侵，以及安全决策与控制等方面进行了相关研究，密钥管理作为多个安全机制的基础一直是研究的热点，但并没有找到理想的解决方案，要么寻求更轻量级的加密算法，要么提高传感器节点的性能，目前的方法距实际应用还有一定的距离，特别是至今为止，真正的大规模的无线传感器网络的实际应用仍然太少，多跳自组织网络[1]环境下的大规模数据处理（如路由和数据融合）使很多理论上的小规模仿真失去意义，而在这种环境下的安全问题才是传感网安全的难点所在。

2.3.7　物联网的安全体系设计

通过网络层次和物联网生命周期两个角度，设计物联网安全体系方案。重点根据物联网的生命周期来展示安全体系的产品部署策略。

1. 物联网网络层次模型

物联网连接和处理的对象主要是机器或物以及相关的数据，因此物联网信息安全要求比以处理"文本"为主的互联网要高。因此提出一种物联网信息安全整体防护的实现技术体系，该体系从物联网物理安全、安全计算环境、安全区域边界、安全通信网络及应急响应恢复与处置六方面对物联网进行防护。

物理安全主要包括物理访问控制、环境安全（监控、报警系统、防雷、防火、防水、防潮、静电消除器等装置）、电磁兼容性安全、记录介质安全、电源安全、设备安全六个方面。

安全计算环境主要包括感知节点身份鉴别、自主/强制/角色访问控制、授权管理（PKI/PMI 系统）、感知节点安全防护（恶意节点、节点失效识别）、标签数据源可信、数据保密性和完整性、业务认证、系统安全审计。

安全区域边界主要包括节点控制（网络访问控制、节点设备认证）、信息安全交换（数据机密性与完整性、指令数据与内容数据分离、数据单向传输）、节点完整性（防护非法外联、入侵行为、恶意代码防范）、边界审计。

安全通信网络主要包括链路安全（物理专用或逻辑隔离）、传输安全（加密控制、消

---

① 无线多跳自组织网络：由一组带有无线收发装置的通信终端组成的一个多跳临时自治系统，终端不仅具有收发信号的功能，还具有路由和报文转发功能，可以通过无线连接构成任意的网络拓扑结构。

息摘要或数字签名)。安全管理中心主要包括业务与系统管理(业务准入接入与控制、用户管理、资源配置、网络服务管理)、安全检测系统(入侵检测、违规检查、数字取证)、安全管理(策略管理、审计管理、授权管理、异常与报警管理)。

应急响应恢复与处置主要包括容灾备份、故障恢复、安全事件处理与分析、应急机制。

2. 物联网生命周期模型

物联网设备的生命周期包含设备原型设计、设备开发、设备测试、设备发布、线上设备以及报废终端。针对完整的生命周期的安全部署如图2.6所示。

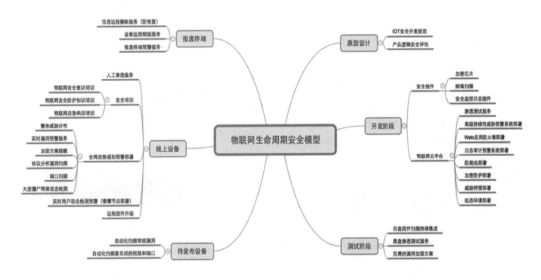

图2.6 物联网生命周期安全部署

设备原型设计阶段需要遵循物联网安全开发规范等安全标准(详见2.3.4节),并对产品进行业务逻辑安全性评估,检测从产品设计上是否存在水平权限问题、认证绕过问题、信息批量爬取问题、缺少安全防护措施部署计划等。

设备开发阶段一方面可以直接增加安全模块,例如,安全加密芯片、病毒扫描插件、安全监控日志插件等;另一方面物联网云平台可以预先做安全渗透测试,检测是否存在安全漏洞以及抵御攻击的能力;部署高级持续性威胁预警设备(APT,Advanced Persistent Threat);部署Web应用防火墙设备(WAF,Web Application Firewall),实现访问控制、实时恶意行为检测、异常协议检测、异常输入验证、状态管理等安全防护;部署日志审计预警系统,通过实时分析云端日志数据检测异常时间/地点访问、异常流量、信息爬取、暴力破解等攻击,并实时预警;云端部署防爬安全策略;关键操作需进行二次认证,除了全栈HTTPS的部署,对重点敏感数据执行非对称/对称加密后再传输;威胁狩猎部署,即采用设备扫描和人工分析的方法,针对易发生威胁的网络和数据进行主动的和反复的搜索,主动发现攻击和入侵事件,从而有效实现威胁防御;部署拟态安全网关,从主动性、变化性、随机性、伪装性中来更加有效地进行主被动融合防御。云端具体的安全部署框架,如

图 2.7 所示。

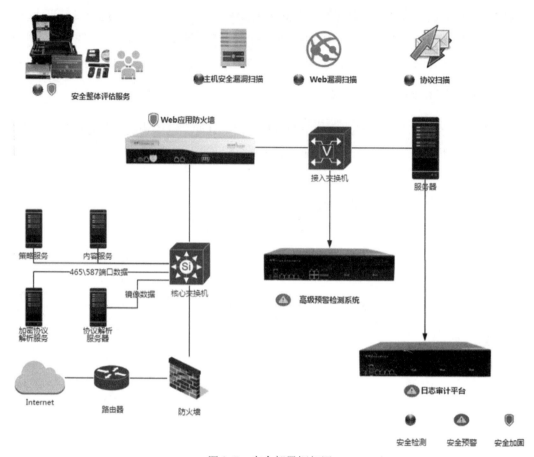

图 2.7　安全部署框架图

设备测试阶段可以在代码发布平台上部署白盒固件扫描的持续集成扫描器，只要开发变更代码提交，即并行执行一次白盒扫描。开发完成后再模拟攻击者进行黑盒安全渗透测试服务。针对白盒扫描和渗透测试的问题形成成熟稳定的加固方案。

设备待发布阶段自动化扫描已知漏洞，并自动化扫描需要关闭的权限和端口，例如开放给测试的权限需关闭。

针对线上设备可以提供人工渗透测试服务，以及安全培训，培训内容包括物联网安全意识培训、物联网安全防护知识培训以及物联网应急响应培训。此外可以在物联网设备与云端、设备与设备沟通链路上的节点处，部署蜜罐检测逻辑，从而提供实时的用户攻击检测预警，并为以后的调查取证提供污点分析的数据，且可以通过异常流量监测提供僵尸网络攻击预警。此外针对全网部署动态感知预警系统，检测互联网中所有联网设备，一旦爆发安全事件可以快速定位整体威胁分布（如图 2.8 所示）；可以对全网设备进行实时的漏洞预警服务，并针对性地提供成熟加固方案；由于可以实时监控全网设备，因此可以有效监测预警大型僵尸网络攻击的风险。

ip	user	password	serial_number	province	country	latitude	longitude
124.▊.46	admin	12345	PA2▊00100	菲律宾	菲律宾	14.6488	121.0509
31.1▊0.22	admin	min	3B01▊PJJPQ0	波兰	波兰	52.2394	21.0362
189.▊5.13	admin	min	2J00▊QZ79B9	墨西哥	墨西哥	19.4342	-99.1386
196.2▊7.122	admin	min	TZA4▊WP3C61	津巴布韦	津巴布韦	-20	30
201.6▊5.105	admin	min	109▊275T0	巴西	巴西	-30.8833	-55.5167
183.▊.108	admin	min	1L03▊EL2842	泰国	泰国	13.75	100.4667
88.24▊.161	admin	min	PA2▊00674	土耳其	土耳其	41.0214	28.9684
107.▊3.95	admin	min	PA4D▊00679	美国	美国	30.4007	-88.7587
130.▊174	admin	min	1L01▊N00013	法国	法国	48.4073	-2.8173
93.5▊3.35	admin	min	PA3▊00761	意大利	意大利	45.4643	9.1895
93.1▊3.34	admin	min	TZC▊00036	意大利	意大利	45.5995	9.1251
37.2▊.226	admin	min	PA0▊0111	西班牙	西班牙	41.3888	2.159
79.▊163	admin	min	PA1▊01700	英国	英国	52.5333	-1.3667
78.▊5.37	admin	min	1B01▊300008	土耳其	土耳其	41.0248	29.1954
31.1▊0.202	admin	min	PA3M▊02237	波兰	波兰	52.0833	21.0333
78.18▊.110	admin	min	1A03▊M00088	土耳其	土耳其	41.0214	28.9948
24.12▊.177	admin	min	PA3▊00902	美国	美国	35.2985	-111.3252
189.▊2.89	admin	min	BFB▊38903	巴西	巴西	-27.0996	-48.9108
207.▊21.14	admin	min	PA3▊00664	美国	美国	33.8748	-118.2406
200.1▊4.223	admin	min	GON▊4081W	巴西	巴西	-19.4704	-42.5466
80.5▊.124	admin	min	PA3L▊00234	波兰	波兰	53.7667	15.4
85.▊2.24	admin	min	2C01▊P00781	西班牙	西班牙	39.8673	-4.0298
192.▊1.250	admin	min	TZA4▊WY7C42	乌克兰	乌克兰	47.85	35.2833
14.14▊3.232	admin	min	PA3▊00493	广东	中国	23.1167	113.25
187.▊5.249	admin	min	PA1▊0337	墨西哥	墨西哥	22.1591	-100.9929
67.1▊9.10	admin	min	1F03▊401408	美国	美国	34.6222	-83.7901

图 2.8　弱密码漏洞检测

　　针对报废设备实现集成远程擦除服务，并确保无法通过信息恢复软件，恢复被擦除的信息；增加类似心跳机制的检测预警，若出现报废终端，实时在设备控制平台预警；对于极为敏感的设备增加远程销毁机制。

　　综上所述，物联网安全体系设计结合了物联网的产品生命周期以及网络层次，来部署安全检测、威胁预警和安全加固，从而实现全面防护和实时预警。

 章 城市"数据大脑"的中枢神经系统——云计算安全

3.1 云计算是城市数据大脑的核心

智慧城市的核心是"智慧",而前文也说过,实现城市智慧的关键就是大数据,要让数据成为生产资源去流通、去使用、去创造价值。但是,数据不是天然就有价值的,只有计算才能让数据变得可被利用,才能产生价值,因此,计算是一种新的公共服务,逐渐成为国家和企业的核心竞争力。

计算让数据变得可被利用,让数据在使用和流动过程中产生价值,而使用和流动过程是要消耗掉大量计算能力的。在数字城市阶段,我们就留存了大量的数据,然而当时的数据,更多的是基于应用的采集和使用,针对的也是具体的行业领域,数据还未大规模的流动和共享,消耗的计算能力相对有限。随着城市向智慧城市的迈进,随着数据被当成新的生产资源,数据资源在不同领域和行业的流通和使用,需要的计算能力呈几何倍数增加,不可能在几台机器上完成,一定要在计算中心里的成千上万台计算机上完成,这时计算就变成了公共服务,这样的公共服务就是云计算。云计算作为公共服务将支撑下一波信息经济的发展,计算对信息经济的重要性就像电对传统经济的重要性一样。

随着智慧城市的发展,人类对计算的需求大大增加,大数据的出现更是让社会对计算的需求达到了一个前所未有的高度,人们需要随时随地的获取计算能力。城市数据汇聚后形成的城市数据大脑,更是需要云计算的强大计算能力和存储能力作为支撑。

在智慧城市的规划一节中说过,智慧城市是由多应用、多行业、复杂系统组成的综合体。各个应用系统之间存在着海量的信息共享、交换需求,各个应用系统需要共同抽取数据进行综合计算和呈现综合结果,需要极为强大的数据计算能力和数据存储能力。要从根本上支撑这种巨大复杂的智慧城市系统的安全运行,必须建设基于云计算架构的智慧城市云计算数据中心。云计算数据中心具有传统数据中心、单应用系统无法比拟的随需应变的动态伸缩能力以及极高的性能投资比,相对于传统的数据中心,云计算数据中心可以将IT物理资源的利用率提高到80%以上,硬件投资下降30%以上,同时云计算的服务模式,真正使得计算能力成为一种人们容易获得的公共服务。云计算数据中心的建设,使城市能够

有效整合计算资源和数据,支撑更大规模的应用,处理更大规模的数据,并且能够对数据进行深度挖掘,从而为政府决策、企业发展、公共服务提供更好的平台。

3.2 云计算的安全威胁与挑战

云计算作为一种新兴的计算资源利用模式,还在不断的发展中,传统信息系统的安全问题在云计算环境中大多依然存在,与此同时,还出现了一些新的信息安全问题和风险。传统模式下,用户的数据和业务系统都位于客户的数据中心,在用户的直接管理和控制下,而在云计算环境里,用户将自己的数据和业务迁移到了云计算平台上,失去了对这些数据和业务的直接控制能力,用户数据以及后续运行过程中产生、获取的数据都处于云服务商的直接控制下,而云服务商通常把云计算平台的安全措施及其状态视为知识产权和商业秘密,用户在缺乏必要的知情权的情况下,难以了解和掌握服务商安全措施的实施情况和运行状态,难以对这些安全措施进行有效的监督和管理,不能有效监管云服务商的内部人员对用户数据的非授权访问情况和使用,容易使用户对云服务商产生"信任危机"。

3.2.1 云计算安全威胁

2018年1月,云安全联盟(Cloud Security Alliance,简称CSA)[①]发布了最新版本的"云计算的12大威胁:行业见解报告"。这个报告反映了云安全联盟安全专家就云计算中最重要的安全问题达成的共识。这份报告指出,尽管云端存在许多安全问题,但企业主要关注的是云计算的共享和按需特性。为了确定人们最关心的问题,云安全联盟对行业专家进行了调查,就云计算中最严重的安全问题汇总编写了一些专业的意见和建议。以下是人们面临的12个最重要的云安全问题(按照调查结果的严重程度排列)。

1. 数据泄漏

云安全联盟表示,数据泄漏是具有针对性攻击的主要目标,也可能是人为错误、应用程序漏洞或安全措施不佳的结果。它可能涉及任何不适合公开发布的信息,包括个人健康信息、财务信息、个人可识别信息、商业秘密和知识产权。由于不同的原因,组织基于云端的数据可能对某些组织具有更大的价值。数据泄漏的风险并不是云计算独有的情况,但它始终是云计算用户的首要考虑因素。

[①] 云安全联盟:在2009年的RSA大会上宣布成立的第三方组织,致力于在云计算环境下为业界提供最佳安全解决方案,被业界广泛认可。

2. 身份、凭证和访问管理不善

云安全联盟表示，网络犯罪分子伪装成合法用户、运营人员或开发人员可以读取、修改和删除数据，获取控制平台和管理功能，在用户传输数据的过程中进行窥探，发布似乎来源于合法来源的恶意软件。因此，身份不足、凭证或密钥管理不善可能导致未经授权的数据访问，并可能对组织或最终用户造成灾难性的损害。

3. 不安全的接口和应用程序编程接口（API）

云计算提供商提供了一组客户使用的软件用户界面（UI）或 API 来管理和与云服务交互。云安全联盟称，其配置、管理和监控都是通过这些接口来执行的，通常情况下，云服务的安全性和可用性取决于 API 的安全性。他们需要进行设计以防止意外和恶意的企图。

4. 系统漏洞

系统漏洞是攻击者可以用来侵入系统窃取数据、控制系统或破坏服务操作的程序中可利用的漏洞。云安全联盟表示，操作系统组件中的漏洞使得所有服务和数据的安全性都面临重大风险。随着云端出现多租户，来自不同组织的系统彼此靠近，并且允许访问共享内存和资源，从而创建新的攻击面。

5. 账户劫持

云安全联盟指出，账户或服务劫持并不是什么新鲜事物，但云服务为这一景观增添了新的威胁。如果攻击者获得对用户凭证的访问权限，他们可以窃听活动和交易，操纵数据，返回伪造的信息并将客户重定向到非法的站点。账户或服务实例可能成为攻击者的新基础。由于凭证被盗，攻击者经常可以访问云计算服务的关键区域，从而危及这些服务的机密性、完整性和可用性。

6. 怀有恶意的内部人士

云安全联盟表示，虽然有些威胁的严重程度是有争议的，但内部威胁是一个真正的威胁。怀有恶意的内部人员（如系统管理员）可以访问潜在的敏感信息，可以更多地访问更重要的系统，并最终访问数据。仅依靠云服务提供商提供安全措施的系统将面临更大的风险。

7. 高级持续性威胁（APT）

高级持续性威胁（APT）是一种寄生式的网络攻击形式，它通过渗透到目标公司的 IT 基础设施来建立立足点的系统，并从中窃取数据。高级持续性威胁（APT）通常能够适应抵御它们的安全措施，并在目标系统中"潜伏"很长一段时间。一旦准备就绪（如收集到足够的信息），高级持续性威胁（APT）就可以通过数据中心网络横向移动，并与正常的网络流量相融合,以实现他们的最终目标。

8. 数据丢失

云安全联盟表示,存储在云端的数据可能因恶意攻击以外的原因而丢失。云计算服务提供商遭遇意外删除、火灾或地震等物理灾难可能导致客户数据的永久丢失,云计算提供商或客户应当采取适当的措施来备份数据,遵循业务连续性的最佳实践,实现灾难恢复。

9. 尽职调查不足

云安全联盟表示,当企业高管制定业务战略时,必须对云计算技术和服务提供商进行考量。在评估云计算技术和提供商时,制定一个良好的路线图和尽职调查清单对于获得最大的成功至关重要。而急于采用云计算技术并选择提供商没有执行尽职调查的组织将面临诸多风险。

10. 滥用和恶意使用云服务

云安全联盟指出,安全性差的云服务部署,免费的云服务试用,以及通过支付工具欺诈进行的欺诈性账户登录将云计算模式暴露在恶意攻击之下。攻击者可能会利用云计算资源来定位用户、组织或其他云计算提供商。滥用云端资源的例子包括利用云端资源来启动分布式拒绝服务攻击、垃圾邮件和网络钓鱼攻击。

11. 拒绝服务(DoS)

拒绝服务(DoS)攻击旨在阻止合法用户访问其数据或应用程序。可以通过强制目标云服务消耗过多的有限系统资源,如处理器能力、内存、磁盘空间或网络带宽,攻击者可能会导致系统速度下降,并使所有合法的用户无法访问服务。

12. 共享的技术漏洞

云安全联盟指出,云计算服务提供商通过共享基础架构、平台或应用程序来扩展其服务。云技术将"即服务(aaS)"产品划分为多个产品,而不会大幅改变现成的硬件/软件(有时以牺牲安全性为代价)。构成支持云计算服务部署的底层组件,可能并未被设计成为多租户架构或为多客户应用程序提供强大的隔离属性。这可能会导致共享的技术漏洞,可能在所有交付模式中被攻击者利用。

按照智慧城市云计算平台管理对象划分,云计算安全威胁又可以分成云计算平台侧威胁和云计算租户侧威胁。

3.2.2 云计算平台侧面临的威胁

云计算平台安全与传统信息安全并无本质区别,但是云计算大量使用虚拟资源、资源界面不确定、动态数据流等特性，相对于传统信息安全，云计算新的安全威胁主要来自硬件资源、软件资源、基础资源的集中，针对这些庞大的资源无法实现有效保护，例如，云计算使政府的重要数据和业务应用都处于云服务提供商或某个智慧城市管理部门的云平台中，云服务提供者如何实施严格安全管理和访问措施，避免内部员工或者其他使用云服务的用户、入侵者等对用户数据的窃取及滥用的安全风险。如何实施有效的安全审计、对数据的操作进行安全监控，以及开放环境中如何保证数据连续性、业务不中断，这些都是需要重点考虑的问题。总体来看，云计算平台侧主要面临以下威胁。

1. 数据物理集中，增加了风险范围

云计算平台离不开基础设施的建设，云计算数据中心也可归为传统IT机房的范畴。智慧城市云计算数据中心的建设，逐步实现了各部门基础设施的集中化管理，由小变大的运营方式带来了比传统IT机房环境更多的安全风险。

智慧城市云计算数据中心物理安全包含一系列针对非授权访问物理设施和设施内的系统资源的安全措施，包括避免、阻止、检测非授权访问，以及对非授权访问进行相应拒绝。智慧城市云数据中心物理安全作为一个完整的分层防护体系，这些项目包括：环境设计、访问控制（机械、电子、程序）、监测（视频监控、热度传感器、位置传感器、环境传感器）、人员识别、访问控制、响应机制（灯光、门禁）的入侵检测。对于保障智慧城市云数据中心的安全高效运营至关重要。

智慧城市云数据中心建立的云平台，用户属于租赁者无法控制设备和空间物理位置。云平台的基础网络、主机存储、安全设备等基础设施资源的保护体系主要包括防火、防静电、防水、人员安全审计等，云平台基础设施安全风险基本上与传统数据中心物理安全一致。

地震、水灾、火灾等不可抗拒的自然灾害破坏，静电、强磁场等会损毁硬件设备及存储介质，这些都是造成云计算数据中心基础设施的物理安全风险，而管理风险则是存储介质和设备被毁或被盗，造成信息泄漏及数据丢失。

2. 网络隔离和监测变得非常困难

对于智慧城市云平台，出于操作和安全的原因，将云的网络进行隔离和监控是非常重要的，对于云平台来说，至少要包含以下五个方面的隔离和监测。

- 不同云租户网络之间的隔离和监测。
- 同一云租户不同虚拟机之间的隔离和监测。
- 虚拟机和互联网边界之间的隔离和监测。
- 存储网络与业务网络之间的隔离和监测。
- 管理网络和业务网络之间的隔离和监测。

而在云平台实际运行过程中，要实现这5个部分的隔离和监测还是非常困难，这有些是受制于目前安全技术的发展，也有一些是因为网络设计的限制。比如，传统的网络入侵检测系统（IDS），在传统网络中，是通过交换机镜像的方式采集流量进行监控，但在云环境中，入侵检测系统就非常难采集到流量进行监控，因为虚拟机之间的流量交互可能直接在某个宿主机上就完成了，根本不会到物理交换机上，所以通过传统的镜像方式根本无法监控。

3. 宿主机、虚拟主机相互影响

云环境下，用户的业务都由云主机承载，云主机的安全问题将直接威胁到用户的整个业务系统的安全性，通常云环境下存在以下安全风险。

- 服务器、宿主机、虚拟机的操作系统和数据库被暴力破解、非法访问。
- 对服务器、宿主机、虚拟机等进行操作管理时被窃听。
- 同一个逻辑卷被多个虚拟机挂载导致逻辑卷上的敏感信息泄漏。
- 服务器、宿主机、虚拟机的补丁更新不及时导致的漏洞利用以及不安全的配置和非必要端口的开放导致的非法访问和入侵。
- 虚拟机因异常原因产生的资源占用过高而导致宿主机或宿主机下的其他虚拟机的资源不足。

4. 大数据带来大威胁

数据安全是信息和数据治理的关键。与云安全所有领域一样，由于数据安全并不适合对所有内容提供同等保护，所以应基于风险应用数据安全。

应用数据安全是目前云计算用户最为担心的安全风险，也是用户数据泄漏的重要途径。因此有一些人认为，云安全就是数据安全。

用户数据在云计算环境中进行传输和存储时，用户本身对于自身数据在云中的安全风险并没有实际的控制能力，数据安全完全依赖于服务商，如果服务商本身对于数据安全的控制存在疏漏，则很可能导致数据泄漏或丢失。现阶段可能导致安全风险的有以下几种典型情况。

- 由于服务器的安全漏洞导致黑客入侵造成的用户数据丢失。
- 由于虚拟化软件的安全漏洞造成的用户数据被入侵的风险。
- 数据在传输过程中没有进行加密导致信息泄漏。
- 加密数据传输但是密钥管理存在缺失导致数据泄漏。
- 不同用户的数据传输之间没有进行有效隔离导致数据被窃取。
- 用户数据在云中存储没有进行容灾备份等。

云计算服务商在对外提供服务的过程中，如果运营商的身份认证管理机制存在缺陷，或者运营商的身份认证管理系统存在安全漏洞，则可能导致企业用户的账号密码被仿冒，从而使得非法用户堂而皇之地对企业数据进行窃取。因此，如何保证不同企业用户的身份认证安全，是保证用户数据安全的第一道屏障。

在云计算环境下，租户对平台中各种资源的访问和使用无法有效控制，同时，不同等级的租户对各类数据的完整性、可靠性要求不同，因此，如何实现不同等级用户多样化的完整性保护策略，实现多粒度的数据完整性验证机制就成为保证租户数据的高可用性必须解决的问题。另外，平台也需要考虑租户数据一致性副本同步策略，保障分布式多副本情况下的数据一致性。

3.2.3 云计算租户侧面临的威胁

云服务的优势备受关注，但安全性是用户采用云服务的前提，而在云租户侧，则主要面临着以下安全威胁。

1. 租户对数据及设备监管能力减弱

在传统模式下，政府单位的硬件设施（服务器、防火墙、存储器等）和软件（数据和业务系统等）都部署在单位的机房，可直接进行管理和控制。但是在云计算模式下，政府单位将本单位的数据和业务系统迁移到云服务商的云计算平台上，无法对硬件设施和软件进行直接控制，同时无法对设备所处的物理位置进行控制管理。

政府单位将数据迁移至云计算平台之前要考虑哪些数据可以迁移。政府单位的数据很多可能会涉及民生问题、社会建设、行业发展等敏感信息。数据迁移至云计算平台后，本身独立的、不敏感的信息通过大数据运算和分析可能产生新的其他信息，而新产生的信息由云服务商掌握。政府单位失去了对其数据的直接管控，增加了政府单位数据和业务的安全风险。

云计算环境的资源租用特征导致租户对自身数据的存储失去控制，租户需要确保隐私数据以及加密密钥的足够安全；另外，计算资源的外包导致租户对自身数据的处理失去控制，需要租户可控的执行环境来处理。在云计算环境下，要实现租户对自身数据的安全控制，提供对数据的安全存储和数据运行时安全保护成为必须解决的问题，同时还需要相应的验证手段。

2. 责任界定不清的安全风险

客户与云服务商之间的责任难以界定。传统模式下，按照谁主管谁负责、谁运行谁负责的原则，信息安全责任相对清晰。云服务模式下，云计算平台的管理和运行主体与数据安全的责任主体不同，相互之间的责任如何界定，缺乏明确的规定。不同的服务模式和部署模式、云计算环境的复杂性使各单位承担的责任难以清晰界定。一旦出现安全事件，存在无法明确追究责任主体的安全风险。

3. 对多租户环境的访问控制提出新的挑战

在云计算环境中,传统自我管控与隔离的手段不存在了,云计算资源的集中化放大了安全威胁和风险,因此,从平台安全防护和租户数据隐私保护的信息安全角度出发,如何保证访问控制机制符合客户的敏感信息流安全需求就成为云计算环境所面临的安全挑战。

4. 应用的多样性决定了应用防护的多样性

应用安全问题尤其在云平台中更加突出,云平台中有不同行业的云租户,不同的云租户对于安全的需求也不一样,有些用户关注 CC 攻击、信息泄漏、后门控制、同行恶意攻击等安全风险,有些用户关注信息泄漏、跨站脚本等安全风险,而更多的用户关注网页挂马、Webshell、页面被篡改等安全风险。

3.3 云计算的安全防护实践

3.3.1 云安全总体防护目标与原则

根据国家等级保护政策制度的工作思路,依照《信息安全技术 信息系统安全等级保护基本要求》(以下简称"《基本要求》")、《信息安全技术 信息系统等级保护安全设计技术要求》(以下简称"《安全设计技术要求》")等标准规范和文件,云安全防御总体目标是设计符合实际业务应用、实际信息系统运行模式和国家等级保护建设整改工作要求的城市级总体安全建设方案,实现信息系统安全技术和安全管理方面的保护能力基本满足信息系统所属安全保护等级的要求。在建设过程中,需要遵循以下原则。

1. 符合等级保护原则

智慧城市承载了城市大量重要信息系统,其安全建设不能忽视国家相关政策要求,在安全保障体系建设上最终所要达到的保护效果应符合即将发布的《信息安全技术 网络安全等级保护基本要求》的相关要求。

2. 适应云上特性原则

智慧城市云计算平台,不仅要满足传统的安全等级保护要求,也要满足云上安全等级保护要求,智慧城市云安全方案设计应该包含云平台物理环境的安全保障和云平台虚拟环境的安全保障。

3. 体系化的设计原则

系统设计应充分考虑到各个层面的安全风险,构建完整的安全防护体系,充分保证系统的安全性。同时，应确保方案中使用的信息安全产品和技术方案在设计和实现的全过程中有具体的措施来充分保证其安全性。

4. 产品的先进性原则

智慧城市的安全保障体系建设规模庞大，意义深远。对所需的各类安全产品提出了很高的要求。必须认真考虑各安全产品的技术水平、合理性、先进性、安全性和稳定性等特点，共同打好工程的技术基础。

5. 安全服务细致化原则

要使得安全保障体系发挥最大的功效，除安全产品的部署外还应提供有效的安全服务，根据智慧城市的具体现状及承载的重要业务，全面而细致的安全服务会提升日常运维及应急处理风险的能力。安全服务就需要把安全服务商的专业技术经验与行业经验相结合，结合智慧城市的实际信息系统量身定做才可以保障其信息系统安全稳定地运行。

6. 等级化建设思路

"等级化安全体系"是依据国家信息安全等级保护制度，根据系统在不同阶段的需求、业务特性及应用重点，采用等级化与体系化相结合的安全体系设计方法，帮助构建一套覆盖全面、重点突出、节约成本、持续运行的安全防御体系。根据等级化安全保障体系的设计思路，等级保护的设计与实施通过以下步骤进行。

（1）系统识别与定级：通过分析系统所属类型、所属信息类别、服务范围以及业务对系统的依赖程度确定系统的等级。通过此步骤充分了解系统状况，包括系统业务流程和功能模块，以及确定系统的等级，为下一步安全域设计、安全保障体系框架设计、安全要求选择以及安全措施选择提供依据。

（2）安全域设计：根据第一步的结果，通过分析系统业务流程、功能模块，根据安全域划分原则设计系统安全域架构。通过安全域设计将系统分解为多个层次，为下一步安全保障体系框架设计提供基础框架。

（3）安全保障体系框架设计：根据安全域框架，设计系统各个层次的安全保障体系框架（包括策略、组织、技术和运作），各层次的安全保障体系框架形成系统整体的安全保障体系框架。

（4）确定安全域安全要求：参照国家相关等级保护安全要求，设计等级安全指标库。通过安全域适用安全等级选择方法确定系统各区域等级，明确各安全域所需采用的安全指标。

（5）评估现状：根据各等级的安全要求确定各等级的评估内容，根据国家相关风险评估方法，对系统各层次安全域进行有针对性的等级风险评估。通过等级风险评估，可以明确各层次安全域相应等级的安全差距，为下一步安全技术解决方案设计和安全管理建设提供依据。

（6）安全技术解决方案设计：针对安全要求，建立安全技术措施库。通过等级风险评估结果，设计系统安全技术解决方案。

（7）安全管理建设：针对安全要求，建立安全管理措施库。通过等级风险评估结果，进行安全管理建设。

通过如上步骤，智慧城市的网络信息系统可以形成整体的等级化的安全保障体系，同时根据安全技术建设和安全管理建设，保障系统整体的安全。

3.3.2 云安全总体防护设计思路

根据等级保护的整体保护框架，并结合智慧城市信息安全保障体系的实际情况，建立符合信息系统特性的安全保障体系，分别是安全策略体系、安全管理体系、安全技术体系和安全服务体系，并制定各个体系必要的安全设计原则。

结合信息系统的实际应用情况，设计整体安全策略体系、具体安全技术体系控制措施、安全管理体系控制措施和安全服务体系措施。

（1）安全策略体系是指导信息系统安全设计、建设和维护管理工作的基本依据，所有相关人员应根据工作实际情况履行相关安全策略，制定并遵守相应的安全标准、流程和安全制度实施细则，做好安全标准体系相关工作。

（2）安全技术体系的实现一方面重点落实《基本要求》，另外一方面采用《安全设计技术要求》的思路和方法设计安全计算环境、安全区域边界和安全通信网络的控制措施，在框架和控制方面对两个要求进行结合；

（3）安全管理中心的实现根据《基本要求》和《安全设计技术要求》，结合实际信息化建设情况，形成覆盖安全工作管理、安全运维管理、统一安全技术管理于一体的"自动、平台化"的统一安全管理平台。

（4）安全管理体系的实现依据《基本要求》和ISMS管理体系要求，设计信息安全组织机构、人员安全管理、安全管理制度、系统建设管理及系统运维管理等控制措施。

（5）在信息系统的整个生命周期中，通过安全评估、安全加固、应急响应及安全培训等信息安全技术，对信息系统的各个阶段进行检查、控制与修正，保障信息系统的持续安全稳定运营。

根据目前国内外安全理论和标准发展，设计信息安全保障体系主要采用如下技术方法：体系化设计方法、等级化设计方法和PDCA管理方法。

3.3.2.1 体系化设计方法

采用结构化设计方法，运用问题管理的方式，结合交流与反馈结果，引用《基本要求》《安全设计技术要求》《信息安全保障技术框架》（IATF）中的信息安全保障的深度防御战略模型和控制框架,做好安全保障体系框架设计。

一个完整的信息安全体系应该是安全管理和安全技术实施的结合,两者缺一不可。为了实现对信息系统的多层保护,真正达到信息安全保障的目标,国外安全保障理论也在不断地发展之中,美国国家安全局从 1998 年以来开展了信息安全保障技术框架(IATF)的研究工作,并在 2000 年 10 月发布了 IATF3.1 版本,在 IATF 中提出信息安全保障的深度防御战略模型,将防御体系分为策略、组织、技术和操作四个要素,强调在安全体系中进行多层保护。安全机制的实现应具有以下相对固定的模式,即"组织(或人)在安全策略下借助于一定的安全技术手段进行持续的运作"。

因此,信息安全保障体系从横向看,主要包含安全管理和安全技术两个方面的要素,在采用各种安全技术控制措施的同时,必须制订层次化的安全策略,完善安全管理组织机构和人员配备,提高安全管理人员的安全意识和技术水平,完善各种安全策略和安全机制,利用多种安全技术实施和安全管理实现对计算机系统的多层保护,减小它受到攻击的可能性,防范安全事件的发生,提高对安全事件的反应处理能力,并在安全事件发生时尽量减少事件造成的损失。

其次,为了使计算机安全体系更有针对性,在构建时还必须考虑信息安全本身的特点:动态性、相对性和整体性。

信息安全的动态性指的是信息系统中存在的各种安全风险处于不断的变化之中,从内因看,信息系统本身就在变化和发展之中,信息系统中设备的更新、操作系统或者应用系统的升级、系统设置的变化、业务的变化等要素都可能导致新的安全风险的出现。从外因看,各种软硬件系统的安全漏洞不断被发现、各种攻击手段在不断在发展,这些都可能使得今天还处于相对安全状态的信息系统在明天就出现了新的安全风险。

信息系统安全的相对性指的是信息安全的目标实现总是相对的,由于成本以及实际业务需求的约束,任何安全解决方案都不可能解决所有的安全问题,百分之百安全的信息系统是不存在的,不管安全管理和安全技术实施多完善,安全问题总会在某种情况下发生。信息安全的这个属性表明安全应急计划、安全检测、应急响应和灾难恢复等都应该是安全保障体系中的重要环节。

信息安全的整体性指的是信息安全是一个整体的目标,正如木桶的装水容量取决于最短的木版一样,一个信息系统的安全水平也取决于防御最薄弱的环节。因此,均衡应该是信息安全保障体系的一个重要原则,这包括体系中安全管理和安全技术实施、体系中各个安全环节、各个保护对象的防御措施等方面的均衡,以实现整体的信息安全目标。

3.3.2.2 等级化设计方法

面对严峻的形势和严重的问题,如何解决我国信息安全问题,是摆在我国政府、企业、公民面前的重大关键问题。美国及西方发达国家为了抵御信息网络的脆弱性和安全威胁,制定了一系列强化信息网络安全建设的政策和标准，其中一个很重要思想就是按照安全保护强度划分不同的安全等级，以指导不同领域的信息安全工作。经过我国信息安全领域有关部门和专家学者的多年研究，在借鉴国外先进经验和结合我国国情的基础上，提出了等级保护的安全策略来解决我国信息安全问题，即针对信息系统建设和使用单位根据其单位的重要程度、信息系统承载业务的重要程度、信息内容的重要程度、系统遭到攻击破坏后造成的危害程度等安全需求以及安全成本等因素，依据国家规定的等级划分标准设定其保护等级，自主进行信息系统安全建设和安全管理，提高安全保护的科学性、整体性、实用性。2003 年，中央办公厅、国务院办公厅转发的《国家信息化领导小组关于加强信息安全保障工作的意见》中，已将信息安全等级保护作为国家信息安全保障工作的重中之重，要求各级党委、人民政府认真组织贯彻落实。《意见》中明确指出，信息化发展的不同阶段和不同的信息系统，有着不同的安全需求，必须从实际出发，综合平衡安全成本和风险，优化信息安全资源的配置，确保重点。

实施信息安全等级保护，可以有效地提高我国信息系统安全建设的整体水平，有利于在信息化建设过程中同步建设信息安全设施，保障信息安全与信息化建设相协调；有利于加强对涉及国家安全、经济秩序、社会稳定和公共利益的信息系统的安全保护和管理监督；根据信息系统及应用的重要程度、敏感程度以及信息资产的客观条件，确定相应的信息系统安全保护等级。一个信息系统可能包含多个操作系统和多个数据库，以及多个独立的网络产品，网络系统也可能十分复杂。在对一个复杂的信息系统的安全保护等级进行划分时，通常需要对构成这个信息系统的操作系统、网络系统、数据库系统和独立的网络产品等子系统的安全性进行考虑，在确定各子系统对应的安全等级保护技术要求的前提下，依据木桶原理综合分析，确定对该信息系统安全保护等级的划分。

根据国家等级保护策略，结合信息系统的安全保护等级，设计支撑体系框架的安全目标和安全要求，安全要求和技术方法符合国家等级保护相关标准，基本满足等级保护的基本目标、控制项和控制点。

信息系统安全体系建设的思路是根据分区分域防护的原则，按照一个中心下的三重防御体系，建设信息安全等级保护纵深防御体系，等级化设计框架如图 3.1 所示。

第3章 城市"数据大脑"的中枢神经系统——云计算安全 | 71

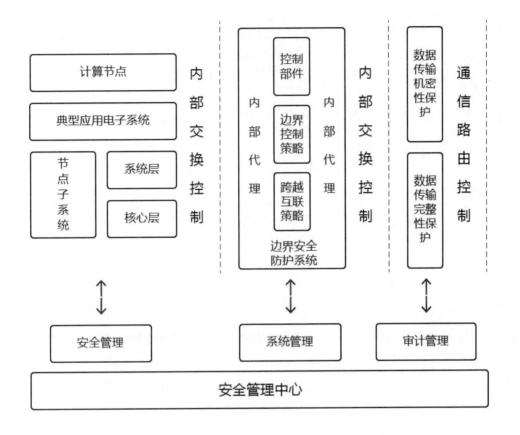

图 3.1 等级化设计框架

按照信息系统业务处理过程将系统划分成计算环境、区域边界和通信网络三部分，以终端安全为基础对这三部分实施保护，构成有安全管理中心支撑下的计算环境安全、区域边界安全、通信网络安全所组成的"一个中心"管理下的"三重防御体系"。

3.3.2.3 PDCA 管理方法

PDCA 是管理学惯用的一个过程模型，在很多管理体系中都有体现，比如质量管理体系（ISO9000）和环境管理体系（ISO14000）。而在信息安全领域，组织的信息安全管理体系建设同样至关重要。信息安全管理体系是组织在整体或特定范围内建立信息安全方针和目标，以及完成这些目标所用的体系化方法，而其主要采用的管理方法也是 PDCA 管理模型，如图 3.2 所示。

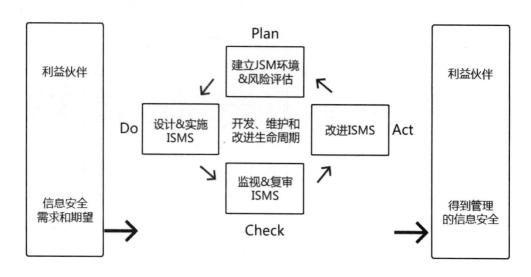

图 3.2 PDCA 管理模型

为了实现信息安全管理体系，组织应该在计划（Plan）阶段通过风险评估来了解安全需求，然后根据需求设计解决方案；在实施（Do）阶段将解决方案付诸实现；解决方案是否有效？是否有新变化？应该在检查（Check）阶段监视和审查；一旦发现问题，需要在措施（Act）阶段予以解决，以改进信息安全管理体系。通过这样的过程周期，组织就能将确切的信息安全需求和期望转化为可管理的信息安全体系。

3.3.2.4 总体安全保障体系框架

依据国家信息安全等级保护制度，切实落实"同步设计、同步建设、同步运行"的信息安全建设原则，为保障信息安全，依据国家信息安全等级保护制度，结合智慧城市组织架构及业务系统实际情况，设计可实现"纵深防御"的安全保障体系，如图 3.3 所示。

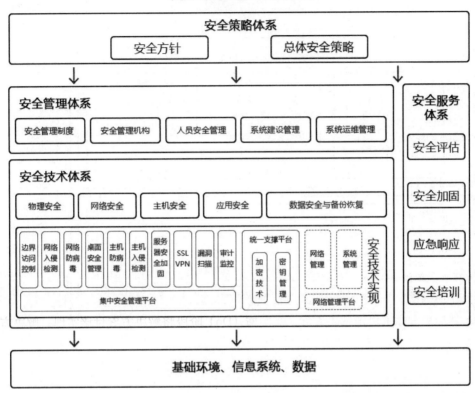

图 3.3 安全保障体系框架

安全保障的主体是业务系统及业务数据信息，安全保障框架所有安全控制都应以安全方针、策略作为安全工作的指导与依据，落实安全管理和安全技术两大维度的具体实施与维护，以业务系统的安全运营为信息安全保障建设的核心，并辅以安全评估与安全培训贯穿信息安全保障体系的全过程，形成风险可控的安全保障框架体系。

云计算环境的安全性由云服务提供者和租户共同保障，按照责任主体不同，云安全分成云平台自身安全和云租户安全两个类别。

云平台自身安全：主要指提供云上服务的基础资源和管理平台自身的安全性，按照云上服务类别的不同，安全责任也有所差异。IaaS 主要包括云平台的物理资源和虚拟资源的安全性，PaaS 在 IaaS 之上，在 IaaS 安全的前提下，要保障 PaaS 平台自身安全性；SaaS 则要保障 SaaS 平台自身安全和 SaaS 应用安全。

云上服务安全：主要指租户私有虚拟空间内的安全，包括虚拟网络安全、虚拟主机安全、应用安全、数据安全及租户管理安全。具体安全架构和分类，如图 3.4 所示。

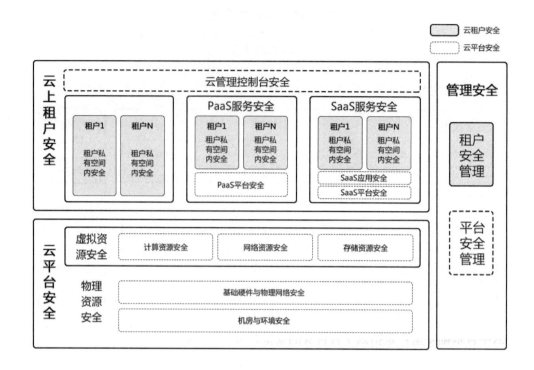

图 3.4 云计算安全体系架构

3.3.3 面向云平台侧安全体系

云平台运营商负责基础设施（包括 IDC 机房、风火水电、专线传输）、物理设备（包括计算、存储和网络设备）、云操作系统及之上的各种云服务产品的安全控制、管理和运营，从而为云上租户提供高可用和高安全的云服务平台。

3.3.3.1 云平台安全体系架构

智慧城市云平台安全体系基于不同安全技术实现的网络安全纵深防御体系，其总体架构如图 3.5 所示。

第 3 章 城市"数据大脑"的中枢神经系统——云计算安全

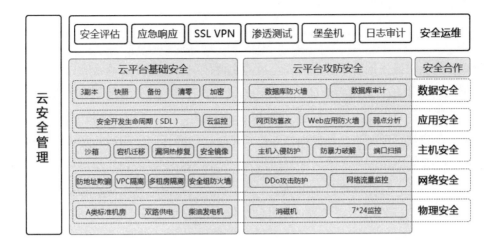

图 3.5 云平台侧安全架构

基于这样一个云计算安全架构,通过从云平台基础安全和攻防安全两大方面的物理安全、网络安全、主机安全、应用安全、数据安全等五个层面,以及对整个平台体系的安全管理、安全运维、安全合作来描述智慧城市的安全体系架构。

云平台基础安全:是指云平台自身的安全,包括物理服务器存放位置、服务器上的操作系统、云平台系统及其上层架构的各种云产品,如云服务器、云数据库、云存储。云产品提供丰富的安全特性,以更好地保护云端应用系统的安全。

云平台攻防安全:是指为实现架构在云平台之上的业务系统的安全,而采取的多种云上安全技术措施,保障云上租户业务系统的安全。

云平台安全管理:是指为保障云平台信息安全而采取的一系列管理措施的总和,通过建立健全组织机构、规章制度,以及通过人员安全管理、安全教育与培训和各项管理制度的有效执行,来落实人员职责,确定行为规范,保证云平台基础安全和云平台攻防安全的技术措施真正发挥效用,共同保障智慧城市平台的整体安全。

云平台安全运维:是为保障云平台安全而采取的一系列安全运维服务活动的总和,内容主要包括安全评估、应急响应、渗透测试、安全审计、远程接入和堡垒机服务等。

3.3.3.2 云平台安全防护技术要求

1. 抗 DDoS 防护

抗 DDoS 网关设备通过对异常流量进行精确检测,识别出攻击流量,并进行有效的阻断。保证了现有流量的实时分析和连接跟踪,保证最大程度的互操作性和可靠性。不仅实现对防护主机和业务服务器的安全防护,同时还实现了对路由器、交换机和防火墙等网络设备的安全防护,缩短了骨干网接入链路攻击发现的时间,避免了机房工程师在应用服务器遭受攻击瘫痪后才发现、进行处置的被动局面。

2. 下一代防火墙

防火墙的需求源于网络层存在的安全风险主要体现在来自外部网络的入侵和攻击，数据包修改，以及 IP 地址、路由地址和网地址的欺骗，等等。防火墙是一种非常有效的网络安全模型，通过它可以隔离风险区域（即 Internet 或有一定风险的网络）与安全区域（内部局域网）的连接，同时不会妨碍内部网络对风险区域的访问。一般的防火墙都可以达到以下目的：一是可以限制他人进入内部网络，过滤掉不安全服务和非法用户；二是控制内部网络的网络行为，过滤掉不符合组织要求的数据；三是记录进出网络的通信量。例如，通过部署防火墙系统 ACL，可实现过滤非法数据通信请求；防火墙的 NAT 技术，还可避免把内网 IP 地址暴露在外。

采用防火墙可实现以下安全目的。

● 安全域隔离：逻辑上隔离了网络各区域，对各个计算环境提供有效的保护。

● 访问控制策略：防火墙工作在不同安全区域之间，对各个安全区域之间流转的数据进行深度分析，依据数据包的源地址、目的地址、通信协议、端口、流量、用户、通信时间等信息，进行判断，确定是否存在非法或违规的操作，并进行阻断，从而有效保障了各个重要的计算环境。

● 应用控制策略：在防火墙上执行内容过滤策略，实现对应用层 HTTP、FTP、TELNET、SMTP、POP3 等协议命令级的控制，从而提供给系统更精准的安全性。

● 会话监控策略：在防火墙配置会话监控策略，当会话处于非活跃一定时间或会话结束后，防火墙自动将会话丢弃，访问来源必须重新建立会话才能继续访问资源。

● 会话限制策略：对于三级信息系统，从维护系统可用性的角度必须限制会话数，来保障服务的有效性，防火墙可对保护的应用服务器采取会话限制策略，当服务器接受的连接数接近或达到阈值时，防火墙自动阻断其他的访问连接请求，避免服务器接到过多的访问而崩溃。

● 地址绑定策略：对于等级保护定级为三级及以上的信息系统，必须采取 IP+MAC 地址绑定技术，从而有效防止地址欺骗攻击，同时采取地址绑定策略后，还应当在各个三级计算环境的交换机上绑定 MAC，防止攻击者私自将终端设备接入三级计算环境进行破坏。

3. 网络入侵检测

入侵检测系统（Intrusiondetectionsystem，简称"IDS"）是一种对网络传输进行即时监视，在发现可疑传输时发出警报或者采取主动反应措施的网络安全设备。

入侵检测是防火墙的合理补充，帮助系统对付网络攻击，扩展了系统管理员的安全管理能力（包括安全审计、监视、进攻识别和响应），提高了信息安全基础结构的完整性。

它从计算机网络系统中的若干关键点收集信息，并分析这些信息，看看网络中是否有违反安全策略的行为和遭到袭击的迹象。入侵检测被认为是防火墙之后的第二道安全闸门，在不影响网络性能的情况下能对网络进行监测，从而提供对内部攻击、外部攻击和误操作的实时保护。

入侵检测作为一种积极主动的安全防护技术，提供了对内部攻击、外部攻击和误操作的实时保护，在网络系统受到危害之前拦截和响应入侵。

在云平台中，互联网及 CDN（Content Delivery Network，内容分发网络）接入网络边界应部署入侵检测。按照等级保护合规的要求，定级的业务系统之间的数据交互边界亦应部署入侵检测。

4. APT 攻击预警

APT 攻击预警可以提供一套整体的覆盖多种区域的 APT 深度威胁分析方案，基于关键区域入口的旁路镜像流量分析，可以实现 Web、邮件、文件三个维度多个层次的 APT 攻击检测，主要包含：Web 层面的 APT 攻击检测（包含各种已知 Web 攻击特征检测、Webshell 检测、Web 行为分析、异常访问、C&CIP/URL 检测等），邮件层面的 APT 攻击检测（包含 Webmail 漏洞利用攻击检测、恶意邮件附件攻击检测、邮件头欺骗、发件人欺骗、邮件钓鱼、恶意链接等邮件社工行为检测等），文件层面的 APT 攻击检测（多引擎检测已知特征攻击、静态无签名 Shellcode 检测、动态沙箱行为分析等），木马回连行为分析（包含 C&CIP/URL 自动学习提取、非法回连行为检测、恶意数据盗取检测等）。

建议在智慧城市云计算中心互联网入口、内网核心交换处部署 APT 入侵检测系统。

5. 防病毒系统

防毒墙即防病毒网关，内置病毒特征库。通过串接到网络中，对经过防毒墙的数据包进行解析，并检查是否匹配上特征库中的病毒特征，从而来判断网络流量中是否存在病毒，且可对携带病毒的数据进行阻断等处置。

防毒墙的需求来自于互联网病毒、蠕虫、木马、流氓软件等各类恶意代码已经成为互联网接入所面临的重要威胁之一，面对越发复杂的网络环境，传统的网络防病毒控制体系没有从引入威胁的最薄弱环节进行控制，即便采取一些手段加以简单的控制，也仍然不能消除来自外界的继续攻击，短期消灭的危害仍会继续存在。为了解决上述问题，对网络安全实现全面控制，一个有效的控制手段应势而生：从网络边界入手，切断传播途径，实现网关级的过滤控制。

防病毒网关的部署，可以对进出的网络数据内容进行病毒、恶意代码检测和过滤处理，并提供防病毒引擎和病毒库的自动在线升级，彻底阻断病毒、蠕虫及各种恶意代码向数据中心其他区域的网络传播。

防病毒网关通常部署在智慧城市云计算中心互联网接入区骨干网络，可以在病毒进入网络的源头对它进行扫描和查杀。防病毒网关也可分别部署在每条链路上,在网络出口处便对网络病毒、木马等威胁进行拦截。最终实现对病毒、木马等恶意代码的有效拦截和隔离。

6. 综合日志审计

智慧城市相关安全设备部署成功后将构建起一道道安全防线。然而,这些安全防线都仅仅抵御来自某个方面的安全威胁,形成了一个个"安全防御孤岛",无法产生协同效应。对于数量更多的网络设备、服务器而言,在运行过程中不断产生大量的日志和事件,形成了大量"信息孤岛"。有限的管理人员面对这些数量巨大、彼此割裂的日志信息,操作着各种产品自身的控制台界面和告警窗口,工作效率极低,难以发现真正的安全隐患。另一方面,日益迫切的等级保护合规性要求,也驱使日志统一管理审计的需求。

通过建立综合日志审计平台,通过 Syslog、SNMP 等日志协议,全面收集网络设备、安全设备、主机、应用及数据库的日志信息,帮助智慧城市云计算平台建立信息资产的综合性管理平台,通过对网络设备、安全设备、主机和应用系统日志进行全面的标准化处理,及时发现各种安全威胁、异常行为事件,为管理人员提供全局的视角,确保单位业务的不间断运营安全。增加了对安全事件的追溯的能力及手段,方便管理员进行事件跟踪和定位,并为事件的还原提供有力证据。

7. 数据库安全审计

作为存储最核心要素的数据库自然成为单位信息安全最重要的关注部分,针对各类业务大数据等,是智慧城市云计算安全需要进行重点保护和审计的。将根据《计算机信息系统安全等级保护数据库管理技术要求》建立核心数据审计平台,通过对进出核心数据库的访问流量进行数据报文字段级的解析操作,完全还原出操作的细节,并给出详尽的操作返回结果,以可视化的方式将所有的访问都呈现在管理者的面前,数据库不再处于不可知、不可控的情况,数据威胁将被迅速发现和响应。数据库安全审计可实现以下功能。

● 实时行为监控:保护单位目前使用的所有的数据库系统,防止受到特权滥用、已知漏洞攻击、人为失误等侵害。当用户与数据库进行交互时,系统会自动根据预设置的风险控制策略,结合对数据库活动的实时监控信息,进行特征检测及审计规则检测,任何尝试的攻击或违反审计规则的操作都会被检测到并实时告警。

● 关联审计:能够将 Web 审计记录与数据库审计记录进行关联,直接追溯到应用层的原始访问者及请求信息(如:操作发生的 URL、客户端的 IP 等信息),从而实现将威胁来源定位到最前端的终端用户的三层审计的效果。

8. 运维审计

在某个主机及账户被多个管理人员共同使用的情况下,引发了如账号管理混乱、授权关系不清晰、越权操作、数据泄漏等各类安全问题,并加大了 IT 内控审计的难度。

运维审计系统结合各类法律法规(如等级保护、赛班斯法案 SOX、PCI、企业内控管理、分级保护、ISO/IEC 27001 等)对运维审计的要求,采用 B/S 架构,集"身份认证(Authentication)、账户管理(Account)、控制权限(Authorization)、日志审计(Audit)"于一体,支持多种字符终端协议、文件传输协议、图形终端协议、远程应用协议的安全监控与历史查询,具备全方位运维风险控制能力的统一安全管理与审计产品。

为了提高来源身份的可靠性,防止身份冒用;运维审计系统可以利用以下认证机制实现。

- 内置了手机 APP 认证(谷歌动态口令验证)、OTP 动态令牌、USBkey 双因素认证引擎。
- 提供了短信认证、AD[①]、LDAP[②]、RADIUS[③]认证的接口。
- 支持多种认证方式同时使用、多种认证方式组合使用。

需要支持管理 Linux/Unix 服务器、Windows 服务器、网络设备(如思科/H3C/华为等)、文件服务器、Web 系统、数据库服务器、虚拟服务器、远程管理服务器,等等。

运维审计系统需要适应不同的运维人员的运维习惯,兼容多种客户端工具(如 Xshell、SecureCRT、Mstsc、VNC Viewer、Putty、Winscp、FlashFXP、SecureFX、OpenSSH 等)和更加灵活的运维方式。

9. Web 业务审计

Web 业务安全审计系统是结合应用安全的攻防理论和应急响应实践经验积累的基础上的 Web 应用监控审计系统,可以同时向 Web 应用提供实时监控、自动告警和事后追溯的全面解决方案。致力于解决应用及业务逻辑层面的安全问题,可以帮助用户针对目前所面临的各类 Web 安全问题进行实时监控审计并告警,即通过对 Web 应用流量的实时捕获及攻击分析,实现已知/未知攻击的告警、访问页面/访问流量统计、攻击源/攻击类型/受攻击页面统计、安全事件的事后追溯与分析,等等。

3.3.4 面向云租户侧安全体系

3.3.4.1 云租户安全体系架构

安全即服务(SECaaS)是一种通过云计算方式交付的安全服务,此种交付形式可避免

---

① AD:Active Directory,活动目录。
② LDAP:Lightweight Directory Access Protocol,轻量级目录访问服务协议。
③ RADIUS:Remote Authentication Dial In User Service,远程用户拨号认证系统。

采购硬件带来的大量资金支出。这些安全服务通常包括认证、反病毒、反恶意软件/间谍软件、入侵检测、安全审计、安全事件管理等。所以，安全即服务是一种面向云租户的安全体系的最佳实践。

安全即服务有很多好处，其中包括以下内容。
- 持续的软件、策略、特征定义更新。
- 更高的安全专业知识。
- 更快的用户配置。
- 管理任务外包，如日志管理，可以节省时间和金钱，使一个组织能把更多的时间用于其核心竞争力。
- 一个Web界面，允许一些任务内部管理，以及查看安全环境和正在进行的活动。

要实现安全即服务的能力，首先要搭建好云安全管理平台，云安全管理平台主要是针对云平台提供防护的安全产品进行统一管理和分析的模块，该系统主要实现对云内虚拟安全设备如防火墙、系统扫描、堡垒机等的全方位管理，提供了丰富的拓扑、设备配置、故障告警、性能、安全、报表等网络安全管理功能；实现了对云平台上安全资源集中、统一、全面的监控与管理；使安全过程标准化、流程化、规范化，极大地提高了故障应急处理能力，降低了人工操作和管理带来的风险，提升了信息系统的管理效率和服务水平。

同时，该系统也是云平台层面安全运营的主要模块，该模块可以通过与相关产品及服务联动工作，系统作为安全管理运营中心的技术支撑平台，结合安全服务的最佳实践，以安全资产管理为基础，以风险管理为核心，以事件管理为主线，通过深度数据挖掘、事件关联等技术，辅以有效的网络管理与监视、安全报警响应、工单处理等功能、对云平台各类安全事件进行集中管理和智能分析，最终实现对企业安全风险态势的统一监控分析和预警处理，并对云平台某一阶段的安全运行情况进行展示和报告的输出，为管理人员进行策略的调整和安全的加固提供依据。

云安全管理平台架构可以从以下几个方面进行。

1. 业务安全管理

业务安全管理模块主要为云平台上各个租户分配业务，私有云上的云租户对安全的需求各不相同，需要的安全产品和安全方案也不同，通过云安全运营平台的业务管理模块，可以对云租户分配相应的安全产品，云租户也可以通过安全运营平台主动申请相应的安全产品，使安全产品的使用率最大化。

2. 用户管理

用户管理模块，主要为云平台各租户提供认证、授权及资源审批管理，在云安全运营平台上为云租户创建云安全账户，对每个租户进行严格的身份验证，统一登录到运营平台，对平台所覆盖的安全资产进行管理和运营，同时，每个认证账号也是资源申请的唯一账号，每个账号可以下设子账号,分别进行管理和监控等工作。针对每个租户进行细粒度的访问控制和授权设置,确保每个用户只能登录自己的运营界面,只能管理自己的云端安全产品。每个云租户也可以根据自身的需求在云产品资源池及服务资源池中申请所需的安全资源,平台管理者可以根据相关申请的合理性进行审批和备案,确保每个用户的资源利用合理。

3. 统一认证

云安全运营平台、云平台和安全产品之间的账户体系将会被打通,即云租户可以登录到自己的云安全运营平台上,并通过安全运营平台申请购买安装自己想要的安全产品。同时,云安全运营平台将会打通所有的产品权限体系,实现所有安全产品的统一登录。通过云安全运营平台,客户可以对所有租户统一认证,产品统一登录。

4. 云安全市场

安全资源市场,用户可以通过云安全市场看到所有可以开通试用的安全产品,云租户可以根据自己的需求,进行安全产品的选择和部署,在使用时只需向平台管理者申请 License(软件版权许可证) 授权,即可快速部署和实施。同时,云安全市场还提供第三方产品的入驻接口,云安全管理员可以为对第三方供应商开通云安全市场的第三方产品接入账户,实现第三方安全产品的接入,优化云安全解决方案。

5. 云安全租户平台管理

租户管理员通过登录到租户管理平台,实现对自己所分配到的安全产品的管理操作、安全资源的申请、子用户的创建、子用户的权限分配等。

6. 租户自主申请安全资源

租户可以通过自己的安全运营平台,根据自己的需求选择所需的安全产品,并按需选择相应的产品配置和版本信息,一键提交申请。运营平台管理员通过申请以后,租户就可以使用自己的安全产品了。

3.3.4.2 云租户安全防护技术

1. 态势感知

态势感知能力,为云平台提供云平台大数据安全态势感知,云平台管理员可以通过态势感知模块实时监控和感知整个云平台的安全动态。帮助用户对其重要门户网站、网上重要信息系统进行全面的安全漏洞监测、可用性、篡改、敏感词监测并且结合云安全中心以及网络安全设备产生的数据进行态势分析。对爆发的网络安全事件进行通报预警、应急处置等功能。从总体上把握网络的安全态势,帮助监管部门和用户实时了解网络安全态势和网络安全问题,开展预警通报、应急处置和网络安全综合管理工作;并且支持多模块配置:

态势感知、安全监测、通报预警、专家值守、移动应用等。

(1) 态势感知。

态势感知需对系统建设监管范围内的网络安全态势提供数据支撑,从数据角度应包括属地辖区内的网站基本信息(包括域名、网站标题、网站 IP、行政属地、等保备案情况、联系人等)、网络安全事件、网络设备资产情况与指纹信息(操作系统类型、开放端口、开放服务、平台中间件、技术架构等)、重要信息系统日志采集、分光流量检测与事件分析(安全事件、攻击事件、恶意代码执行、恶意扫描行为等)以及全网空间内的态势感知分析。并结合大数据分析展示平台,从多个维度,提供大数据分析结果,研判、决策及重要时期的网络安全保障工作提供有效支撑。感知维度需包括资产态势、攻击态势、威胁态势、通报态势、事件态势等。

(2) 安全监测。

安全态势感知预警需对提供 7×24 h 实时安全监测服务。通过对网站的不间断监测服务,实现网站漏洞监测、网页木马监测、篡改检测、可用性监测与关键字监测,并提供详尽的数据与分析报告,从而全面掌握网站的安全态势,可有助于提升网站的安全防护能力和网站服务质量,并建立起一种长效的安全保障机制,令动态且变化不定的网站安全态势尽在把控。

(3) 通报预警。

需实时根据态势感知和扫描监测到的各项安全威胁情况,对下级单位和使用部门开展预警和通报工作。能够定期发布预警信息,对安全态势进行趋势分析及总结,做到对安全态势整体把握。并可与移动应用 App 联动,随时随地预警、通报。

2. 漏洞扫描

能够为云租户提供综合漏洞扫描能力,以 Web、数据库、基线核查、操作系统、软件的安全检测为核心,以弱口令、端口与服务探测为辅助的综合漏洞扫描系统。并且系统需实现分布式、集群式漏洞扫描功能,缩短扫描周期,提高长期安全监控能力。通过 B/S 框架及完善的权限控制系统,满足用户最大程度上的安全协作要求。

3. SaaS 化 Web 防御分析

需为云租户提供 SaaS 化的 Web 安全防御能力,云平台只需要购买并部署云安全服务,就可以通过云安全运营平台使用和管理 SaaS 化的 Web 防御分析能力,并把防御能力分配给云平台上的各个租户使用。SaaS 化 Web 安全防御主要包含以下能力。

(1) 网站防护。

网站防御应该至少覆盖如下范围。

● HTTP 协议规范性检查。

● 文件 B 超。

- 注入攻击防护。
- 跨站脚本攻击防护。
- 网页木马防护。
- 信息泄漏防护。
- 智能防护。
- 第三方组件漏洞防护。
- CSRF 跨站请求伪造防护。
- 防盗链。

（2）防 DDoS、CC 攻击

拥有抵御大流量 DDoS 攻击防护能力，能有效实现对 Syn-flood、upd-flood、tcp-flood 等 DDoS 攻击的防护，解决了用户网站被 DDoS 攻击时的可用性问题，持续保证用户的网站稳定运行。

（3）永久在线。

当用户网站因为服务器故障、线路故障、电源等问题出现无法连接时，可显示云防护中的缓存页面。当在敏感期或特殊时期时，用户网站会主动关闭，在这期间可显示云防护中的缓存页面。

（4）用户数据报表。

用户可查看访问流量报表、安全防护报表，安全防护报表包含攻击次数态势分析、攻击者区域态势分析、攻击者 IP 统计、被攻击页面统计、被攻击域名统计、攻击事件统计、攻击威胁等级统计等。

4. 网站防篡改

需提供先进的网页防篡改安全能力，对用户的网站加以防护，实现对篡改行为的监测和阻断。网页通常由静态文件和动态文件组成，对于动态文件的保护，是通过在站点嵌入 Web 防攻击模块，通过设定关键字、IP、时间过滤规则，对扫描、非法访问请求等操作进行拦截；对静态文件的保护，是在站点内部通过防篡改模块进行静态页面锁定和静态文件监控，发现有对网页进行修改、删除等非法操作时，进行保护并告警。

5. 运维审计

需为云租户提供运维审计能力，用户通过开通使用运维审计服务，使其成为云计算运维的唯一入口，云主机连接都必须经过运维审计的统一身份管理，并基于 IP 地址、账号、命令进行控制，防止越权操作，而且整个操作过程都可以实现全程的审计记录。

6. 日志审计

需为云租户提供综合日志审计能力，对用户的各类日志进行综合审计分析，以图表的形式展现在线服务的业务访问情况。通过对访问记录的深度分析，发掘出潜在的威胁，起到追踪溯源的目的，并且记录服务器返回的内容，便于取证式分析，以及作为案件的取证材料。

7. **数据库审计**

需为云租户提供数据库审计能力，帮助用户实现对进出核心数据库（包括大数据）的访问流量进行数据报文字段级的解析操作，完全还原出操作的细节，并给出详尽的操作返回结果，以可视化的方式将所有的访问都呈现在管理者的面前，数据库不再处于不可知、不可控的情况，数据威胁将被迅速发现和响应。

第 4 章 城市"数据大脑"的智慧源泉——数据资源安全

4.1 智慧城市的数据资源

经过几千年的发展,城市发展进入了智慧城市的阶段。智慧城市核心理念就是利用新一代信息技术,通过信息网络互联的方式对各种数据进行整合共享、监测分析,形成对城市运行态势的充分透彻的感知,从而进行更加合理全面的资源调控,使城市的公共安全、环境保障、交通通信、金融能源、文化教育、医疗保健等各种公共服务实现更高效、更便捷的运行,最终实现居民生活质量极大提高,城市经济健康运行的新型城市发展目标。

智慧城市本身就是典型的数据密集环境,每时每刻都会产生大量的数据,公交系统记录着市民出行,道路视频系统记录着城市路况,电子支付系统记录着交易行为,工商税务的信息系统记录着城市经济运行情况。在智慧城市环境下,这些数据已经成为关系城市经济和社会发展的战略性资源,对数据资源进行综合分析和利用,是实现智慧城市各种应用场景的重要基础,对这些重要的数据资源,同样需要我们像对待其他资源一样进行有效的保护。

4.1.1 智慧城市数据资源的特点

智慧城市的数据资源有以下特点。

1. 来源丰富

在传统城市中,数据来源比较单一,基本上都是人工录入或是信息系统自身运行中产生的。随着移动互联网、物联网应用的普及,传感器(智能电表、车载设备)、摄像头、智能手机(技术本质上是一种更综合的传感器)、医学影像及生化检验设备等也产生了大量数据。在智慧城市中,数据来源种类比以往丰富了很多。

2. 结构多样

智慧城市由多种应用组成,不同的应用需要的数据资源也不同。例如,智慧交通系统需要存储车辆、天气、道路行人等大量音视频、图像数据；平安城市系统需要存储城市各种监控、交通管理、环境保护、危化品运输监控、食品安全监控等数据；这些城市管理系统的主题库存储的数据绝大部分是非结构化数据，随着时间的积累和数量采集来源的增加，势必要使用大数据存储技术。

3. 规模庞大

在智慧城市框架下，多媒体/社交媒体及其他类型网络在数据产生量方面呈现几何级增长。智慧城市运营系统需要存储不同时间段、不同区域、不同部门获得的大量监测数据等。即使是现代工业产品和设施设备，如汽车、火车、发电站等，其装备的传感器数量也随着智能化程度的提高在增加，这些传感器也在持续收集不断增多的数据。不断增长的数据量给数据收集、数据分析、数据安全带来了新的挑战。

4. 用途广泛

传统城市中的数据，用途比较单一，通常只在数据生成的领域中使用。智慧城市中数据的使用非常广泛，包括电子政务、城市公共安全、应急指挥、无线覆盖、资金支付（惠民资金、看病、公交地铁、缴纳水电费、购买天然气等）、互联网应用服务（微信平台和App等）、市民窗口办事（社区服务、城市管理等）、市民网站办事及服务热线等海量数据在惠民服务提供、规律预测、情境分析、串并侦查、时空分析等方面将得到应用。保险公司可以根据汽车车载自动诊断系统提供的数据，分析车辆驾驶员的驾驶习惯，给出不同的保险费率。如果自动驾驶普及之后，也许可以将保费降到接近于零的水平。

4.1.2 智慧城市数据资源管理的关键问题

4.1.2.1 资源整合

数据是智慧城市运营决策的基础，因此，也是决定智慧城市建设成败的关键性因素。当前普遍存在的各行业各部门的数据缺乏共享，即所谓"数据孤岛"问题，是阻碍智慧城市建设的最突出问题。无论是政府还是相关产业专家，都认识到了该问题的存在，也都明确了数据共享的目标。《国家信息化发展战略纲要》中指出要应用大数据技术建设智慧城市，"加快政府数据的开放共享"作为国家《促进大数据发展行动纲要》三大任务之首。而对于采取什么步骤扎实推进数据共享，还缺少深入到位的认识。政府跨部门的数据共享，采用统一的数据交换平台，公开政府数据资源目录的方式进行。这种方式虽然解决了数据共享的问题，仍然没有实现数据的整合。

智慧城市的数据资源应该是集中整合而不是分布隔离。数据资源的整合应该依据以下的原则来进行。

(1) 以人的根本需求为中心。

就是以市民为中心，围绕着市民的衣食住行等日常生活的需求作为出发点，设计智慧城市的应用场景，进而推导出数据整合的具体要求。

(2) 以主数据管理为重点。

企业的数据管理内容及范畴通常包括：交易数据、主数据以及元数据，如图 4.1 所示。

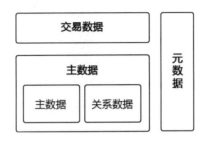

图 4.1　数据通用分类

主数据：定义企业核心业务对象（如客户、产品、地址等）的数据，主数据一旦被记录到数据库中，需要经常对其进行维护，从而确保其时效性和准确性；主数据还包括关系数据，用以描述主数据之间的关系，如客户与产品的关系、产品与地域的关系、客户与客户的关系、产品与产品的关系等。主数据具有高业务价值，存在于多个异构的应用系统中，需要跨越各个业务部门被重复使用（即需要共享）。

交易数据：用于记录业务事件，如客户的订单、投诉记录、客服申请等，它往往用于描述在某一个时间点上业务系统发生的行为。

元数据：即关于数据的数据，用以描述数据类型、数据定义、约束、数据关系、数据所处的系统等信息。

与企业类似，智慧城市的数据也分为上述三类数据，只是数据都是围绕城市运营管理的，在内容和覆盖行业方面更加丰富。

城市主数据：定义城市核心服务对象（个人和组织）的数据。城市主数据可以来自各政府部门、事业单位、企业单位等。主数据应该集中存储管理，并面向单位和个人提供有序可控的开放共享。

城市交易数据：城市运行过程中产生的记录各种服务事件的数据。在城市运营中，公共服务领域中每天产生的交易数据数量虽然比较庞大，但以现有的技术条件应该能支持全部集中存储。假设一个大型城市，常住人口 2 000 万，外来人口 500 万，交通、气象、教育、医疗、旅游、金融每天产生的交易数据 50 亿条，按平均每条记录用 20 字节表示，数据量在将近 100GB 的规模。

城市元数据：城市元数据需要对城市运营中的各种主体进行规范性说明。完备的元数据定义是数据共享与应用的前提。需要根据公共服务的内容来确定元数据应该覆盖的方方面面。

智慧城市的数据资源整合，就是一套以主数据管理为基本方法的管理过程。主数据管理是指一整套的用于生成和维护主数据的规范、技术和方案，以保证主数据的完整性、一致性和准确性。

4.1.2.2 数据建模

城市管理涉及多个部门，这些机构和部门的信息系统往往采用不同厂商的解决方案。因此跨机构协作和信息交换可能受到限制。智慧城市解决方案需要促进相关信息的分类和选择，以便以一种结构化方式跨机构使用。建立一种基于标准的数据模型的任务迫在眉睫。智慧城市的数据模型是整个城市顶层设计的一部分，统一的智慧城市数据标准对实现城市跨信息系统的相互操作性、数据表示和交换、数据聚合、虚拟化和应用的灵活性都有极为重要的作用。

数据模型定义了信息的结构和它在一个语义级别上代表的含义。一个机构要处理和正确解释另一个机构提供的信息，就需要理解基础数据模型。每个机构通常使用它自己的数据模型，这种模型是为在旧有系统施加的限制下解决它的具体需求而设计的。数据模型至关重要的作用是协调不一致性。智慧城市解决方案应考虑和使用各种标准，定义一个通用的智慧城市数据模型，这将会简化转换过程，因为与机构的具体模型的映射需要遵守通用模型。下面以"计划内道路施工"的场景为例，说明数据模型的定义过程。

1. 简短描述

计划内道路施工场景是一个即将发生的事件，涉及一个繁忙的城市十字路口处的主干道修理。道路修理由运输部门发起，表现为为特定日期和位置安排的、具有指定的持续时间的计划性活动。道路修理的协调需要其他受影响的城市领域确定影响，包括公交车和火车、水、电力、建筑和公共安全领域。各个领域之间的协作可有效地最小化对交通流量的总体破坏，帮助缩短修理时间，以及减少总体成本。

在计划内道路施工场景中发挥关键作用的人员包括：运营人员、监督人员、响应者、分析师、资产经理。此外，还创建和维护了一些关键绩效指标（KPI），以跟踪某个响应及其关联过程的有效性。KPI 示例包括：响应时间、完工时间、建设成本、节省费用、对城市服务的影响。

2. 基本的事件流

（1）运输机构中的资产经理花两个月时间计划对一个繁忙的城市十字路口进行为期大约一个星期的主干道修理。

  a）资产经理创建一个工作通知单来管理道路修理。

（2）收到工作通知单后，运输机构运营人员创建一份进展报告来向其他城市机构和部门通报修理作业。

（3）受影响的机构和部门内的分析师执行初步影响分析，他们可使用业务规则和分析自动化标准操作过程，从而优化分析结果。他们确定了机构特定的影响后，将一起执行一次协作式总体分析（参阅第（4）步）。

  a）公交部门确定其将受到影响的一条公交车线路。

  b）水管理部门确定可与道路修理同步进行的（相同区域中的）管道维护。

  c）电力部门确定可与道路修理同步进行的（相同区域中的）地下基础设施维护。

  d）公共住房部门确定其将受影响的一些建筑。

  e）警察局确定在修理工作进行时的高峰时段，它可能需要安排警员到现场指挥交通。

（4）受影响机构的监督人员发起一次机构间协作和影响分析。

  a）所有受影响机构/部门的资产经理协调和最终确定行动计划。

  b）由于道路修理将影响许多机构，城市监督人员将承担起工作的整体协调。

5）道路、公交车、水、电力、建筑和公共安全监督人员通知他们各自的资产经理执行维护和调度计划。

  a）跨机构协调工作，保障安全和顺利操作。

  b）发出适当的广播来向居民社区告警以下信息。

    i．道路封闭和备用路线。

    ii．公交车重新调度和路线变更计划。

    iii．公共饮用水供应的水服务中断。

    iv．指明停电计划的电力服务中断。

    v．针对受影响房产的居住者的建筑服务中断。

  c）城市监督人员不断了解最新进度和目标完工时间。

6）机构人员（响应者）以一种协调方式按计划完成维护工作。

  a）完成所有受影响机构的工作通知单。

  b）播放适当的广播来告警居民社区。

7）城市监督人员执行事后成本和影响分析，以确定总体响应的有效性。

3．关键模型概念

一些模型概念对上述计划内道路施工场景很重要：组织、告警、事故、人员、资产、工作通知单、流程、KPI 位置和时间。此外，其中许多概念之间存在着紧密的关系。对于每个概念，现有标准的适用性和标准空缺范围差别很大。

- 组织
    - 定义：为特定目的而组织起来的一群人
    - 示例：**警察局、公共住房部门、公交部门、运输机构、水管理机构、电力公司**

✓ 关键属性：名称、组织类型、描述、标识、网站
✓ 关键关系：组织（父子）、资产、位置
- 告警
  ✓ 定义：针对一个即将发生的事件的警告或告警
  ✓ 示例：道路修理进展报告
  ✓ 关键属性：发送者、描述、紧急性、严重性、确定性、开始时间、位置、支持性资源
  ✓ 关键关系：发送者（组织或人员）、位置、事故、工作通知单
- 事故
  ✓ 定义：可能需要响应的一件事情或事件
  ✓ 示例：道路修理、车祸、水管爆裂、犯罪活动
  ✓ 关键属性：事故的日期和时间、描述、ID
  ✓ 关键关系：位置、告警、工作通知单、负责人（组织或个人）
- 人员
  ✓ 定义：一个人
  ✓ 示例：James、Bob、Sally
  ✓ 关键属性：全名、名字、姓氏、性别、出生日期、出生地、国籍、出生国家
  ✓ 关键关系：雇主、位置、地址、组织、职位（比如，运营人员、监督人员、响应者、分析师、资产经理）
- 资产
  ✓ 定义：一件可不断跟踪的实际物体
  ✓ 示例：道路、水管、电容器、公交车、建筑
  ✓ 关键属性：描述、ID
  ✓ 关键关系：组织、人员、制造商、位置、工作通知单、事故
- 工作通知单
  ✓ 定义：执行某项工作（比如，修复、修补或更换）的通知单
  ✓ 示例：道路修理、一个主阀上的电力维护、公交车线路调整
  ✓ 关键属性：描述、ID、注释、优先级、状态、位置、开始日期/时间、停止日期/时间
  ✓ 关键关系：工作步骤、工作通知单（父子）、事故、告警、组织、维护历史、规范、人员、资产
- 流程和过程
  ✓ 定义：实现一个目标的一系列操作
  ✓ 示例：道路修理通知和协调

- ✓ 关键属性：流程文档
  - ✓ 关键关系：流程步骤、工作通知单、事故、告警、组织、人员、资产
- 关键绩效指标
  - ✓ 定义：分析一个人、流程或事物的条件或绩效的一种度量方法或标准
  - ✓ 示例：响应时间、完工时间、城市成本、城市节省、对城市服务的影响
  - ✓ 关键属性：描述、度量指标、阈值
  - ✓ 关键关系：KPI（父子）、组织、事故、告警、流程和过程、资产
- 位置
  - ✓ 定义：使用一种地基坐标系统、名称或地址按坐标识别的地理场所、点、位置或区域
  - ✓ 示例：道路修理位置：城市十字路口、水管位置
  - ✓ 关键属性：地理坐标、邮政地址、时间戳
  - ✓ 关键关系：人员、组织、资产、事故、告警
- 时间
  - ✓ 定义：用于排序事件、对比事件持续时间和它们之间的间隔，以及量化变动率（比如，物体移动）的度量系统
  - ✓ 示例：开始时间、结束时间
  - ✓ 关键属性：年、月、周、天、小时、分钟、秒、毫秒
  - ✓ 关键关系：持续时间

4.1.2.3 技术平台

传统城市运营中的主要问题是：存在大量"信息孤岛"，数据缺乏有效的整合共享，难以进行深度分析从而形成智慧的管理决策。引入数据治理的理念和大数据技术处理城市运营中产生的各类数据已经成为智慧城市建设的必然选择。数据治理给出了打破信息孤岛，整合共享数据的方法思路。大数据技术可以整合分析跨地域、跨行业、跨部门的海量数据，形成智慧城市运营的决策。智慧城市的标志之一就是整个城市运营是在一个智能化运营中心的指挥调度之下进行的。智慧城市运营中心（Smart City Operation Center）是"以应用场景为依据，以数据为核心，跨领域协同共享"的大数据分析平台。如果说这样一个平台是所谓的"城市大脑"，数据就是这个大脑的血液。

政务数据的整合共享是智慧城市建设的关键，也是支撑智慧城市数据运营、决策分析、数据开放的基石。图4.2所示是对智慧城市政务数据融合分析平台架构的详细描述。政务数据融合分析平台汇聚各部门已建成的"烟囱式"行业信息系统中的数据，遵循数据管理标准中的映射规则管理、字典管理、元数据管理、标准包管理等规范方法，对原本分布离散的数据进行汇聚、清洗、建模、融合，形成高质量的数据资源，重构为面向数据资产的

基础数据模型（如人口数据模型、法人数据模型）。在此过程中利用基于工单的数据质量评价与提升机制，通过质量问题分配、质量问题跟踪、质量问题趋势分析等功能，保障并提升数据质量。该架构的核心是大数据聚合分析平台。该平台包含了智慧城市横向建模大整合内核系统，一方面支持在资源、能力、行为、事件、过程、目标和价值层面按横向整合的思路逐层构建和运行智慧城市对象公共信息模型；另一方面集成了大数据公共基础计算资源和传统数据仓库体系的资源。传统数据仓库体系资源一方面可以按主题建模产生数据集支持 OLAP（Online Analytical Processing，在线分析处理）类应用，提供数据可视化和决策支持服务，另一方面可以基于城市对象公共信息模型构建的城市对象数据库直接生成操作数据集支持 OLTP（OnLine Transaction Processing，联机事务处理过程）类应用。如上两类数据和服务资源一方面可利用 Restful 风格的 Web 服务向上支撑各类大整合的应用，另一方面可通过数据交换平台对传统竖井式应用提供数据服务。

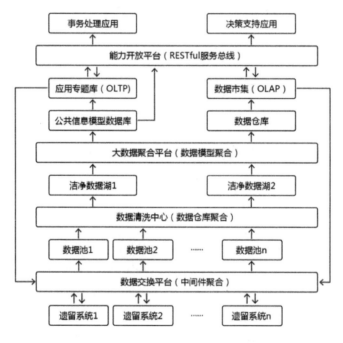

图 4.2　智慧城市政务数据融合分析平台

4.1.2.4　安全防护

智慧城市中，大部分数据将从各类日常交易的电子记录中获取，多数情况下这些多元的记录数据附带有居民身份和时空地理信息。随着居民生活对智能网络依赖性的增长，个人、家庭的生活信息通过物联网全方位暴露，使个人信息泄漏风险加剧。例如，智慧社区个人 IP、身份、住址的信息泄漏，增加了个人遭受金融诈骗的风险。在智慧城市建设的初期，人们普遍缺乏个人信息保护意识，也缺乏安全防护实践，民生领域中信息安全所面临的问题变得更为复杂。

4.2 智慧城市数据资源面临的安全风险

1. 数据泄漏

智慧城市中，几乎所有行为都被信息系统记录成了各种日志或视频文件，这些电子记录中大都包含居民的个人隐私信息，因此数据泄漏的机会空前增多。造成数据泄漏的原因或途径大体上分为五种，一是内部人员的恶意操作；二是外部攻击者采取网络攻击或入侵的方式获取数据；三是不恰当的信息共享或发布；四是数据残留，即是数据在被以某种形式擦除后所残留的物理表现，存储介质被擦除后可能留有一些物理特性使数据能够被重建并被非授权访问；五是数据访问权限设置不当，使得合法用户有越权访问的机会，越权访问不一定最终造成数据泄漏，它本身也是数据安全威胁的一种情况，后面会专门介绍。

内部人员通常是在利益的驱使下，从内部批量获得包含用户个人信息的业务数据，转卖给网络地下产业链上下游买家，这些买家再利用这些信息进行商业推广活动甚至是诈骗勒索等违法活动。某知名电商网站的一个内部人员将大量用户网上购物的交易信息出售给诈骗分子，诈骗分子以用户所购商品无货需要办理退款为理由，索要用户的银行信息，然后冒充用户身份，成功盗取用户银行账户上的资金。

外部攻击者窃取数据的手段越来越隐蔽，早期大量使用拖库的方法，即在获得数据库高级访问权限之后，批量从数据库导出数据。近年来更多采用低频率撞库的方法，即用已知的账号、密码去尝试登录该账号在另一个系统中的账号。

有些共享或公开发布的数据，貌似已经匿名化的脱敏处理，实际做的并不彻底。攻击者可能从公布的数据中恢复出 2014 年纽约市的出租车和豪华轿车管理委员会发布的数亿条城市出租车行车记录，这些记录都是匿名的，从理论上保护了个人可识别信息。实际上，数据记录是一种格式形式，这种格式可以让软件工程师重新识别出租车及其司机的驾驶证编号。在记录首次公布的数月之后，一名 Gawker 网站的记者将这些记录与名人乘坐出租车的情况联系起来，猜测他们的乘车路线，甚至他们给出的小费。

在云计算环境中，数据残留更有可能会无意泄漏敏感信息，因此，云服务提供商应能向云用户保证其鉴别信息所在的存储空间被释放或再分配给其他云用户前得到完全清除，无论这些信息是存放在硬盘上还是在内存中。云服务提供商应保证系统内的文件、目录和数据库记录等资源所在的存储空间被释放或重新分配给其他云用户前得到完全清除。

2. 数据伪造

智慧城市的数据资源很多来自与物联网环境的传感器，数据报送过程中有可能被人为篡改。反之亦然，智能终端也可能接收到伪造的数据。对数据的伪造或篡改也是智慧城市数据资源面临的一种安全威胁。

典型的伪造报送数据的案例是，2014年10月两名安全研究人员发现西班牙Endesa、Iberdrola和E.ON三大主要电力公司的800万智能电表中存在漏洞，该漏洞将使得入侵者成功进行电费欺诈，甚至关闭电路系统。越来越多的智慧应用（如预定外卖、预约出租车或解锁共享单车），都需要GPS定位信息。由于GPS发射的信号未经加密，"黑客"可以利用SDR（software defined radio，软件定义的无线电）设备伪造卫星信号，发射到指定的区域内，进而影响这一范围内的目标设备。早在2008年，德克萨斯州立大学奥斯汀分校的Humphreys教授已经研发出了业内公认的GPS欺骗攻击系统（GPS spoofer），该系统针对导航系统发送虚假信号，几乎能够以假乱真。数据的伪造篡改还可能发生在其他的应用场景，如智能汽车、智能医疗等。

3. 越权访问

智慧城市中的大部分数据资源需要开放共享，但是由于访问权限设置不当，造成合法用户有机会访问到非授权的数据内容。对于数据平台系统自身存在漏洞并被攻击者所利用，对数据进行非授权访问的行为，在本书中归纳到数据泄漏的情形。因为在这种平台被入侵的情况下，结果一定是数据泄漏。而合法用户的非授权访问，并不一定造成数据泄漏。

4. 数据损毁

数据损毁可能发生在数据采集的一侧，也可能发生在数据存储的位置。无论发生在什么位置，大都需要入侵到系统中，获得高级访问权限。还有一种造成数据损毁的原因是"逻辑炸弹"，攻击者可能在有合法访问权限的情况下，植入被称为"逻辑炸弹"的恶意程序，在某个特定时间触发该程序，对数据进行删除。

5. 数据跨境

根据2017年6月1日正是施行的《网络安全法》，对用户个人信息和业务数据的跨境存储做出了明确的限制。随着全球经济一体化程度的加深，跨国公司不可避免地参与到国内的社会经济活动中，智慧城市的建设过程中，也不可避免地使用国外的产品和服务。在这种情况下，出现个人数据的跨境存储的需求就是很自然的情况。例如，国外的智能汽车可能将用户数据上传到位于境外的数据中心。一些医学影像设备，也存在无线数据传输接口。

4.3 智慧城市数据安全防护思路

智慧城市在很大程度上依赖于实时收集和处理数据，以提高服务效率和提高应用场景感知能力。这种数据在许多情况下比传输它们的网络更有价值，特别是因为数据可以用来支持商业活动，例如，有针对性的广告或更有效的服务提供。要从这些数据中获得最大值，必须满足数据安全的三个基本特性，即数据的机密性、完整性和可用性，为了实现这些目标，必须确保数据安全是一个高度优先事项。

4.3.1 数据安全的原则和策略

智慧城市信息系统结构复杂，数据分布广泛，数据安全防护的难度和差异度非常大，因此需要对数据安全防护提出总体的原则和策略，即全面覆盖、分级保护、审计追责、守法合规等四个方面的要求。

全面覆盖：从采集生成、存储备份、分析处理、共享使用、传输发布，到销毁清除等数据生命周期中的不同阶段有针对性地提出安全管理规范和部署技术措施。

分级保护：不同的数据，其来源、内容和用途会有很大的差异，数据保护的需求也有所不同。对数据的过度保护不仅影响信息流动和使用的效率，也造成不必要的成本花费。对不同级别和类别的数据，在数据存储、数据共享、数据加密、数据销毁等环节采用不同的措施。

审计追责：对数据的全部操作和访问操作都应该记录操作员和访问者的身份信息。操作员和访问者只能使用属于自己的唯一账号，不能共享同一账号访问数据。安全措施应能够对数据的访问行为进行审计，任何对数据操作或访问行为都可以追溯到确定的个人，以便对违规行为进行追责。

守法合规：网络安全法以及相关的法律法规对数据安全都做出了一些具体要求，智慧城市数据安全防护也必须严格遵照执行。网络安全法实施以及个人信息保护法（草案）的公布，表明网络空间的个人信息保护是数据安全的重点工作。智慧城市的各种应用场景都与市民的日常生活息息相关，也必然离不开各种个人数据。

4.3.2 总体防护思路

智慧城市数据安全防护思路可以从时间、空间、业务三个维度考虑，其中数据的生命周期是时间维度，数据在智慧城市信息系统架构中所处的位置（云存储、大数据平台）是空间维度，数据的状态（静止、传输、使用）、类型（文件、数据库、非结构等）以及访问需求是业务维度。在这样一个三维空间中，考虑空间中的每个位置所需要的安全措施。数据安全可以采用的安全措施包括：身份认证、访问控制、授权管理、操作审计、边界防护、数据加密，如图4.3所示。

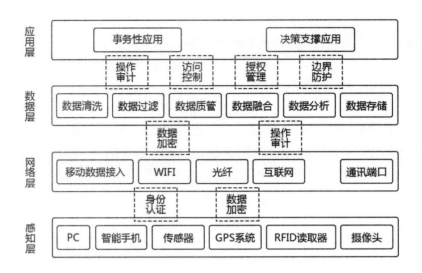

图 4.3　智慧城市数据安全防护思路

4.3.3　安全控制措施

1. 身份认证

认证（authentication）就是简单地对一个实体的身份进行判断，是最主要的系统安全机制之一。这里的实体可能是用户，也可能是系统的组件。智慧城市的数据平台一般都采用 Hadoop 项目作为基本实现。在 Hadoop 中，客户端与 NameNode 和客户端与 ResourceManager 之间初次通信均采用了 Kerberos 进行身份认证，之后便换用委托令牌认证以较小开销，而 DataNode 与 NameNode 和 NodeManager 与 ResourceManager 之间的认证始终采用 Kerberos 机制。接下来分别分析 Hadoop 中 Kerberos 和委托令牌的工作原理。

（1）Kerberos 认证协议。

KerBeros 为通信的双方提供了很好的双向认证服务，要求用户每个向服务器提交的请求及其权限，都必须预先经过第三方认证中心服务器的认证后，才被允许执行。Kerberos 具有可靠高效，维护简单的特性，Kerberos 集群里的所有机器之间使用 keytab（密钥）进行通信，确保不会有冒充服务器的情况。Kerberos 使用对称密钥操作，比 SSL 的公共密钥快。维护操作不需要很复杂的指令。比如废除一个用户只需要从 Kerberos 的 KDC 数据库中删除即可。

Kerberos 也有以下缺点。

● 采用对称加密机制，加密和解密使用相同的密钥，安全性有所降低。

● Kerberos 中身份认证服务和授权服务采用集中式管理，系统的性能和安全性也过分依赖于搭载这两个服务的服务器的性能和安全。

- 主体必须保证他们的私钥安全,如果一个入侵者通过某种方式窃取主体私钥,他就能冒充身份。
- 对于用户的提权访问,没有有效的预防机制。
- 对于内部系统运维或开发人员的入侵行为无法提供有效的预防机制。
- 对于通过类似提供 Web 公共服务入口的入侵,无有效的预防机制。

(2)委托令牌认证协议。

利用 Kerberos 获得最初认证后,客户端获得一个委托令牌,令牌赋予节点之间的某些权限。获得令牌后,客户端视情况将它传递给下一个在 Namenod 上的作业。任何获得令牌的用户可以模仿 NameNode 上的用户。Hadoop 中的令牌主要由下表列出的几个字段组成。

- TokenID = {ownerID, renewerID, issueDate, maxDate, sequenceNumber}
- TokenAuthenticator = HMAC-SHA1 (masterKey, TokenID)
- Delegation Token = {TokenID, TokenAuthenticator}

其中关键参数如下。

- 最大时间(maxData)。每个令牌与一个失效时间关联,若当前时间超过失效时间,则令牌会从内存中清楚,不能再使用。
- 序列号(sequenceNumber)。每个令牌的产生,都会使序列号增加。
- 主密钥(masterKey)。主密钥由 NameNode 随机选择并只有 NameNode 知道,随后用该密钥来生成委托令牌。

默认情况下,委托令牌有效期是 1 天。作业追踪器是重建者,跟踪作业的运行情况以更新或取消令牌。由于密钥与令牌之间有一一对应关系,一个密钥产生一个令牌,因此,过去 7 天内的密钥将会被保存,以便回收已经产生的令牌。令牌赋予了拥有节点权限并保证安全,节点根据令牌种类不同而拥有不同的权限。如持有 ResourceManager 令牌的应用程序及其发起的任务可以安全地与 ResourceManager 交互。Application 令牌保证 ApplicationMaster 与 ResourceManager 之间的通信安全。

委托令牌也存在缺点:认证用户可以与未认证用户共享委托令牌,这可能造成令牌滥用。

2. 访问控制

访问控制是指主体依据某些控制策略或权限对客体本身或是其资源进行的不同授权访问。访问控制包括三个要素,即:主体、客体和控制策略。

主体(Subject):是指一个提出请求或要求的实体,简记为 S。主体是动作的发起者,但不一定是动作的执行者。主体可以是用户或其他任何代理用户行为的实体(例如,进程、作业和程序)。我们这里规定实体(Entity)表示一个计算机资源(物理设备、数据文件、内存或进程)或一个合法用户。

客体(Object):是接受其他实体访问的被动实体,简记为 O。凡是可以被操作的信息、资源、对象都可以认为是客体。

控制策略:是主体对客体的访问规则(操作行为及其约束条件)集,简记为 KS。

访问控制模型是一种从访问控制的角度出发,描述安全系统,建立安全模型的方法。常见的访问控制模型分为三类:基于角色的访问控制(RBAC),基于属性的访问控制(ABAC)和基于角色任务的访问控制(TBAC)。

(1)基于角色的访问控制(RBAC,Role-based Access Control)。

RBAC 模型的基本思想是将访问许可权分配给一定的角色,用户通过饰演不同的角色获得角色所拥有的访问许可权。这是因为在很多实际应用中,用户并不是可以访问的客体信息资源的所有者(这些信息属于企业或公司),这样的话,访问控制应该基于员工的职务,而不是基于员工在哪个组,或是什么信息的所有者,即访问控制是由各个用户在部门中所担任的角色来确定的,例如,一个学校可以有教工、老师、学生和其他管理人员等角色。

RBAC 从控制主体的角度出发,根据管理中相对稳定的职权和责任来划分角色,将访问权限与角色相联系,这点与传统的 MAC 和 DAC 将权限直接授予用户的方式不同;通过给用户分配合适的角色,让用户与访问权限相联系。角色成为访问控制中访问主体和受控对象之间的一座桥梁。

(2)基于属性的访问控制(ABAC,Attribute-based Access Control)。

ABAC 模型是一种为解决行业分布式应用可信关系访问控制模型,它利用相关实体(如主体、客体、环境)的属性作为授权的基础来研究如何进行访问控制。在基于属性的访问控制中,访问判定是基于请求者和资源具有的属性,请求者和资源在 ABAC 中通过特性来标识,而不像基于身份访问控制那样只通过 ID 来标识,这使得 ABAC 具有足够的灵活性和可扩展性,同时使得安全的匿名访问成为可能,这在大型分布式环境下是十分重要的,如图 4.4 所示。

第 4 章 城市"数据大脑"的智慧源泉——数据资源安全 | 99

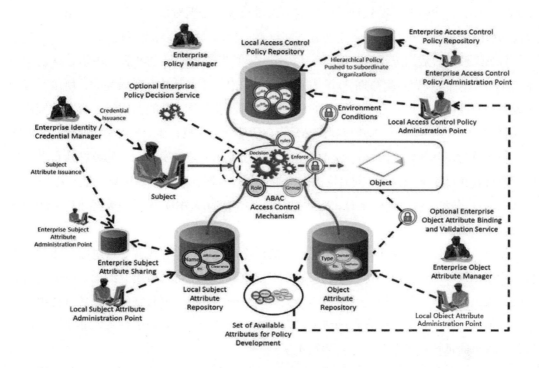

图 4.4 基于属性的访问控制

ABAC 是"下一代"授权模型,在结构化语言中使用属性作为构建基石来定义并实施访问控制,提供上下文相关的细粒度动态访问控制服务。使用主体、资源、环境的 AD 组、Apache Atlas 的标签或分类、地理位置等属性,提供一种现代化的高级策略方法。这种方法使合规人员和安全管理员可以通过一个非常有效的方式来定义精确而直观的安全策略,利用额外的用户上下文数据(IP,AD 组等)来轻松管理策略。

(3)基于任务的访问控制(TBAC,Task-based Access Control)。

前述的访问控制模型都是从系统的角度出发去保护资源(控制环境是静态的),在进行权限的控制时没有考虑执行的上下文环境。数据库、网络和分布式计算的发展,组织任务进一步自动化,与服务相关的信息进一步计算机化,这促使人们将安全问题方面的注意力从独立的计算机系统中静态的主体和客体保护,转移到随着任务的执行而进行动态授权的保护上。此外,上述访问控制模型不能记录主体对客体权限的使用频率和时限,权限没有时间限制,只要主体拥有对客体的访问权限,主体就可以无数次地执行该权限。综合上述原因,需要引入工作流的概念。工作流是为完成某一目标而由多个相关的任务(活动)构成的业务流程。当数据在工作流中流动时,执行操作的用户在改变,用户的权限也在改变,这与数据处理的上下文环境相关。

一个工作流的业务流程由多个任务构成。而一个任务对应于一个授权结构体,每个授权结构体由特定的授权步组成。授权结构体之间以及授权步之间通过依赖关系联系在一起。

在 TBAC 中，一个授权步的处理可以决定后续授权步对处理对象的操作许可，上述许可集合称为激活许可集。执行者许可集和激活许可集一起称为授权步的保护态。

TBAC 模型一般用五元组（S，O，P，L，AS）来表示，其中 S 表示主体，O 表示客体，P 表示许可，L 表示生命期，AS 表示授权步。由于任务都是有时效性的，所以在基于任务的访问控制中，用户对于授予他的权限的使用也是有时效性的。因此，若 P 是授权步 AS 所激活的权限，那么 L 则是授权步 AS 的存活期限。在授权步 AS 被激活之前，它的保护态是无效的，其中包含的许可不可使用。当授权步 AS 被触发时，它的委托执行者开始拥有执行者许可集中的权限，同时它的生命期开始倒计时。在生命期期间，五元组（S，O，P，L，AS）有效。生命期终止时，五元组（S，O，P，L，AS）无效，委托执行者所拥有的权限被回收。

TBAC 的访问政策及其内部组件关系一般由系统管理员直接配置。通过授权步的动态权限管理，TBAC 支持最小特权原则和最小泄漏原则，在执行任务时只给用户分配所需的权限，未执行任务或任务终止后用户不再拥有所分配的权限；而且在执行任务过程中，当某一权限不再使用时，授权步自动将该权限回收；另外，对于敏感的任务需要不同的用户执行，这可通过授权步之间的分权依赖实现。

TBAC 从工作流中的任务角度建模，可以依据任务和任务状态的不同，对权限进行动态管理。因此，TBAC 非常适合分布式计算和多点访问控制的信息处理控制以及在工作流、分布式处理和事务管理系统中的决策制定。

3. 授权管理

Hadoop 平台组件的授权机制是通过访问控制列表（ACL）实现的。访问控制列表授权了哪些可以访问，哪些无法访问。按照授权实体，可分为作业队列访问控制列表、应用程序访问控制列表和服务访问控制列表。

（1）作业队列访问控制列表。

为了方便管理集群中的用户，Hadoop 组件将用户/用户组分成若干队列，并可指定每个用户/用户组所属的队列。在每个队列中，用户可以进行作业提交、删除等。通常而言，每个队列包含两种权限：提交应用程序权限和管理应用程序权限（比如，杀死任意应用程序），这些可以通过配置文件设置。

（2）应用程序访问控制列表。

应用程序访问控制机制的设置方法是在客户端设置对应的用户列表，这些信息传递到 ResourceManager 端后，由它来维护和使用。为了用户使用方便，应用程序可对外提供一些特殊的可直接设置的参数。以 MapReduce 作业为例，用户可以为每个作业单独设置查看和修改权限。默认情况下，作业拥有者和超级用户（可配置）拥有以上两种权限且不可以修改。

（3）服务访问控制列表。

服务访问控制是 Hadoop 提供的最原始的授权机制，它用于确保只有那些经过授权的客户端才能访问对应的服务。比如，可设置访问控制列表以指定哪些用户可以向集群中提交应用程序。服务访问控制是通过控制各个服务之间的通信协议实现的，它通常发生在其他访问控制机制之前，比如，创建账户文件权限检查、队列权限检查等。该授权机制的缺陷是，由于需要维护大量的访问控制列表，授权也给系统带来了不小的开销。

4. 边界防护

Kerboros 的认证机制，对于内部系统运维或开发人员的入侵行为以及对于通过类似提供 Web 公共服务入口的入侵无法提供有效的预防机制。在大数据平台的边界增加边界网关，所有对平台数据的访问，都通过边界网关代理执行，就可以有效解决上述问题。边界网关很好地补充了 Kerberos 安全功能。

边界网关被设计为反向代理，同时考虑到策略执行，通过提供程序和它代理所请求的后端服务。策略执行范围从身份验证/联合、授权、审计、分派、主机映射到和内容重写规则。策略通过拓扑结构中定义的一系列提供者来执行，这些提供者在每个由边界网关代理的 Hadoop 集群的部署描述符中定义。拓扑部署描述符用于面向用户的 URL 和集群内部之间的路由和转换。

每个由边界网关保护的 Hadoop 集群都有它的一组 REST API，这些 API 由一个特定的应用程序上下文路径的集群表示。这使得边界网关既可以保护多个集群，又可以用单一端点代表 REST API 使用者跨多个集群访问所需服务。

边界安全网关应尽可能多的支持 Hadoopp 平台上的组件和用户界面，并支持单点登录和记录操作行为日志的功能。

5. 操作审计

操作审计是发现数据安全威胁不可或缺的安全措施。实现操作审计时应坚持"集中分析、全面覆盖、跨度合规"的原则，即将所有行为日志集中到一个专门的空间进行存储，进行统一审计。行为日志记录要覆盖所有的数据平台的组件和全部的维护操作与访问行为。日志留存的时间跨度要达到 6 个月，以满足相关法律要求。

Hadoop 平台自身具有日志记录和集中存储的能力，可以自定义审计策略。智能城市的数据融合共享平台中，可能还有结构化数据库系统。为应对安全威胁，可采用基于深度报文解析和深度报文流检测机制的数据库审计解决方案，数据库审计系统是 Hadoop 自身安全机制之外一个良好的补充。

数据库审计系统可通过实时记录网络上的数据库活动，利用 DPI/DFI[①]技术将所有与 Hadoop 交互的报文深度解析重组，根据预先定义的规则进行细粒度审计，对数据库遭受的风险、违规操作行为进行不同级别的风险告警，同时对数据库的风险行为记录、分析和汇报，用来事后生成报告，帮助用户归根溯源，加强内部数据库安全建设，提高数据资产安全。

数据库审计系统能否对 Hadoop 架构下的数据安全起到有效防护，关键取决于报文解析重组能力的高低，如用户的越权操作。数据库审计系统在底层捕获到用户 A 访问了 Hadoop 对象 B 的报文，通过报文解析并与规则进行匹配，发现实际上并未分配给 A 访问 B 的权限，由此可以断定用户 A 访问对象 B 存在越权行为，但数据库自身安全机制因被攻破，无法做出预警，而数据库审计系统以独立的第三方系统运行，可直接从底层捕获报文分析，通过限定 B 的用户对象规则来预防越权访问，当发现有访问 B 的用户对象不在规则范围则立刻进行报警等相应措施。

6. 数据加密

数据加密的需求分为两部分，一是对静止存储状态数据进行加密，二是对传输中的数据加密。静止数据的加密分为操作系统级加密，磁盘加密，第三方加密几种实现方式。例如，dm-crypt，就是 Linux v2.6 核心下的透明磁盘加密子系统。HDFS 的加密区（Encryption Zone）是一种端到端（end-to-end）的加密模式。其中的加/解密过程对于客户端来说是完全透明的。数据在客户端读操作的时候被解密，当数据被客户端写的时候被加密，所以 HDFS 本身并不是一个主要的参与者，形象地说，在 HDFS 中，你看到的只是一堆加密的数据流。

Hadoop 平台运行中，组件之间，客户端与服务之间存在大量的数据传输，如映射器（Mapper）到汇聚器（Reducer）之间通过 HTTP 协议的数据传输。Hadoop 平台上传输中的数据加密是通过 Wire 组件实现的，该组件支持对通过 Hadoop over RPC、HTTP、Data Transfer Protocol （DTP）和 JDBC 传输的数据。

4.4　智慧城市数据安全防护实践

智慧城市的数据管理必须采用大数据平台，因此，智慧城市的数据安全实践在很大程度上等同于大数据平台的安全实践。本节简要介绍几个企业对大数据安全的理解和典型做法，供读者参考。

[①] DPI：Deep Packet Inspection，深度数据包检测。
　　DFI：/Deep/Dynamic Flow Inspection 深度/动态流检测。

4.4.1 安恒大数据安全实践

安恒信息针对 Hadoop 大数据平台存在认证安全、授权控制不明确、敏感数据及隐私泄漏、安全审计四方面的安全问题推出 AiLPHA 大数据安全屋产品,来提供大数据平台账号管理与身份认证、授权与访问管理、数据识别与防泄漏、安全监测与审计等安全能力。通过在 Hadoop 大数据平台边界部署 AiLPHA 大数据安全网关,实现对用户身份集中认证,实现对大数据平台的边界安全防护;通过实施统一的访问控制和授权管理,实现对用户的组件权限及细粒度的访问控制;通过加密、数据脱敏等技术防止敏感数据泄漏;通过对各系统产品的访问行为进行流量审计、日志进行收集与归并,实现对用户业务操作全过程的检测与审计,实现数据在流转的各阶段的安全。AiLPHA 大数据安全屋与 Hadoop 大数据平台的部署,如图 4.5 所示。

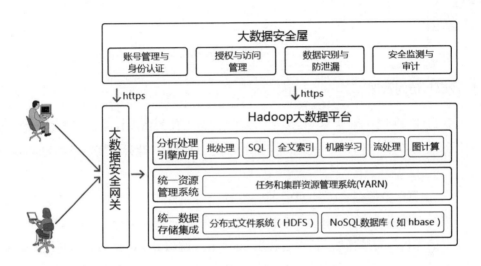

图 4.5　安恒 AiLPHA 大数据安全屋防护框架

AiLPHA 大数据安全网关作为用户访问 Hadoop 大数据平台的唯一入口,提供安全便捷,用户对 Hadoop 大数据平台资源访问通过大数据安全屋进行转发,大数据安全管理平台则实现对大数据安全屋策略集中管理,对 Hadoop 大数据平台进行检测和审计,实现以下的防护功能。

1. 账号管理与身份认证

大数据安全网关以逻辑串联的方式接入,作为用户访问的唯一入口,提供了 Hadoop 集群与外界的唯一交互接口,完成授权、认证、审计以及单点登录等。同时大数据安全屋完美兼容 Kerberos,同时提供了基于 LDAP(Active Directory)和 SAML 的认证服务,方便用户通过定义组织和角色的方式进行身份认证。通过提供统一的安全认证服务,实现对

Hadoop 集群的统一认证与访问控制，有效保障了 Hadoop 集群的访问安全，如图 4.6 所示。

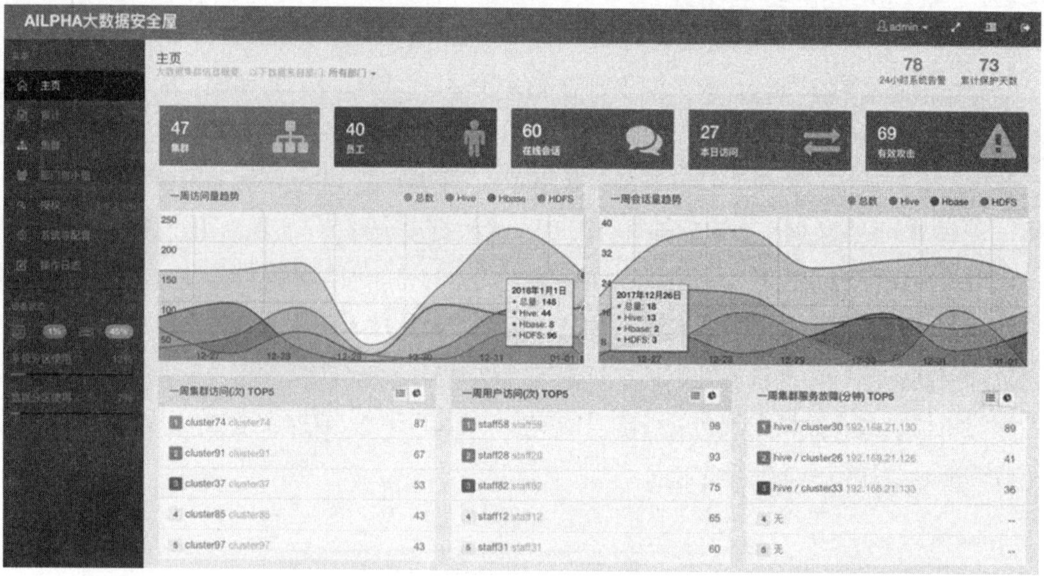

图 4.6　大数据安全屋功能图

2. 授权与访问管理

在大数据安全屋上可根据客户的组织架构来划分组件的访问权限，下发给大数据网关来执行访问控制，实现对 Hadoop 集群访问的集中授权管理，最大限度地保障 Hadoop 集群的安全。

Hadoop 集群中数据存储在 HDFS、hbase、hive 等组件中，根据最小权限原则，大数据安全屋采用插件的方式实现细粒度的权限管控。如需要对 hive 进行细粒度权限划分，则只需要在集群的主机中安装插件，插件会利用 hook 方式调用各个组件服务达到权限管理。从而实现一致的访问权限管控配置和实施过程，避免了不同服务组件分开授权导致的权限设置混乱。

3. 数据识别和防泄漏

大数据安全屋内置了常见的敏感数据规则，通过对 Hadoop 集群中的数据进行扫描，发现敏感数据并进行标签化，对标签化后的特定数据实现高精度的访问控制和泄漏保护。例如通过大数据安全屋对标签化的数据进行细粒度的访问控制，在含有隐私敏感数据通过大数据安全屋时进行脱敏处理等。

4. 安全监测和审计

大数据安全屋针对 Hadoop 集群提供了主机运维审计、应用审计、系统监测等全方位的检测与审计服务，针对数据归一化和标准化入库处理，利用大数据分析技术，可以有效地还原大数据平台内的完整活动记录,进行可视化展现,可以有效地追踪数据流向,发现违规数据操作,实现事中的安全监控以及事后的行为追踪取证。

应用审计:可以通过流量代理的方式对大数据集群中的 hbase、hive、http 请求进行审计,支持对 hbase 的三种不同的协议进行审计,如采用 protobuf 通信协议的操作、采用 Thrift 协议的请求进行审计。为大数据安全提供追踪溯源的能力。

主机审计:集成堡垒机的功能,加强大数据主机安全,通过该模块,对所有的操作进行详细记录,并提供综合查询功能;审计日志可以在线播放也可以离线播放,所有的审计日志支持自动备份和自动归档。

系统监测:通过在 Hadoop 集群中的每个节点部署基于操作系统内核级别的监测探针(Security Agent),实时收集各个节点产生的安全日志,对主机实现安全监测与防护。

通过部署安恒大数据安全屋,为大数据平台提供整套的安全解决方案,全方位地解决大数据平台的安全问题。

4.4.2 阿里云大数据安全实践

阿里云数加大数据平台提供从数据采集、加工、数据分析、机器学习到最后数据应用的全链路技术和服务。基于阿里云数加大数据平台,除了可以打造智能可视化透明工厂、智能交通实时预测和实时监控监测、智能医院就医接诊服务,以及大数据网络安全态势感知系统外,还可以打造成一个满足政府不同部门以及政企之间实现数据共享的数据交换平台。为了保障数据共享和交换过程中的数据安全,数加大数据平台通过安全机制和管控措施实现不同用户之间数据的"可用不可见",如图 4.7 所示。

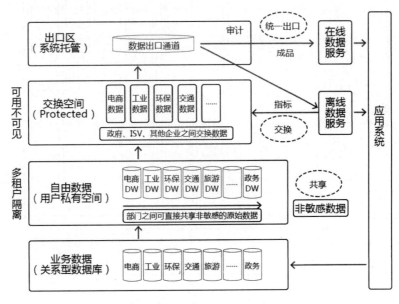

图 4.7 阿里云数加大数据平台安全框架

为确保数据交换和共享的安全，避免数据滥用，阿里云数加平台提供了一系列安全措施。

- 密钥管理和鉴权。提供统一的密钥管理和访问鉴权服务，支持多因素鉴权模型。
- 访问控制和隔离。实施多租户访问隔离措施，实施数据安全等级划分，支持基于标签的强制访问控制，提供基于ACL的数据访问授权模型，提供全局数据视图和私有数据视图，提供数据视图的访问控制。
- 数据安全和个人信息保护。提供数据脱敏和个人信息去标识化功能，提供满足国产密码算法的用户数据加密服务。
- 安全审计和血缘追踪。提供数据访问审计日志，支持数据血缘追踪，跟踪数据的流向和衍生变化过程。
- 审批和预警。支持数据导出控制，支持人工审批或系统预警；提供数据质量保障系统，对交换的数据进行数据质量评测和监控、预警。
- 生命周期管理。提供从采集、存储、使用、传输、共享、发布、到销毁等基于数据生命周期的技术和管理措施。

阿里云基于数据生命周期构建全面的数据安全保障体系，从数据行为、数据内容、数据环境等角度提供技术和管理措施，如图4.8所示。

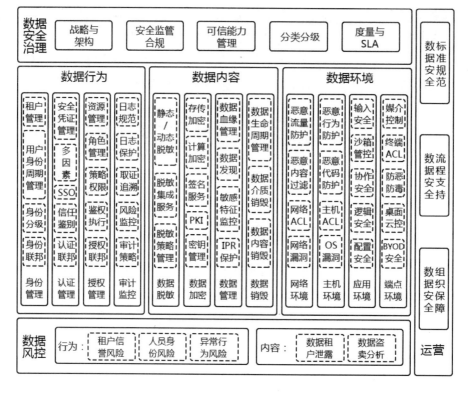

图4.8 阿里云大数据安全管控体系

通过实施阿里云大数据安全管控体系，提供"可用不可见"的大数据交换共享平台安全环境，以保障大数据在"存储、流通、使用"过程中的安全。

4.4.3 华为大数据安全实践

华为大数据分析平台 FusionInsight 基于开源社区软件 Hadoop 进行功能增强，提供企业级大数据存储、查询和分析的统一平台，帮助企业快速构建海量数据信息处理系统。

FusionInsight 是完全开放的大数据分析平台，并针对金融、运营商等数据密集型行业的运行维护、应用开发等需求打造了高可靠、高安全、易使用的运行维护系统和全量数据建模中间件。华为 FusionInsight 大数据分析平台框架图如图 4.9 所示。

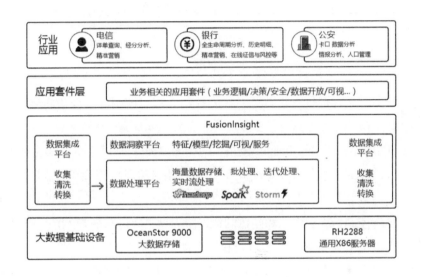

图 4.9 华为 FuisonInsight 大数据分析平台框架图

大数据分析平台汇聚着大量数据，面临着更多的安全威胁和挑战，包括数据滥用和用户隐私泄漏问题。华为 FuisonInsight 大数据分析平台提供可运营的安全体系，从网络安全、主机安全、用户安全和数据安全方面提供全方位的安全防护，如图 4.10 所示。

- 网络安全。FusionInsight 集群支持通过网络平面隔离的方式保证网络安全。
- 主机安全。通过对 FusionInsight 集群内节点的操作系统安全加固等手段保证节点正常运行，包括更新最新补丁、操作系统内核安全加固、操作系统权限控制、端口管理、部署防病毒软件等。

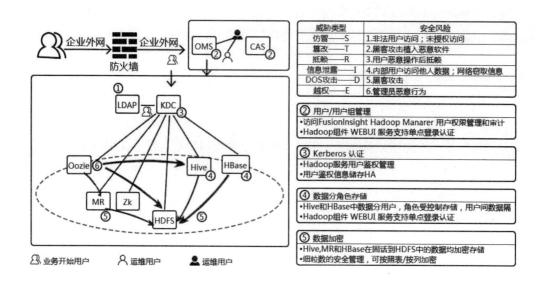

图 4.10 华为 FuisonInsight 大数据分析平台安全体系图

- 用户安全。通过提供身份认证、权限控制、审计控制等安全措施防止用户假冒、越权、恶意操作等安全威胁。

    ✓ 身份认证。FusionInsight 使用 LDAP 作为账户管理系统，并通过 Kerberos 对账户信息进行安全认证；统一了 Manager 系统用户和组件用户的管理及认证，提供单点登录。

    ✓ 权限控制。基于用户和角色的认证统一体系，遵从账户/角色 RBAC（基于角色的访问控制）模型，实现通过角色进行权限管理，对用户进行批量授权管理，降低集群的管理难度；通过角色创建访问组件资源的权限，可以细粒度管理资源（例如文件、目录、表、数据库、列族等访问权限）；将角色授予用户/用户组，简化用户/用户组的权限配置。

    ✓ 审计日志。FusionInsight 审计日志中记录了用户操作信息，可以快速定位系统是否遭受恶意的操作和攻击，并避免审计日志中记录用户敏感信息；确保每一项用户的破坏性业务操作被记录审计，保证用户业务操作可回溯；为系统提供审计日志的查询、导出功能，可为用户提供安全事件的事后追溯、定位问题原因及划分事故责任的重要手段。

- 数据安全。从集群容灾、备份、数据完整性、数据保密性等方面保证用户数据的安全。

    ✓ 文件系统加密：Hive、HBase 可以对表、字段加密，集群内部用户信息禁止明文存储。

    ✓ 加密灵活：加密算法插件化，可进行扩充，亦可自行开发。非敏感数据可不加密，不影响性能。

    ✓ 业务透明：上层业务只需指定敏感数据（Hive 和 HBase 表级、列级加密），加解密过程业务完全不感知。

- 数据容灾。FusionInsight 集群容灾为集群内部保存的用户数据提供实时的异地数据容灾功能；它对外提供了基础的运维工具，包含主备集群关系维护，数据重建，数据校验，数据同步进展查看等功能。

4.4.4 京东大数据安全实践

数据资源已经成为一种基础战略资源，数据的共享和流通会产生巨大价值。然而，数据资源在流通过程中却面临着诸多瓶颈和制约，尤其是当数据是一种特殊的数字内容产品时，其权益保护难度远大于传统的大数据，一旦发生侵权问题，举证和追责过程都十分困难。

为了解决这些问题，京东万象数据服务平台利用区块链技术对流通的数据进行确权溯源，如图4.11所示。数据买家在数据服务平台上购买的每一笔交易信息都会在区块链中存储起来，数据买家通过获得交易凭证可以看到该笔交易的数字证书以及该笔交易信息在区块链中的存储地址，待买家需要进行数据确权时，登录用户中心进入查询平台，输入交易凭证中的相关信息，查询到存储在区块链中的该笔交易信息，从而完成交易数据的溯源确权。

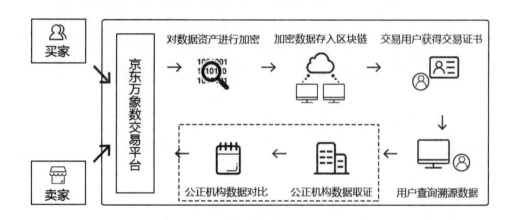

图 4.11 京东万象数据服务平台安全框架

在安全保障方面，为了防止数据流通过程中的个人身份冒用问题，京东万象数据服务平台通过使用公安部提供的个人身份认证服务对用户身份进行识别和保护。京东万象数据服务平台结合公安部 eID 技术，该技术以密码技术为基础、以智能安全芯片为载体、由"公安部公民网络身份识别系统"签发给公民的网络身份标识，能够在不泄漏身份信息的前提下在线远程识别用户身份。京东万象数据服务平台通过区块链溯源和 eID 技术，有效解决了合法用户基于互联网开展大数据安全交易的数字产品版权保护问题，保障了数据拥有者在数据交易中的合法权益。

4.4.5 中国移动大数据安全实践

为应对大数据应用服务过程中数据滥用和个人隐私安全风险，中国移动建立了完善的大数据安全保障体系，目标是保护大数据权属性、保密性、完整性、可用性、可追溯性，实现大数据"可管、可控、可信"，保护公司各领域大数据资产及用户隐私。大数据安全保障体系框架如图 4.12 所示。

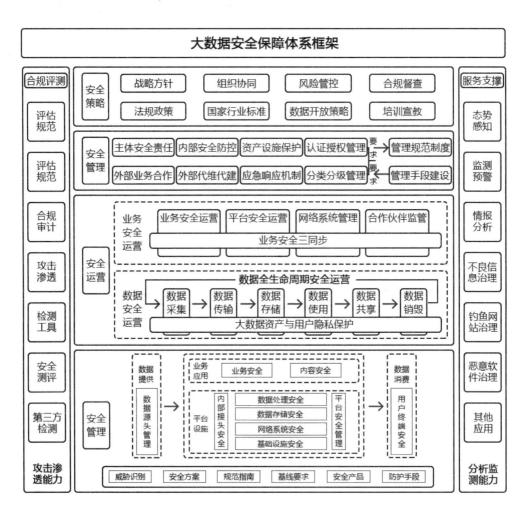

图 4.12 中国移动大数据安全保障体系框架

中国移动大数据安全保障体系涉及安全策略、安全管理、安全运营、安全技术、合规评测、服务支撑等六大体系。

- **安全策略体系**：是在遵循国家大数据安全政策框架的基础上，开展顶层设计，明确公司大数据安全总体策略，指导相关管理制度、技术防护、安全运营、合规评测、服务支撑工作的开展，是其他体系建设的基本依据。

- 安全管理体系：是通过管理制度建设，明确运营方安全主体责任，落实安全管理措施，相关制度包括第三方合作管理、内部安全管理、数据分类分级管理、应急响应机制、资产设施保护和认证授权管理等安全管理规范要求。
- 安全运营体系：是通过定义运营角色，明确运营机构安全职责，实现对大数据业务及数据的全流程、全周期安全管理，通过对大数据的平台系统、业务服务、数据资产和用户隐私的有效安全运营管控，保障业务可持续健康发展。
- 安全技术体系建设：目标是有效预构塔防能力，包括基础设施、网络系统、数据存储、数据处理以及业务应用等层次安全防护。通过制定涉及网络、平台、系统、数据、业务系列安全技术规范支撑开展安全防护能力建设。
- 安全合规评测体系：建设目标是持续优化安全评估能力，通过合规评估、安全测试、攻击渗透等手段，实现对大数据业务各环节风险点的全面评估，保障安全管理制度及技术要求的有效落实。
- 大数据服务支撑体系：理念是"安全保数据、数据促安全"，重点是基于大数据资源为信息安全保障提供支撑服务，如基础安全态势感知、数据安全监测预警、情报分析舆情监测，以及不良信息治理等安全领域的应用。通过开展大数据在大数据安全管控等各个领域的应用研究，为信息安全管控提供新型的支撑服务手段。

中国移动对用户个人信息的各个处理环节施行严格规定与落实，具体如下。

- 对客户信息所包含的内容进行界定、分类及分级。
- 明确信息安全管理责任部门及职责。对各部门的职责进行了严格要求和细致规定，并明确相关岗位角色及权限。
- 对客户敏感信息操作进行严格管理。对于涉及用户敏感信息的关键操作，严格遵守金库模式保护要求，采取"关键操作、多人完成、分权制衡"的原则，实现操作与授权分离。
- 设立客户信息安全检查制度。
- 不断提高客户信息系统技术管控水平。
- 严控第三方信息安全风险。

另外，中国移动自主研发了大数据安全管理平台——雷池，实现数据的统一认证、集中细粒度授权、审计监控、数据脱敏以及异常行为检测告警，可对数据进行全方位安全管控，做到事前可管、事中可控、事后可查。

4.4.6 IBM 大数据安全实践

IBM Security Guardium 是一个完整的数据安全平台，提供了一套完整的能力，比如敏感数据的发现、分类、分级、安全性评价、数据和文件活动检测，通过伪装、阻断、报警和隔离保护敏感数据。

Guardium 不仅保护数据库，它还被扩展到保护数据仓库、ECM、文件系统和大数据环境等。除了安全平台，IBM 架构提供了云上应用构建的实践。IBM 为大数据分析和安全开发了客户云架构，这个架构作为参考架构和行业标准在 CSCC 发布，它描述了使用云计算托管大数据分析解决方案的厂商构成这个架构的所有组件的细节。这个参考架构的所有组件都可以用开源技术实现。

- IBM 安全参考架构和数据安全。

IBM 安全参考架构提供了保护云上部署，开发和运维的安全组件的概览，如图 4.13 所示。

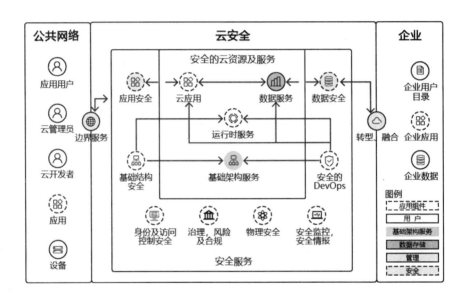

图 4.13　IBM 安全参考架构

在谈及数据安全时我们通常需要区分静态数据和动态数据。数据安全旨在发现、分类和保护云数据和信息资产，重点在于对静态数据和动态数据的保护。

IBM 数据安全架构包括所有数据类型，如传统企业数据及大数据环境中任意形式的数据（结构化的和非结构化的）。IBM 数据安全架构囊括了基于治理、风险和合规的数据安全所需要的各个模块，以下总结了云计算解决方案中需要考量的数据安全相关的关键模块。

- 数据保护。

一个完备的云计算数据保护解决方案需要考虑将以下服务选项提供给客户。

✓ 云环境中的静态数据加密。
✓ 存储块和文件存储加密服务。
✓ 使用 IBM Cleversafe 的对象存储加密。
✓ 使用 IBM Cloud Data Encryption Services（ICDES）的数据加密服务。
✓ 基于云的硬件安全模块（HSM）。

✓ 使用 IBM Key Project 的密钥管理和证书管理。

针对以上的每一个服务选项，都需要制定一套具体的流程、控制方案和实施策略用于实施。

- 数据完整性。

数据完整性旨在维护和保证数据在其整个生命周期中的准确性和一致性。在本文的语境中，数据完整性指的是如何防范数据被外界篡改。数据的哈希值可用于检测数据是否被非法篡改。这个方法可以用于对静态数据和动态数据提供保护。

- 数据分类和数据活动监测。

数据分类是帮助保护关键信息安全的有效方法。在保护敏感信息之前，必须确定和鉴别它的存在。自动化发现和分类过程，是防止泄漏敏感信息数据保护策略的关键组件。Guardium 提供了集成的数据分类能力和无缝的方法来发现、鉴别和保护最关键数据，不管是在云上还是在数据中心。

Guardium 也可以提供数据活动监测，以及通过认知分析来发现针对敏感数据的异常活动，防止未授权的数据访问，也提供可疑活动的警报，自动化合规性流程，并抵御内部和外部攻击。

- 数据隐私和法律法规。

数据隐私决定了在相关政策和法律法规所规定的范围内，如何对信息（特别是与个人相关的信息）进行采集、使用、分享和处置。

根据 IBM 的政策，每一个云服务都需要实现技术上和组织上的安全与隐私保护措施。这些措施都是根据云服务的架构、使用目的及服务类型来实现的。无论服务的类型如何，IBM 关于每一个云服务的具体管理责任，都会在相关的协议中列出。

第5章 城市"数据大脑"的动力系统——工业互联网安全

5.1 工业互联网是城市的动力保障

5.1.1 工业互联网基本情况

工业互联网就是在工业制造领域,以数字化、网络化、智能化为主要特征,通过网络、平台、安全三大功能体系构建的人、机、物全面互联的新型网络基础设施。区别于普通的智能制造,工业互联网通过将工业生产制造与物联网、云计算、大数据、人工智能等新一代信息技术融合,实现工业设计、制造、管理、销售、流通等全生命周期的数字化、网络化、智能化,联结的不仅仅有物与机器,还有工业生产制造中的人。通过打通工业数据孤岛,促进工业全要素、全流程、全产业链的互联互通。工业互联网能加速传统工业生产效率提升、销售模式创新、产业结构优化与经济转型升级,将使工业企业效率提高20%、成本下降20%、能耗下降10%,如图5.1所示。

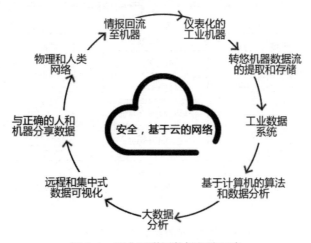

图 5.1 工业互联网数据环路示意

工业互联网的产生和发展是现代工业生产活动需求与信息科技进步相结合的必然产

物。一方面工业活动相关各环节联系日趋紧密，工业设计、制造、管理、销售、流通等环节已经是不可分割的完整关联系统，工业生产、制造不懈追求高精准，海量数据的分析处理必然深度融入工业活动之中，对工业互联网的产生提出了客观需求；另一方面工业生产、制造、管理智能化程度极大提高，高效率、低成本、互联通、标准化的共享平台发展迅猛，为工业互联网的产生提供了现实可能。

在具体内容上，工业互联网包括网络互联、数据流动、安全保障三大要素，这也是理解工业互联网的三个维度。其中，网络互联是基础。工业互联网将工业系统的各种元素连接起来，实现包括生产设备、控制系统、工业物料、工业产品和工业应用在内的泛在互联，形成工业数据跨系统、跨网络、跨平台流通路径。数据流动是核心。工业互联网通过对工业数据的实时采集、存储、交换、分析、处理与智能决策，实现对资源部署与生产管理的动态优化，实现工业生产、制造、管理、销售等环节的高效化、智能化变革。安全保障是前提。工业互联网的信息安全保障覆盖工业设备、网络、平台及数据等各个层面，涉及工业控制系统安全、工业网络安全、工业云安全和工业大数据安全等内容，是工业企业生产安全的重要组成部分。

由工业互联网的三大要素派生出三个基本功能体系，即网络体系、平台体系和安全体系，三个功能体系相互独立且互相联系。网络体系实现网络互联，是数据流动的基础；平台体系为数据汇聚、建模分析、应用开发、资源调度、监测管理等提供支撑，是数据流动的载体；安全体系识别和抵御风险，是数据流动的保障，如图5.2所示。

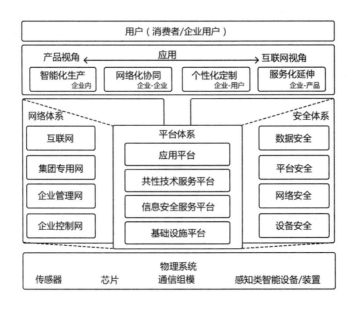

图 5.2 工业互联的基本功能体系

在具体结构上，工业互联网以平台为依托，纵向贯穿互联网、集团专用网、企业管理网和控制网。其中，工业互联网平台包括两类，一类是为工业企业提供公共服务的工业互联网平台（第三方基于云架构建设的应用平台及配套终端），主要包括工业数据存储分析、工业资源部署管理和工业应用等功能，通过大数据分析实现设备、产品的监测管理，以及生产业务环节的精准管控与调度；另一类是运行在集团或工业企业内部的生产业务平台（SCADA、MES、PLM、ERP 等），是工业设备、业务、用户数据交互的桥梁，如图 5.3 所示。

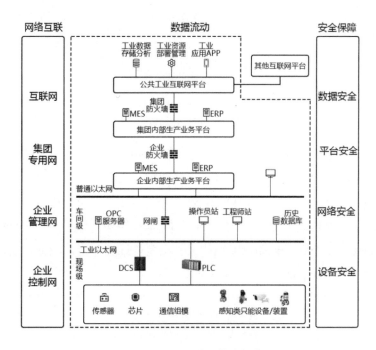

图 5.3　工业互联网基本架构

5.1.2　工业互联网发展现状

当前，全球工业互联网正加速深化发展，正处于产业生态构建和规模化扩张的关键窗口期。据埃森哲研究报告预测，2020 年，全球工业互联网投资规模将达到 5 000 亿美元，到 2030 年，工业互联网将为全球 GDP 贡献 15 万亿美元。工业互联网平台作为工业互联网实施落地与生态构建的关键载体，正成为全球主要国家和产业界布局的关键方向。以 GE、西门子为代表的跨国巨头构建的 Predix、MindSphere 等工业互联网平台日趋成熟，并加速向全球推广，工业互联网平台正成为抢占全球制造业主导权的必争之地。

其中，美国通用电气公司（GE）构建的 Predix 是全球第一个专为工业数据与分析而开发的操作系统，实现了人、机、数据之间的互联。当前已经全面开放的 Predix 平台，可以看作是工业版的安卓或者 iOS 软件平台。客户通过平台使用分布式计算、大数据分析、资产数据管理等领先技术，快速获取、分析庞大复杂又海量高速运行的工业数据，做到对机器的实时监测、调整和优化，最终实现工业制造过程的整体优化，如图 5.4 所示。

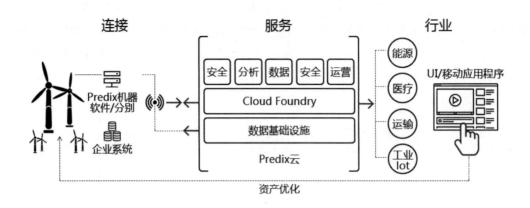

图 5.4　Predix 架构图

在 GE 推出 Predix 后，德国西门子公司（Siemens）也推出了自己的工业互联网平台 MindSphere，同样高度开放，又更为简便。通过类似乐高积木的原生 App，客户能够以搭积木的方式快速搭建它的分析、应用模型；数据分析得出的结果会以容易使用、直观、高度可视化的环境呈现给客户，客户能够更方便地看懂看透数据中蕴含的价值；借助 MindConnectNano，客户以一种即插即用的方式经常性地读取资产数据，然后以加密方式将其安全地传送至 MindSphere，如图 5.5 所示。

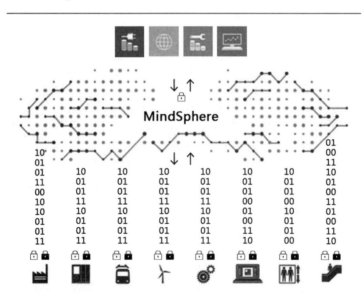

图 5.5　MindSphere 架构图

国内企业围绕数据采集、平台建设、应用软件开发等领域全面布局，并取得阶段性成果，但总体上尚处于起步探索阶段。

数据采集方面，多样化技术产品和解决方案正在形成。航天云网、树根互联、和利时等企业通过开展设备哑改造①、协议转换产品开发、边缘计算推广，形成从设备到用户的端到端数据流解决方案，明匠智能等中小企业也积极开发协议兼容转换解决方案，但总体上商用产品和通用方案较少，应用市场尚未全面打开。

平台建设方面，多家垂直行业数据分析平台（PaaS）问世。我国工业互联网平台正处于起步阶段，树根互联、海尔、航天云网等企业已开始面向某些特定行业领域搭建工业互联网平台，并提供相应工业软件和服务，但是跨行业、跨平台的综合性、通用性工业互联网平台尚未形成。例如，树根互联技术有限公司构建的根云平台是首个由中国本地化工业互联网企业打造的中国本土、自主安全的工业互联网平台。在根云平台的帮助下，企业可以通过较少投入（云平台按需付费）享受到工业互联的智能制造功能，解决中小企业在物联网信息化建设中的资金不足、技术匮乏等问题，帮助中小企业尤其是初创企业节约成本、提升效益，例如 2016 年星邦重工就利用树根互联的服务实现了超 60%的增长。但就目前而言，树根互联构建的根云系统主要的服务对象还是以中小企业为主。例如海尔集团构建的 COSMO 平台，最终目标是建立一个普适性的生态系统，在其中集成各种世界最先进的技术和应用，从而完成智能制造的中国式升级，就像 Windows 适配不同电脑一样，为不同层级、不同行业的企业提供智能制造解决方案，但是就当前而言，平台主要服务产业仍旧是以海尔擅长的白家电制造为主。根据平台提供服务总览，如图 5.6 所示。

图 5.6　根云平台提供服务总览

工业网络方面，标准研制推广进程比较缓慢。目前全球有 20 多个主流工业以太网和现场总线标准，但基本掌握在国外工业巨头手中。我国推出了用于工厂自动化的以太网 EPA 现场总线和用于过程自动化的 WIA-PA 无线网络两项工业网络标准，目前市场应用非常有限。

工业软件方面，云迁移成为主导格局。用友、金蝶等企业已正式启动基于云架构的软

---

① 哑改造：把没有入网、不能自动汇报传统设备设备进行改造，实现设备的智能化与信息交流的过程。

件产品开发部署，传统工业研发设计工具、经营管理软件、制造执行系统正在加速向云端迁移，新型工业APP的开发和应用正在逐渐兴起，面向工程机械、风电、船舶等复杂智能产品的工业APP已逐步实现商业化应用。例如，专注企业软件与服务近30年的用友公司，正逐步将研发和服务向用友云迁移，通过云服务、软件、金融服务融合发展，为企业提供智能化企业云服务，近年来，已帮助航天八院、天瑞水泥、旭阳集团、厦门侨兴等上千家大中型企业进行向智能制造转型。

生态环境方面，工业互联网发展大环境正在加快形成。上海、辽宁等地已经制定发布了工业互联网发展行动计划，上海还积极推进工业互联网试点城市建设。上海市于2017年1月发布了《2017年度上海市工业互联网创新发展专项资金支持项目指南》，聚焦电子信息、装备制造与汽车、生物医药、航空航天、钢铁化工、都市产业等重点产业，重点支持基于互联互通的智能制造、基于数据驱动的创新发展、基于组织创新的资源动态配置以及相应的基础支撑项目，并向中国核工业第五建设有限公司、智能云科信息科技有限公司等共计43家单位提供约合3亿元的专项资金支持。同年2月，上海市人民政府办公厅印发了《上海市工业互联网创新发展应用三年行动计划（2017—2019年）》，明确提出上海将聚焦电子信息、装备制造与汽车等六类重点产业，通过实施互联互通改造、试点示范引导等措施，实现上海制造业向工业互联网"新四化"（智能化生产、网络化协同、个性化定制与服务化延伸）模式转型发展，力争成为国家级工业互联网创新示范城市。同时，上海市政府于2017年12月1日，与工业和信息化部签署了关于共同推进工业互联网创新发展、促进制造业转型升级的战略合作框架协议。在此基础上，为贯彻工业和信息化部工业互联网相关工作部署，落实《上海市工业互联网创新发展应用三年行动计划（2017—2019年）》的任务目标，上海市政府将上海临港地区、上海化学工业区、上海市松江区确定为首批上海市工业互联网创新实践基地。中科院沈阳自动化所、华为、中国电信等龙头企业也提出了具有一定影响力的工业互联网解决方案，并在部分领域成功应用。

5.1.3 工业互联网与智慧城市

从IBM的智慧城市概念来看，智慧城市核心是四个特征和一个关键概念。四个基本特征分别是：全面物联，即智能传感设备将城市公共设施物联成网；充分整合，即物联网与互联网系统完全对接融合；激励创新，即政府、企业在智慧基础设施之上进行科技和业务的创新应用；协同运作，即城市的各个关键系统和参与者进行和谐高效的协作。一个关键概念，就是"系统的系统"，即在应用层面的六大核心系统，即组织（人）、业务/政务、交通、通信、水和能源系统的建设，以及彼此联通起来形成协作的"系统的系统"。这四个特征和一个关键概念定义了智慧城市内涵和外在表现，使之区别于普通城市。

从智慧城市的特征和概念出发，可以看到智慧城市和工业互联网相互依存的关系，智慧城市是工业互联网的基础，工业互联网是智慧城市的动力保障。只有在智慧城市里，全面物联、高效协作、创新驱动、物联网与互联网的全面对接才能为工业互联网的产生提供可能性，"系统的系统"概念表现在工业生产当中就是工业互联网的概念。在缺少这些要素的普通城市中，没有全面物联就意味着通过网络对物和机器的全面把控无从谈起；没有物联网与互联网的全面对接就意味着工业信息无法在机器与互联网之间自由流通；没有高效协作和创新驱动就意味着人力资源无法被充分有效挖掘，工业互联网只能停留在智能制造的初级阶段，而无法成为人、机、物全面互联的新型网络。因此可以认为，只有智慧城市里工业互联网才有生根和繁茂的基础。同时，只有在工业互联网的联结下，智慧城市才能保持生机和活力，工业互联网为智慧城市的存续和发展提供源源不断的动力，成为城市运动的主动脉。工业互联网是工业革命和网络革命共同的产物——伴随着工业革命，出现了无数台机器、设备、机组和工作站，伴随着网络革命，计算、信息与通信系统应运而生并不断发展。由此，工业互联网涵盖了从软件到硬件、从数字到实体、从厂内到厂外的复杂生态体系。在此基础上，工业互联网通过以下两条路径为智慧城市提供动力。

一方面，工业互联网作为工业革命的成果，极大促进了包括网络设备制造在内的工业制造业的发展，为智慧城市的发展提供了物质支持。工业是一个城市存续和发展必不可少的基础要素，即使是在现实中存在的，城市GDP以第三产业（如旅游业、金融服务业等）为主而基本没有工业产值的城市中，城市的运行也离不开对水、电、气、交通、建筑等要素的基本需求，而这些要素的生产或者直接属于工业制造部门，或者与工业制造密不可分。在一个智慧城市中，物联网、大数据、云平台等技术的运用是全面物联、高效协作、创新驱动、协同运作的基础，而这些技术的运用离不开网络设备制造的支持。智慧城市相比于普通城市而言，由于其四大特征所带来的对高科技含量、高定制自由度产品的需要，过去的工业制造产业无法满足其对工业产品的需求，只有工业互联网加持下的智能制造才能满足，因此，工业互联网对智慧城市的物质支持还具有不可替代性。

另一方面，工业互联网作为网络革命的成果，其本身与智慧城市概念不谋而合，为智慧城市的形成和发展提供推动力。工业互联网是以数字化、网络化、智能化为主要特征的新工业革命的关键基础设施，具有较强的渗透性，可从制造业扩展成为各产业领域网络化、智能化升级必不可少的基础设施，实现产业上下游、跨领域的广泛互联互通，打破"信息孤岛"，促进集成共享，并为保障和改善民生提供重要依托。在一个城市从普通城市向智慧城市转变的过程中，工业互联网将工业产品和机器物联成网，将工业物联网与互联网完全对接，通过云平台激励工业创新，让工业制造的各个环节和从业者高效协作，统合各个工厂系统，成为"系统的系统"，与智慧城市的四个主要特征、一个关键概念不谋而合，完成工业生产领域的"智慧"化；同时，由于工业互联网具有较强的渗透性，工业生产领域的"智慧"化成果将从工业领域走向城市的整个社会发展领域——工业互联网的网络体系为智慧城市发展提供源源不断的数据支持和便利的网络联结；平台体系为智慧城市的决策提供科学的方法论武器，为城市管理提供高效的监控管理手段；安全体系则保证智慧城市的经济发展免受外部攻击，让城市得以稳定发展。

5.2 工业互联网安全威胁与挑战

5.2.1 工业互联网面临的安全问题

工业互联网是以数字化、网络化、智能化为主要特征，通过系统构建网络、平台、安全三大功能体系，打造人、机、物全面互联的新型网络基础设施。工业互联网引领数字世界与机器世界的深度融合，是统筹推进制造强国和网络强国的重要结合点。应坚持国家总体安全观，从国家安全战略全局出发，认识理解工业互联网安全的重大意义，强化顶层设计和统筹管理，加快构建符合我国国情、满足工业互联网发展需要的安全保障体系，如图5.7所示。

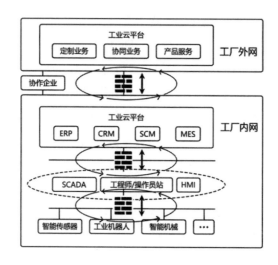

图 5.7 工业互联网示意图

安全是工业互联网的三大核心内容之一。在工业互联网总体框架下，安全既是一套独立功能体系，又渗透融合在网络和平台建设使用的全过程，为网络、平台提供安全保障。一方面，工业互联网中的网络和平台的设计建设、运营管理须臾离不开安全作为保障，安全更是终端设备和系统接入及使用工业互联网的双向前提条件；另一方面，安全也脱离不了网络、平台，以及终端独立存在；此外，工业互联网环境中产生的工业数据全生命周期也需要安全保护。因此，构建工业互联网安全保障体系可从平台、网络、终端、数据四个方面考虑，涉及工业控制系统安全、企业信息管理系统安全、企业控制网络及管理网安全、互联网宽带网络安全、工业云安全和工业大数据安全等内容。

1. 责任主体

在传统工业制造阶段，工业信息安全作为生产安全的重要组成部分，由工业企业作为其安全责任主体，责任边界较为清晰。当前工业互联互通阶段，工业信息安全主要表征为工业互联网安全，工业互联网业务和数据在设备层、数据采集层、基础网络层、IaaS 层、工业互联网平台层、工业应用层等多个层级间流转，安全责任主体涉及工业企业、设备供应商、基础电信运营商、IaaS 网络服务商、工业互联网平台运营商、工业应用提供商等，安全责任界定和安全监管难度加大，如图 5.8 所示。

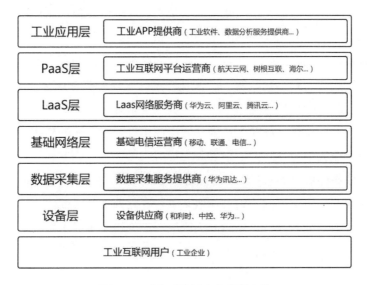

图 5.8 工业互联网安全责任主体

2. 平台安全

工业互联网平台是工业互联网实施落地与生态构建的关键载体，它面向制造业数字化、网络化、智能化需求，构建基于海量数据采集、汇聚、分析和服务体系，支撑制造资源泛在连接、弹性供给、高效配置的开放式平台，是一个基于云计算的开放式、可扩展的工业操作系统。工业互联网平台是工业云的叠加和迭代，由 IaaS、PaaS、SaaS 组成。底层是信息技术企业主导建设的云基础设施 IaaS 层，提供基础计算能力；中间层是工业企业主导建设的工业 PaaS 平台层，其核心是将工业技术、知识、经验、模型等工业原理封装成微服务功能模块，供工业 APP 开发者调用；最上层是由互联网企业、工业企业、众多开发者等多方主体参与开发的工业 APP 层（SaaS 层），其核心是面向特定行业、特定场景开发在线应用服务，并实现接入平台资源的协同和共享。

工业互联网平台上整合"平台提供商+应用开发者+海量用户"生态资源，实现大规模制造资源的实时连接和控制，同时也是工业大数据的汇集地，其安全是工业互联网安全的核心和关键。目前，工业互联网平台安全问题主要包括：一是海量设备和系统的接入加大平台安全防护难度；二是云及虚拟化平台自身的安全脆弱性日益凸显；三是 API 接口开放加大了工业互联网平台面临的安全风险；四是云环境下安全风险跨域传播的级联效应愈发明显；五是云服务模式导致安全主体责任不清晰；六是集团或工业企业内部的生产业务平台安全设计不足。

3. 网络安全

工业互联网的网络从建设和管理边界上可以划分成企业内网和企业外网。其中，企业内网包含有生产网、控制网、企业管理网及集团专用网；企业外网主要指基于国家骨干网、接入网和城域网建立的互联网宽带网络，尤其是指三大基础电信运营商建设的宽带网络。企业内、外网共同构成工业互联网的网络功能体系，将工业的各种元素和单元连接起来，实现包括生产设备、控制系统、工业物料、工业产品和工业应用在内的泛在互联，形成工业数据跨系统、跨企业、跨网络、跨平台流通路径。《国务院关于深化"互联网+先进制造业"发展工业互联网的指导意见》中将"夯实网络基础"作为首要任务提出，强调要大力推动工业企业内外网建设。面对企业内外网全面实现互联互通的新拓扑和新结构，如何保证网络的安全，成为工业互联网安全的一大挑战。

在内网侧，安全问题主要包括：一是传统静态防护策略和安全域划分方法不能满足工业企业网络复杂多变、灵活组网的需求；二是工业互联网涉及不同网络在通信协议、数据格式、传输速率等方面的差异性，异构网络的融合面临极大挑战；三是工业领域传统协议和网络体系结构设计之初基本没有考虑安全性，安全认证机制和访问控制手段缺失。在外网侧，需要在传统互联网安全的基础上，进一步强化面向工业互联网的 IPv6 安全、软件定义网络（SDN）安全、工业互联网标识解析安全、5G 等新型蜂窝移动通信技术安全等。

4. 终端安全

工业互联网以大量工业设备和系统的互联互通为基础，工业互联网中的终端是指工业领域应用的产品、系统、设备，包含工业生产控制设备、工业网络通信设备、工业主机设备、工业生产信息系统、工业网络安全设备和其他工业设备/系统。工业终端设备和系统广泛应用于工业、能源、交通、水利以及市政等国家关键基础设施领域，涉及国家安全、经济命脉和人民群众的生产生活，其安全一直是关注的重点。其中，针对工业控制系统的信息安全事件在全球各地频频发生，新型攻击技术手段层出不穷，终端安全问题形势严峻，主要表现在以下方面。

一是传统工业环境中海量工业软硬件在生产设计时并未过多地考虑安全问题，可能存在大量安全漏洞，会成为攻击者对工业互联网发动网络攻击的重要突破口；二是由于我国工业设备自主可控仍处于较低水平，大部分核心设备以国外设备为主，面临严峻的安全形势；三是我国大部分重要工业设备日常运维和设备维修也严重依赖国外厂商，存在被境外机构操控的风险，为工业互联网的安全防护工作带来重大挑战。

5. 数据安全

工业数据是指工业领域中,在业务活动和过程中所产生、采集、处理、存储、传输和使用的数据的综合。工业数据是未来工业竞争中发挥优势的关键,无论是德国工业 4.0、美国工业互联网还是《中国制造 2025》,各国制造业创新战略的实施基础都是工业数据的搜集和特征分析。目前,企业通过工业数据的分析和应用可以去预测需求、预测制造,整合产业链和价值链,发现用户的价值缺口,发现和管理不可见的问题,实现为用户提供定制化的产品和服务,是企业获取持续竞争优势的核心要素。传统模式下,工业数据的大部分产生、存储、使用在企业内部,数据安全的责任主体在企业自身。然而,工业互联网使数据存在的范围和边界发生了根本变化,给数据安全带来巨大挑战。主要包括以下几个方面。

一是工业数据价值密度高,日益成为黑客攻击重点对象。

二是工业互联网数据种类和保护需求多样,数据流动方向和路径复杂,传统数据安全防护措施难以满足工业大数据发展需求。

三是部分工业数据的采集需加装采集设备,存在影响系统和设备的性能或造成数据泄漏或被篡改的安全风险。

四是工业数据在存储过程中,边界防护、访问控制、区域隔离等安全防护措施有效性降低。

五是分布式工业网络数据节点之间、工业大数据相关组件之间的数据传输面临遭监听、窃取、篡改、大规模泄漏等安全威胁。

5.2.2 工业互联网带来的全新挑战

1. 工业互联与数据流动迎来新的信息安全挑战

首先,工业互联网实现了全系统、全产业链和全生命周期的互联互通,而与此同时,互联互通的实现也打破传统工业相对封闭可信的生产环境,导致攻击路径大大增加。现场控制层、集中调度层、企业管理层之间直接通过以太网甚至是互联网承载数据通信,越来越多的生产组件和服务直接或间接与互联网连接,攻击者从研发端、管理端、消费端、生产端都有可能实现对工业互联网的攻击或病毒传播。这也直接导致工业互联网数据保护难度加大。工业互联网数据种类和保护需求多样,数据流动方向和路径复杂,研发设计数据、内部生产管理数据、操作控制数据以及企业外部数据等,可能分布在大数据平台、用户端、生产终端、设计服务器等多种设施上,仅依托单点、离散的数据保护措施难以有效保护工业互联网中流动的工业数据安全。

从现实来看,下层工业控制网络安全性考虑也还不充分。传统模式下,工业控制网络未与外部互联网直接联通，安全认证机制，访问控制手段需求并不迫切。然而，在工业互联网环境下，攻击者一旦通过互联网通道进入下层工业控制网，只需掌握通信协议就可以很容易对工业控制网络实现常见的拒绝服务攻击、中间人攻击等，轻则影响生产数据采集和控制指令的及时性和正确性，重则造成物理设施被破坏。

2. 工业互联网平台的引入降低了安全可控程度

工业互联网平台作为工业互联网三大功能体系之一，为数据汇聚、建模分析、应用开发、资源调度、监测管理等提供支撑的同时，也对整个体系的安全可控程度提出挑战。首先，工业企业对数据和业务系统的控制能力减弱。传统模式下，工业企业的数据和业务系统都位于工业企业内部，在其直接管理和控制下。工业互联网环境中，工业数据和业务的安全性主要依赖于平台提供商及其所采取的安全措施，这使得工业企业难以了解这些安全措施的实施情况和运行状态。而此时工业企业与工业互联网平台之间的安全责任也难以界定。在工业互联网环境下，平台管理和运行主体与工业数据安全的责任主体不同，无法简单采用传统模式下的"谁主管谁负责，谁运行谁负责"的原则直接界定，难以有效督促平台提供商对工业数据采取有效的安全防护措施。

从平台建设来看，虚拟化等平台技术成为趋势，这也加大了工业数据保护难度。工业互联网平台中多个客户共享计算资源，虚拟机之间的隔离和防护容易受到攻击，跨虚拟机的非授权访问风险突出。而且目前多数集团或工业企业内部的生产业务平台安全设计不足。工业企业往往更加注重业务平台的功能性，在设计之初很少考虑安全架构，可能存在权限绕过、缓冲区溢出等安全设计缺陷，为网络攻击提供路径。

3. 工业互联网新技术和新应用带来新的风险点

工业数据采集、数据分析、应用服务等方面的新技术新应用是新兴事物，仍然处在快速发展和变动中，目前尚未完全成熟，其自身技术缺陷引入的安全隐患以及未经广泛测试验证带来的漏洞风险更加突出。一些新技术、新应用的核心技术和产业链关键环节仍然掌控在美欧等发达国家手中，自主可控尚未实现，直接导致工业无线、工业互联网标识、大数据智能分析等方面安全隐患突出。另外，工业消费与互联网消费模式的对接可能产生在线制造、C2B、个性化定制等新兴商业模式，在电子商务中的虚假或恶意订单、信用风险、信息泄漏和篡改风险同样可能出现在工业互联网中。

4. 工业互联网开放化标准化导致攻击难度降低

为适应工业互联的趋势，工业互联网系统与设备的供应商已经开放其专有协议，同时开始推广更通用的基于 TCP/IP 的高速工业以太网协议，相关的开发软件和操作系统也开始使用更便宜、标准化的 Windows 或 Unix 技术架构。攻击者能轻易地获得开放化和标准化协议与模块的安全漏洞，利用传统的攻击方式对工业互联网进行网络攻击。

5. 工业互联网安全保障工作机制仍然有待完善

工业互联网的相关定义和技术架构尚未在国际范围内得到充分统一，工业互联网在我国的提出和推进也仍然处于初级阶段。与传统消费互联网和商业互联网相比，作为新生事物的工业互联网需要更高标准的信息安全要求；与传统工业控制系统相比，工业互联网的安全覆盖面更为复杂。当前，我国仅从工业互联网的某些局部元素层面开展了相关安全保障工作，且工业互联网安全保障可能涉及多个责任部门，需要充分协作、形成合力，打造针对我国工业互联网的整体安全保障工作机制。

5.3 工业互联网安全防护体系与实践

5.3.1 国外安全防护实践

5.3.1.1 政府以工业控制系统安全和制造业安全为核心，推进工业互联网安全保障

在美国，工业互联网是由企业界提出的概念，政府并未出台专门的工业互联网政策予以扶持。但美国政府从制造业发展和关键基础设施保护的角度，对工业互联网中涉及的工业控制系统、物联网、大数据等核心部分先后发布了大量的战略法规，例如，美国国家标准与技术研究院于 2011 年 6 月发布的《工业控制系统安全指南》对确保工控系统安全列出了八项措施，类似地，2005 年美国能源部也曾发布了针对工控系统的核心-SCADA 系统安全的《改进 SCADA 网络安全的 21 项措施》。美国政府还投入大量资金支持工业控制系统、物联网、大数据的安全技术研究，并高度重视工业信息安全的支撑保障能力建设，依托 ICS-CERT 和六大国家实验室打造了美国工业互联网安全保障的国家级力量。美国政府成立的工业控制系统网络应急响应小组（ICS-CERT）于 2016 年披露了美国关键基础设施工业控制系统中出现的 638 个 IT 安全漏洞，为工业互联网安全建设保驾护航。

德国政府从国家层面大力推进与工业互联网有异曲同工之处的工业 4.0。工业 4.0 在规划建设过程中注重安全的同步发展。工业 4.0 战略计划实施框架中强调了"安全和保障"对于智能制造的重要性，并作为工业 4.0 战略的重要内容之一，从保护数据信息、提升生产设施和产品的可靠性、建立统一的安全保障架构与标准、加强培训提升人员安全技能水平等角度提出保障工业 4.0 安全的措施建议。另外，工业 4.0 强调对工业数据安全的保护。在《德国数字纲要 2014–2017》，明确"保障经济社会发展在数字化进程中的安全可靠""提供安全可靠的数字化基础设施，建立高水准的安全体系""加强本土化加密算法的研发，

成立可信 IT 平台，加强工业 4.0 供应链安全管理，优先采用德国和欧洲的 IT 产品及其制造商"，同时"提升针对关键基础设施的网络攻击的安全监测、感知及分析能力"。

5.3.1.2 行业共同协作，促进工业互联网安全的行业自律和产业推进

由 GE、IBM、英特尔等牵头于 2014 年 4 月在美国成立的工业互联网联盟（IIC），已经快速成长为全球最重要的工业互联网推广组织。联盟汇聚 31 个国家和地区的 246 家成员单位，集聚 40 多家跨国企业，并与多国政府和行业组织建立对话与合作渠道，也吸引了华为、中国电信和信通院等中国企业、机构的加入。IIC 共有包括安全工作组在内的 7 个领域的工作组，其中，安全工作组于 2016 年 10 月发布了由 25 个成员单位共同编制的工业互联网安全框架，从安全保障、隐私性、安全性、可靠性和适应性对工业互联网安全提出了要求。该工业互联网安全框架（IISF），拟通过该框架的发布为工业互联网安全研究与实施部署提供指导。IISF 报告定义了工业互联网可信体系的五大关键特性，即信息安全、功能安全、可靠性、弹性和隐私安全。从商业视角、功能和实现视角出发给出了工业互联网安全框架，其中，商业视角通过分析工业互联网安全风险确定工业互联网的安全投入和绩效指标，从建立系统全生命周期信任关系角度出发明确了设备供应商、系统集成商以及用户/运营者的安全要求。功能和实现视角从构建工业互联网安全框架出发，提出包括端点安全、通信网络安全、数据安全、安全监控和分析、安全配置和管理以及安全模型和策略等五大部分的安全框架，并进行了详细阐述。

德国政府组织产学研用机构组建了"工业 4.0 平台"，并成立了标准、研究创新、法律框架、网络安全、教育培训五个工作组，如图 5.9 所示。作为德国国家工业 4.0 战略的官方组织和权威推手，平台确立了规范与标准、安全、研究与创新作为落实工业 4.0 的三大重要主题，同时工业 4.0 平台也正在针对架构、标准、安全、测试床等关键共性问题加速与 IIC 的技术协同和产业协作。平台不会主导市场行为，而主要是充当辅助和支持的角色。平台的技术相关工作都由专题工作小组负责执行和实施，工作组在选定的主题和具体领域上负责开发和撰写前期竞争策略，并保证实施，从而确保德国制造业企业的竞争优势。基于对工业互联网安全的重视，工作组完成了《工业 4.0 安全指南》，旨在帮助中小企业保护知识产权，加强信息安全。通过一些基本原则，如减少部件设计必须有可靠的组建和模块，检测机制的设计必须有早期预警和控制方式，建造的设计必须有受攻击后的恢复体系等，来解决信息安全漏洞的影响，如图 5.10 所示。

图 5.9 德国工业 4.0 平台五大工作组议题

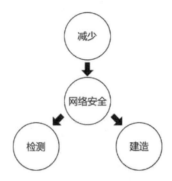

图 5.10 德国工业 4.0 三大安全指南基本原则

我国国内现有的工业互联网安全相关联盟包括国家工业信息安全产业发展联盟（图 5.1 所示为工业和信息化部苗圩部长出席国家工业信息安全产业发展联盟成立大会）和工业互联网产业联盟。国家工业信息安全产业发展联盟有包括 15 家大型央企、6 家军工央企集团和 15 家工控系统和工控安全上市企业在内的 200 余家成员单位，具备工控安全和信息领域的专家队伍和专业力量，侧重于引导工业互联网安全运维、安全咨询、风险预警、诊断评估、安全防护实施等服务模式创新，提升行业整体工业互联网安全保障服务能力。工业互联网产业联盟侧重于健全工业互联网协同发展机制，推动工业互联网产业各方联合开展技术、标准、应用研发以及投融资对接、国际交流等活动。在技术飞速发展、安全形势日益严峻的今天，与国际上的工业互联网联盟相比，我国的工业互联网联盟在组织、活动频率与参与深度上均有待加强，安全防护整体意识亟需提升。

图 5.11 工业和信息化部苗圩部长出席国家工业信息安全产业发展联盟成立大会

5.3.2 安全防护整体方案

习近平总书记指出,"安全是发展的前提,发展是安全的保障"。做好工业互联网安全的整体保障,才能为工业互联网提供一个安全可靠的发展环境。当前,应牢牢把握工业互联网发展的关键窗口期,坚持以"本质安全、内外兼顾、业务优先、隐私可控"为安全保障原则,从加强政策规划指引、夯实基础性工作、打造公共服务平台、促进产业发展等多方面入手,建立全面保障工业互联网设备安全、网络安全、平台安全和数据安全的新型纵深防御安全架构,从整体上强化我国工业互联网安全防护水平。

1. 以顶层设计为基础

2017 年 12 月,工业和信息化部发布了《工业控制系统信息安全行动计划(2018—2020 年)》,提出在工控系统信息安全保障体系建设中,落实企业主体责任,因地制宜分类指导,坚持技术和管理并重等指导策略,以及落实企业主体责任和监督管理责任以提升安全管理水平,建设全国工控安全监测网络和实施信息共享工程以提升态势感知能力,加强防护技术研究和建立健全标准体系以提升安全防护能力,开展信息通报预警和建设国家应急资源库以提升应急处置能力,培育龙头骨干企业和创建国家新型工业信息安全示范基地,以提升产业发展能力等具体措施。

在此基础上,应当继续制定并发布中长期工业互联网安全发展规划,定位于规范和指导我国工业互联网安全发展的纲领性文件,立足工业互联网发展水平和工业互联网安全现状,以提升工业互联网安全防护能力,保障制造强国和网络强国战略顺利实现为目标,部署重大任务和发展路线,确保及时抓住机遇、提前全面布局、明确实施路径、实现重点突破。

2. 以政策标准为引导

2016 年 9 月,工业互联网产业联盟(AII)发布了《工业互联网标准体系框架(版本 1.0)》,提出按照"统筹规划、需求牵引、兼容并蓄"的原则,建立统一、综合、开放的工业互联网标准体系。在分析业务需求基础上,提出网络、数据、安全三大体系核心架构,指出了安全体系方面设备、网络、控制、应用和数据等层面将面临的安全风险和安全挑战,并给出了安全体系的实施建议。

在此基础上,应当进一步推动建立工业互联网设备安全标准体系,面向工业企业的生产控制设备和数字化制造工具、工业软件、工业主机设备、工业通信设备、外围辅助设备提出安全技术和安全质量要求,并推动具有自主知识产权的工业互联网安全标准成为国际标准。制定工业互联网数据安全防护标准/指南,对工业互联网外网和内网的生产管理数据、生产操作数据、内外交互数据等从存储、传输、加密机制等方面提出安全保护要求。

3. 以态势感知为条件

在已形成的工业控制系统在线监测预警能力基础上，建设面向公共互联网、企业内网/专网和工业控制网络的国家级工业互联网监测预警与态势感知平台，结合在线监测、诱捕探测、结构化/非结构化威胁数据感知等手段，通过大数据分析技术，形成全天候、全方位感知工业互联网安全态势的能力。

当前，我国已经有工业互联网产业联盟支持下的360工业互联网安全态势感知和预警平台，工业和信息化部授牌"试点示范项目"的匡恩网络工业互联网网络安全态势感知平台等相关平台。

4. 以检查评估为抓手

健全工业互联网安全防护体系，检查评估必不可少，主要从以下几个方面入手：首先，建立面向工业企业的工业互联网安全检查和安全评估常态化工作机制，通过检查评估及时发现工业互联网的设备、网络、平台和数据安全问题，指导工业企业提升工业互联网安全防护水平。同时，探索开展工业互联网平台第三方安全审查，确保工业互联网平台产品和服务的安全性、可控性。研究工业互联网平台上线前安全测试制度，及时发现平台安全漏洞、配置不合理、非授权访问、身份冒用、不必要网络服务开放等安全隐患，确保平台上线后运行安全。有序推动建立工业互联网系统和设备的安全评估认证体系，依托行业联盟倡导企业开展安全评估和认证，并联合国家质检管理部门在工业互联网安全领域建设国家质量监督检验中心，提升工业互联网系统与设备的本质安全水平。在硬件建设方面，我国亟需建设国家级工业互联网安全测试验证平台。通过平台，重点研究和测试验证工业互联网设备、网络、平台和数据面临的关键安全问题，并对工业互联网的安全解决方案开展测试评估，形成国家级工业互联网安全测试验证能力。

5. 以通报应急为重点

建设工业互联网风险信息通报与应急处置工作体系，建设工业互联网安全应急专业技术队伍，提高应对工业互联网安全事件和重大风险的组织协调与应急处置水平，预防和减少安全事件造成的损失和危害，形成集工业互联网安全风险信息的收集、汇总、核查研判、通报发布、消减处置、跟踪复查等于一体的闭环应急处置工作机制。

在工业和信息化部2017年12月颁布的《工业控制系统信息安全行动计划（2018-2020年）》中，提出开展信息通报预警和建设国家应急资源库等措施，同年6月颁布的《工业控制系统信息安全事件应急管理工作指南》中，也提出了加强风险监测、开展信息报送与通报、做好应急处置等措施，但具体措施尚未落实。

6. 以公共服务为依托

建设开放、共享的工业互联网，需要以大量公共服务为支撑，同时安全防护也需要充分调用各级各类资源，建设工业互联网安全公共服务平台和纵深防御管理平台迫在眉睫。工业互联网安全公共服务平台全面汇聚国内工业互联网安全服务能力和人才资源，面向工业企业提供风险预警、安全诊断评估、安全咨询、安全防护实施等一站式服务，并可根据企业特点和实际需求提供定制化信息安全服务，同时面向安全厂商和安全研究人员提供信息共享、资质认证等服务。国家工业互联网纵深防御统一管理平台可以推动在工业企业/工业区域网络出口部署安全监测与防护设备，实现与国家工业互联网纵深防御平台的对接和联动。通过国家防御平台聚集国家、地方及行业、工业企业、安全厂商等各级工业互联网安全相关者，形成一体化纵深防御，有效应对有组织的网络攻击行为。

7. 以产业促进为根本

只有促进工业互联网安全产业发展壮大，才能从根本上提升工业互联网安全防护水平。一是依托相关专项资金和政策，扶持国内厂商开发安全可靠的工业控制系统与产品，加强工业互联网网络层、系统层和设备层的安全防护关键技术攻关和产品研发，大力支持工业互联网产业和工业互联网安全防护产业的发展，以发展促安全。二是推进安全可靠的工业互联网设备在装备制造业、原材料、交通、能源等重点领域的应用，提升工业互联网整体安全可控水平。

当前在工业互联网相关产业的资金和政策扶持方面，上海市比较突出。上海市于2017年1月发布了《2017年度上海市工业互联网创新发展专项资金支持项目指南》，同年2月发布了《上海市工业互联网创新发展应用三年行动计划（2017-2019年）》，并将上海临港地区、上海化学工业区、上海市松江区确定为首批上海市工业互联网创新实践基地，全面促进相关产业发展。

第 6 章 城市"数据大脑"的安全底线——个人信息和隐私保护

6.1 个人信息与隐私

随着我国信息化建设的不断推进和互联网应用的日趋普及，在推动社会发展和技术变革的同时，也为企业和个人信息保护带来了新的挑战。特别是近些年，个人信息在被各类主体挖掘和利用的同时，因个人信息泄漏所引发的侵权、欺诈等信息犯罪行为日益严重，已对全社会造成了巨大损失，严重影响了社会安定。对此，国家陆续颁布、实施了一系列法律、规范。特别是在 2017 年 6 月 1 日正式实施的《中华人民共和国网络安全法》，强调了中国境内网络运营者对所收集到的个人信息所应承担的保护责任和违规处罚措施。

相较国内而言，欧美、日本和香港地区个人信息与隐私保护立法、实践较为完善，内容较为全面，特别是美国相关的立法原则成为全球大多数国家、地区和国际组织个人信息与隐私保护法律、规则的参考原则。尽管我国已制定或修订了包含个人信息保护的多项法律、法规及行业规范，但是，专项个人信息保护法律制定的重要性和紧迫性仍不言而喻。因此，我们应立足国情，从实际情况出发，学习和借鉴国外及港澳台地区立法与实践经验，制定符合自身发展需要的个人信息保护法律，完善法律体系。

6.1.1 个人信息的概念

个人信息是指与特定个人相关联的、反映个体特征的具有可识别性的符号系统，包括个人身份、工作、家庭、财产、健康等各方面的信息。从各国立法看，学界目前比较一致的看法是，个人信息的概念始于 1968 年联合国"国际人权会议"中提出的"资料保护"。

目前，世界各国立法主要使用三种概念：个人数据、个人隐私与个人信息。以"个人数据"称谓的主要以欧盟成员国及受其影响较大的国家，如 1978 年法国《资料保护法》、挪威《资料登录法》和 2016 年欧盟新通过的数据保护法案《通用数据保护指令》(General Data Protection Regulation，GDPR)；以"个人隐私"称谓的主要有普通法国家，如 1974 年美国《隐私权法》、1987 年加拿大《隐私权法》和 1988 年澳大利亚《隐私权法》；使用"个人信息"概念的,如 1978 年奥地利《信息保护法》、1999 年韩国《公共机构之个人信息保护法》,以及 1999 年俄罗斯《俄罗斯联邦信息、信息化和信息保护法》等;也有将个人信息与个人数据共同使用的国家,如日本 2005 年 4 实施的《个人信息保护法》,而 1980 年 9 月由经济合作与发展组织(OECD)理事会通过的《关于隐私保护与个人数据跨国流通指南》则同时使用了"隐私"和"个人数据"两种概念,2010 年 4 月 27 日,我国台湾地区出台的《个人资料保护法》则用"个人资料"来定义个人信息,我国香港地区实施的《个人资料(隐私)条例》,则以资料、隐私来概括个人信息。

由我国社会科学院法学研究所周汉华研究员牵头负责的个人数据保护法研究课题组所起草的《中华人民共和国个人信息保护法(专家建议稿)》以及由广西大学法学院齐爱民教授所拟定的《中华人民共和国个人信息保护法示范草案学者建议稿》所使用的概念均为"个人信息"。

国内学界有观点认为"个人信息"是指一切可以识别本人的信息的总和,也有观点认为个人信息包括所有与个人有关的信息,具体包括:身体物理特征;感情、思想与观点;经济与财产状况;生活方式;身份信息;家庭与社会关系;职业经历、简历和个人档案资料;健康状况与病历;个人通信、日记和其他私人文件;其他所有纯属私人内容的个人数据资料。还有观点认为个人信息则是指那些能够据此直接或间接识别出特定自然人身份的信息,在现实生活中它往往需要通过诸如姓名、肖像、声音(声纹)、指纹、基因编码、身份证号码、各种与特定主体身份紧密相关的通信号码等各种符号、标识和载体而表现出来。

总体而言,个人信息涵盖内容非常广泛。依据《最高人民法院、最高人民检察院关于办理侵犯公民个人信息刑事案件适用法律若干问题的解释》第一条规定,"刑法第二百五十三条之一规定的'公民个人信息',是指以电子或者其他方式记录的能够单独或者与其他信息结合识别特定自然人身份或者反映特定自然人活动情况的各种信息,包括姓名、身份证件号码、联系方式、住址、账号密码、财产状况、行踪轨迹等。

6.1.2 个人信息的分类

根据不同的标准,个人信息可以划分为不同的类别。以能否直接识别本人为标准,个人信息可以分为直接个人信息和间接个人信息。直接个人信息,是指可以单独识别本人的个人信息,如身份证号码、基因等;间接个人信息,是指不能单独识别本人,但和其他信息结合可以识别本人的个人信息。

以个人信息是否涉及个人隐私为标准,个人信息可以分为敏感个人信息和琐细个人信息(trivial data)。敏感个人信息,是涉及个人隐私的信息。根据英国 1998 年《资料保护条例》的规定,敏感个人信息是"由资料客体的种族或道德起源,政治观点,宗教信仰或与此类似的其他信仰,工会所属关系,生理或心理状况,性生活,代理或宣称的代理关系,或与此有关的诉讼等诸如此类的信息组成的个人资料"。琐细个人信息是指不涉及个人隐私的信息。根据瑞典《资料法》的规定，琐细信息是指"很明显的没有导致被记录者的隐私权受到不当侵害的资料"。这一点同我国《信息安全技术 公共及商用服务信息系统个人信息保护指南》中对于个人信息的划分基本一致，即分为个人敏感信息和个人一般信息。

以个人信息的处理技术为标准，可以将个人信息划分为电脑处理个人信息与非电脑处理个人信息。

以个人信息是否公开为标准，可以分为公开个人信息和隐秘个人信息。公开个人信息，是指通过特定、合法的途径可以了解和掌握的个人信息。隐秘个人信息和公开个人信息对应，是指不公开的个人信息。这种分类的法律意义在于，公开个人信息无论是否属于敏感个人信息，都已经丧失了隐私利益，不能取得敏感个人信息的特殊保护。

除此之外，以个人信息的内容为标准，个人信息还可以分为属人的个人信息和属事的个人信息。属人的个人信息反映的是个人信息本人的自然属性和自然关系，它主要包括本人的生物信息。属事的个人信息反映的是本人的社会属性和社会关系，它反映出信息主体在社会中所处的地位和扮演的角色。个人信息还可以分为纳税信息、福利信息、医疗信息、刑事信息、人事信息和户籍信息等，不同信息的具体保护方式亦不相同。

6.1.3 个人信息、个人数据和隐私的关系

与个人信息在概念上最为接近的是"个人数据"。如前所述，个人数据概念使用的较多的主要是欧盟成员国以及其他受 1995 年欧盟《个人数据保护指令》影响而立法的其他大多数国家。在普通法国家（英国作为欧盟成员国除外），如美国、澳大利亚、新西兰、加拿大等，以及受美国影响较大的亚太经济合作组织（APEC），则大多使用隐私法概念。在日本、韩国、俄罗斯等国，则使用"个人信息法"概念。所以，从个人数据较为统一的概念上理解，个人信息与个人数据两个概念的基本内涵是相同的，区别在于表述的不同，在国内一般习惯将其概括为个人信息（Personal Information），而西方国家或者说国际立法上则更习惯于称其为个人数据（Personal Data）。

与个人信息在内容上有较多重合之处的另一个概念是隐私。

所谓隐私权，通常是指"私生活不受干涉的权利"或"个人私事未经允许不得公开的权利"。也就是说，每一个人均有"不受旁人干涉搅扰的权利"。隐私权的实质在于，个人自由决定何时、何地以何种方式与外界沟通。就此而言，隐私权表现为个人对自身的支配权。从个人信息和隐私的权利角度来看，个人信息权和隐私权都是人格权的一种，它们之间存在密切的关联性，在权利内容等方面存在一定的交叉，其相似性体现在以下几点。

第一，二者的权利主体都仅限于自然人，而不包括法人。从隐私权的权利功能来看，其主要是为了保护个人私人生活的安宁与私密性，因此，隐私权的主体应当限于自然人，法人不享有隐私权；个人信息因具有可识别性，即能直接或间接指向某个特定的个人，所

以个人信息的权利主体限于自然人,而法人的信息资料不具有人格属性,法人不宜对其享有具有人格权性质的个人信息权,侵害法人信息资料应当通过知识产权法或反不正当竞争法予以保护。

第二,二者都体现了个人对其私人生活的自主决定。无论是个人隐私还是个人信息,都是专属自然人享有的权利,而且都彰显了一种个人的人格尊严和个人自由。

第三,二者在客体上具有交错性。隐私和个人信息的联系在于:一方面,许多未公开的个人信息本身就属于隐私的范畴。事实上,很多个人信息都是人们不愿对外公布的私人信息,是个人不愿他人介入的私人空间,不论其是否具有经济价值,都体现了一种人格利益。一方面,部分隐私权保护客体也属于个人信息的范畴。尤其应当看到,数字化技术的发展使得许多隐私同时具有个人信息的特征,如个人通信方式,都可以通过技术的处理而被数字化进而被纳入个人信息的范畴;同样,某些隐私因基于公共利益而受到一定的限制被查阅或纰漏,但并不意味着这些信息不再属于个人信息。

虽然二者都属于人格权,但是从保护内容、法律属性、权利角度、防范角度和保护方式来看,二者又存在区别。

第一,从内容来看,隐私强调对于个人的私密信息和活动、空间等不为外人所知晓、不被擅自公开,包含的内容大多是具有私密性的个人信息,对隐私的侵害主要是非法的披露和骚扰。个人信息权主要是指对个人信息的支配和自主决定,其内容包括个人对信息被收集、利用等的知情权,以及自己利用或者授权他人利用的决定权等内容,即便对于可以公开且必须公开的个人信息,个人应当也有一定的控制权。

第二,从法律属性上来看,隐私权主要是一种精神性的人格权,隐私主要体现的是人格利益,侵害隐私权也主要导致的是精神损害。而个人信息权在性质上属于一种集人格利益与财产利益于一体的综合性权利,并不完全是精神性的人格权,其既包括了精神价值,也包括了财产价值。另外,隐私权是一种消极的、防御性的权利,在该权利遭受侵害之前,个人无法积极主动地行使权利,而只能在遭受侵害的情况下请求他人排除妨害、赔偿损失等。个人信息权并不完全是一种消极地排除他人使用的权利。权利人除了被动防御第三人的侵害之外,还可以对其进行积极利用。

第三,从防范角度来看,隐私权制度的重心在于防范个人秘密不被非法披露,而并不在于保护这种秘密的控制与利用,这显然并不属于个人信息自决的问题;而对个人信息权的侵害主要体现为未经许可而收集和利用个人信息、侵害个人信息,主要表现为非法搜集、非法利用、非法存储、非法加工或非法倒卖个人信息等行为形态。其中,大量侵害个人信息的行为都表现为非法篡改、加工个人信息的行为。

第四,从保护方式来看,对个人隐私的保护注重事后救济,隐私权保护主要采用法律保护的方式;而对个人信息的保护则注重预防,保护方式则呈现多样性和综合性,尤其是可以通过行政手段对其加以保护,例如,对非法储存、利用他人个人信息的行为,政府有权进行制止，并采用行政处罚等方式。

因此，只要不涉及公共利益，个人信息的私密性应该被尊重和保护，而法律保护个人信息在很大程度上就是维护个人信息不被非法公开和披露等；另一方面，私密的个人信息被非法公开则可能会对个人生活安宁造成破坏。在这种紧密的关联下，如何界定和区分个人信息权和隐私权，反而显得更加必要。

6.2 国外个人信息与隐私保护实践

6.2.1 个人信息保护的法律模式

在欧洲，以德国为代表的大陆法系国家，将个人信息视作公民人格和人权的一部分，认为个人信息是自然人人格的载体，沿着一般人格权的保护思路引入"信息自决权"。以美国为代表的英美法系国家，则将个人信息视作公民隐私和自由的一部分，沿着隐私保护的思路提出"信息隐私权"概念。目前，世界范围内有关个人信息保护比较好的模式主要有三种，即欧盟模式、美国模式和日本模式。

欧盟模式又可称为统一立法模式，即制定一个综合性的个人信息保护法来规范个人信息的收集、处理和利用，该法统一适用于公共部门和非公共部门，并设置一个综合监管部门集中监管。1995 年，欧盟通过经典的《个人数据保护指令》，这部在全欧洲范围内实行的个人信息保护立法，涉及范围广，执行机制清晰。欧盟凭借此法律，对进入欧盟的外企在信息保护方面，使欧洲成为全球个人信息保护的典范。

美国模式以隐私权为基础，是分散立法和行业自律相结合的模式。在公共领域，美国以隐私权作为宪法和行政法的基础，采取分散立法模式逐一立法。在私人领域，美国依靠自律机制（包括企业的行为准则，民间认证制度以及替代争议解决机制）实现对个人信息的保护，根据个人信息的具体内容，由相应的监管部门监管。

在借鉴欧洲和美国的信息保护模式下，日本在 2005 年通过《个人信息保护法》，通过这部法律全方面地实现个人信息保护。同时日本也注重行业自律和社团参与，从而形成独特的日本个人信息保护模式。

6.2.2 个人信息保护的立法原则

1973 年，美国健康、教育和社会福利部（HEW）首次提出了《公平信息实践》（Fair Information Practices，FIPs）并处于美国 1974《隐私法案》的核心位置。后期，在此基础之上逐渐完善，1980 年，经济合作与发展组织（OECD）在《关于保护隐私和个人信息跨国流通指导原则》中揭示了个人信息保护八大原则，即收集限制原则（Collection Limitation

Principle）、数据质量原则（Data Quality Principle）、目的明确原则（Purpose Specification Principle）、使用限制原则（Use Limitation Principle）、安全保障原则（Security Safeguards Principle）、公开性原则（Openness Principle）、个人参与原则（Individual Participation Principle）和问责制原则（Accountability Principle）。这些指导原则对全球各国的立法产生了巨大的影响，有"已经成为制定个人信息保护文件的国际标准"之称。

自 20 世纪 70 年代初个人信息保护问题提出以来，经过 40 余年的发展演变和提炼，目前基本形成了以下五大国际原则，作为各国和国际组织制定个人信息保护政策的基础。

- 公开性原则：即个人信息处理机构应公开关于个人信息处理的一切政策、流程和处理实践，禁止个人信息被秘密的处理。
- 限制性原则：包括个人信息的所有处理行为要坚持合法原则，个人信息数据库要坚持服务特定目的，在最少必须原则下收集和处理，信息的收集和使用范围、保存期限和销毁应受到限制。
- 数据质量原则：即个人信息应当准确、完整和适时更新，机构对此责无旁贷。
- 责任与安全原则：即在个人信息保护问题上，作为数据控制者的机构必须承担个人信息保护的主要责任，要将个人信息保护内化于其业务流程和技术设计中，同时采取必要的安全防范措施保护个人信息，防止数据丢失或未经授权的访问、销毁、使用、修改或泄漏，并承担相应的责任。
- 个人信息权利保护原则：充分保障信息主体的知情权、查询权、异议与纠错权，甚至是可携带权等。

6.2.3 美国的个人隐私保护

美国对于个人隐私的保护通过对于个人可识别信息（Personally Identifiable Information，PII）和相关的立法来实现。迄今为止，全球有超过 80 个国家和地区制定了专门保障个人隐私或个人信息（数据）的法律，包括公共和私有实体对个人信息进行信息收集、使用在内的各项活动。

1974 年 12 月 31 日，美国参众两院通过的《隐私权法》（Privacy Act）后经国会修订后编入《美国法典》，是美国行政法中保护公民隐私权和了解权的一项重要法律，并就"行政机关"，包括联邦政府的行政各部、军事部门、政府公司、政府控制的公司，以及行政部门的其他机构等（如隐私保护研究委员会、管理与预算办公室）对个人信息的采集、使用、公开和保密问题做出详细规定，以此规范联邦政府处理个人信息的行为，平衡公共利益与个人隐私权之间的矛盾，但国会、隶属于国会的机关和法院、州和地方政府的行政机关不适用该法。

《隐私权法》中对涉及个人可识别信息的"记录"进行了定义，即关于个人的一项或一组信息，其由一个机构进行维护。个人记录包括但不限于其教育、经济活动、医疗史、工作履历或犯罪记录以及其包括姓名、社会保障号码以及其他一切能够用于识别某一特定个人的标识，如指纹、音纹或相片等。此外，还对系统记录、统计记录和日常使用进行了定义。此外，该法还规定了行政机关对于"记录"的收集、登记、公开、保存等方面应遵守的准则。

以美国管理与预算办公室（OMB）为例，其针对个人隐私保护制定了一系列相关隐私指引。首部指引是针对1974《隐私权法》制定的《隐私权法实施指引与职责》。该指引定义了为实施《隐私权法》的相关职责，从而确保美国联邦机构对于个人信息的收集在赋予的权限范围之内且遵守必须原则，并确保对个人信息的维护不会触犯个人隐私。

其他行业性法律对涉及个人信息的保护也以《隐私权法》为基础并进行更为详细的规定。以征信监管法律体系中的《公平信用报告法》（Fair Credit Reporting Act，FCRA）为例，该法律旨在保护影响消费者的信誉和地位信息的机密性，详细规定了征信机构和用户的责任与义务、信用报告的使用目的以及消费者的相关法律权利和责任。

总体而言，美国已形成针对政府和征信、医疗、电信等若干具体行业的个人隐私保护立法体系，其中比较著名的有以下几种。

- 《金融服务现代化法案》（正式简称为《格雷姆-里奇-比利雷法》，Gramm-Leach-Bliley Act，GLB），用于管理企业如何遵守非公开的个人信息的收集、使用和披露。该法案是1999年克林顿政府颁布的一项以金融混业经营为核心的美国联邦法案。

- 《健康保险可移动性和责任法案》（Health Insurance Portability and Accountability Act，HIPAA），该法案针对医疗信息中的交易规则、医疗服务机构的识别、从业人员的识别、医疗信息安全、医疗隐私、患者身份识别等问题，制定了详细的法律规定。

- 《儿童网上隐私保护法》（Children's Online Privacy Protection Act，COPPA），该法案要求网络从业者要确实告知其网站的隐私权政策；面向13岁以下儿童、或向儿童收集信息之前，必须首先获得其家长的同意；要求网站保证父母有可能修改和更正这些信息。除了保护儿童隐私外，该法还保证儿童在言论、信息搜索和发表的权利不受到负面影响。

- 《电子通信隐私法》（Electronic Communications Privacy Act，ECPA），延伸原先针对电话有线监听的相关管制（包含透过电脑的电子数据传递），主要是防止政府未经许可监控私人的电子通信。但是，对于针对雇员被雇主的设备监听的情况，ECPA却不会保障其隐私权。

此外，美国还建立了发达的司法救济系统，在行政监管领域也建立了高效的执法机制，但对于买卖个人信息的行为，从其现有法律上很难找到有效的法律适用，并且没有建立包含对个人数据获取、存储和使用进行监管的专项法律，对跨境数据传输也未做特殊限制。

6.2.4 欧盟的个人隐私保护

在欧盟，典型的个人信息保护法律是 1995 年的《个人数据保护指令》（Data Protection Directive）。该指令源于美国早期的 FIPs 原则，从法系上讲受德国和法国影响较大，所以，欧盟强调的个人信息保护，从民法上讲就是信息自主、信息控制和信息自决，其对国内的学者影响较大。

为应对云计算、大数据、移动互联网及跨境数据处理等应用场景所带来的新挑战，2016 年，欧盟通过了新的数据保护法案《通用数据保护指令》（又称《一般数据保护条例》）（General Data Protection Regulation，GDPR）并于 2018 年生效，取代先前制定的《个人数据保护指令》，旨在为加强欧盟区居民的数据保护，特别是指令对儿童信息使用和准许的保护，提供更加坚实的框架，指导跨欧盟个人数据的商业使用而设计的。其对于国际间的数据流动引入了新的职责和限制。此外，该指令还包括广泛的与隐私相关的要求，将对组织的立法、合规、信息安全、市场、工程和人力资源管理产生巨大的影响。

指令第 1 章第四条对 "个人数据"做出了明确定义，即与自然人相关的识别信息或可识别的信息；"可识别的自然人"是指能通过直接或间接方式，特别是通过参考姓名、身份证号、位置信息或通过物理、生物、遗传、精神、经济、文化或社会身份中一种或几种方式能够识别的个体。

不论是早期的《个人数据保护指令》还是新颁布的《通用数据保护指令》，均体现了欧洲大陆法系国家在个人信息保护领域统一化、标准化和一体化的立法和执法特点。总体上，欧盟基本上是把个人信息等同于个人隐私，然后各国设立隐私官行政主管机构，用公权力来进行介入。

以谷歌为例，2010 年 5 月 20 日美国《纽约时报》网站报道，西班牙、法国和捷克官员宣布，计划就谷歌从本国无线网络用户那里搜集数据一事展开调查，因为谷歌的行为违反了当地的隐私保护法律，从而增加了谷歌公司在欧洲遭受制裁的可能性。而事情的起因则是谷歌公司在此前 5 天表示，该公司无意间从全世界未加密的无线网络用户那里搜集到 600 G 的数据，据称这些数据属于电子邮件等个人信息。

2015 年，法国数据保护机构国家信息与自由委员会（CNIL）拒绝了谷歌不执行"被遗忘权"的请求，距离制裁谷歌又迈进一步。起因是欧盟最高法院在 2014 年 5 月裁定，允许用户从搜索引擎结果页面中删除自己的名字或相关历史事件，即所谓的"被遗忘的权"。根据该裁决，用户可以要求搜索引擎在搜索结果中隐藏特定条目。但是，谷歌拒绝 CNIL 的删除包括 Google.com 在内所有搜索网站中的内容的要求。对此，CNIL 发言人称，谷歌已被要求立即执行"被遗忘的权"，允许法国民众要求谷歌删除其所有网站上的敏感信息。如果谷歌拒绝执行，则 CNIL 在未来两个月内会准备制裁谷歌，最高可能被罚款 15 万欧元（约合 16.9 万美元）。如果再犯，将被罚款 30 万欧元。同时，美国消费者权利组织 Consumer

Watchdog 隐私主管约翰·辛普森（John Simpson）也曾致信美国联邦贸易委员会（FTC），敦促 FTC 要求谷歌在美国执行"被遗忘权"。

无独有偶，2014 年 8 月，著名社交媒体 Facebook 在欧洲也遭遇了类似的起诉。奥地利隐私保护人士马克西米利安·施雷姆斯（Maximilian Schrems）指控 Facebook 违背了欧洲数据保护法律，理由是 Facebook 包括参与美国国家安全局的"棱镜"项目，收集公共互联网的个人数据，违背欧洲数据保护法律，侵权用户隐私等。同时，施雷姆斯还指出，Facebook 还通过"赞"按钮追踪第三方网站上的用户。另外，根据 Facebook 的数据使用政策和做法，他们会通过"大数据系统"监视用户在网上的行为，施雷姆斯表示此举违背了欧洲数据保护法律。该诉讼到了 2.5 万人的原告人数上限，另外，3.5 万名签名者都是表达自己对这起隐私诉讼的支持态度。大多数原告来自德国和奥地利这样的德语国家，他们对 Facebook 的隐私政策感到不满，荷兰、芬兰和英国也有大量用户参与其中。

在当前网络时代，个人信息的收集、存储、加工无时不有、无处不在。纵观欧盟的《通用数据保护指令》，其对个体权利、数据擦除等要求却难以实现，如数据主体应收到其个人数据是否正在被处理的确认，数据主体可以访问到与自身相关的数据，个人数据不再满足早期数据收集或处理目的时应对其进行擦除。此外，对于个人信息曾被哪些主体存储过、存储的地方也无法准确获知。

即便如此，欧盟在个人信息保护和立法方面还是值得借鉴的。其从个人信息的采集，到信息的使用和交流，一直到信息的销毁，整个信息的全流程、全周期都有很明确的行为规范要求。

● 事前，在个人信息的采集环节，要正当合法地获取和处理，实行"最少采集"原则，要尽量少地采集个人信息，采集之后只能用于特定目的，不能用于非采集的目的。相关机构采集到个人信息后，要建立一套安全保护制度，采集信息的目的达到后，要在一定期限之后予以销毁。同时，欧盟很多国家都建立了个人信息处理的许可或登记制度，经过许可才能进行信息收集。

● 事中，欧盟实行了独立的个人信息保护执法机制，专设有信息专员。

● 事后，有相应的法律责任的追究和法律救济渠道。除了进行罚款，很多国家对违反法律泄漏个人信息是可以处以刑事责任。

作为个人信息的最大拥有者——政府机构，也同样和其他私有主体一样受到法律监管。欧盟设立的独立信息保护机构可对政府机关的个人信息泄漏采取法律制裁。信息保护机构还可对企业的个人信息泄漏行为进行检查、要求整改和定期报告，并追究法律责任。此外，该法律对于进入欧洲市场的企业也同样具有法律约束力，特别是向第三方进行个人信息转移。

除上述保护法规之外，欧盟还制定了防范用户在通信服务过程中潜在风险的《隐私与电子通信指令》（Privacy and Electronic Communications Directive）、对成员国在人类使用医疗产品最佳临床实践进行监管的《临床试验指令》和用于金融数据管理的"Convention 108"等相关法律和法规。

6.3 我国网络安全法与个人信息保护

近年来，我国政府高度重视数据在经济新常态中推动国家现代化建设的基础性作用。中共中央办公厅、国务院办公厅于 2016 年 7 月印发的《国家信息化发展战略纲要》明确指出，"信息资源日益成为重要的生产要素和社会财富。"在中央政府网站（http://www.gov.cn）的"政策"一栏中以"大数据"为关键词进行检索，一共返回 556 份国务院文件，覆盖各个领域。可以说，数据是新治理和新经济的关键，这个判断已经广被国人接受。

在所有类型的数据中，个人信息由于明确指向或可识别出特定个人，被当作"皇冠上的明珠"。当下，信息革命的浪潮和全面铺开的数字化使得人们的生产生活越来越与互联网深度融合。在线下的各种场景逐渐搬到网上的同时，个人信息得以挣脱纸面的束缚，直接以比特的形式被海量地记录、传输、存储、使用等。经过数字化、网络化后，个人信息一方面继续保有"单独或者与其他信息结合识别"（《网络安全法》第 74 条）特定个人的能力，另一方面又能在现代计算和存储能力的支持下，价值得到进一步挖掘和释放。放眼全球，个人信息已成为今后数字经济中提升效率、支撑创新最重要的基本元素之一。

在全面拥抱个人信息数字化和网络化的同时，我们也看到，许多境内外的网络犯罪团伙将目标瞄准了个人信息，已窃取了数以亿计的个人信息，并形成了交易个人信息的地下黑产。他们利用个人信息与特定个人之间的紧密关系实施各种犯罪，例如，以个人信息为基础的精准诈骗，与过去的电信诈骗相比，欺骗性和危害性成倍增长。除此之外，冒用个人网络身份更是直接造成了不可估量的经济损失。前段时间我国还发生了"徐玉玉案"这样发端于个人信息泄漏而导致人身伤亡的惨剧。这些都给我们敲响了沉重的警钟。

目前，我国尚未制定统一的个人信息保护法。在《网络安全法》出台之前，个人信息保护方面最主要的法律是 2012 年通过的全国人大常委会《关于加强网络信息保护的决定》和 2013 年通过的全国人大常委会《关于修改<中华人民共和国消费者权益保护法>的决定》，以及 2009 年通过的《刑法修正案（七）》和 2015 年通过的《刑法修正案（九）》。《网络安全法》不仅继承了上述法律关于个人信息保护的主要条款内容，而且根据新的时代特征、发展需求和保护理念，创造性地增加了部分规定，例如，最少够用原则（第 41 条的"网络运营者不得收集与其提供的服务无关的个人信息"）、个人信息共享的条件（第 42 条的"未经被收集者同意，不得向他人提供个人信息。但是，经过处理无法识别特定个人且不能复原的除外"）、个人的数据权利（第 43 条的"个人发现网络运营者违反法律、行政法规的规定或者双方的约定收集、使用其个人信息的，有权要求网络运营者删除其个人信息；发现网络运营者收集、存储的其个人信息有错误的，有权要求网络运营者予以更正。网络运营者应当采取措施予以删除或者更正"）等。因此，可以说《网络安全法》是目前国内关于个人信息保护最为综合的权威法规，并具有以下特点。

1. 明确了个人信息保护的责任主体

《网络安全法》在"网络信息安全"这一章的开头，就明确提出了"谁收集，谁负责"的基本原则，将收集和使用个人信息的网络运营者，设定为个人信息保护的责任主体。第40条规定："网络运营者应当对其收集的用户信息严格保密，并建立健全用户信息保护制度"。按该条款的规定，无论是在防范内部人员倒卖个人信息，还是保障系统不被攻破导致信息泄漏等方面，收集和使用个人信息的网络运营者都是第一责任主体。通过明确责任，一能避免个人信息泄漏导致严重后果后"无人负责"的局面，二能倒逼网络运营者重视对其掌握的个人信息的保护工作。

2. 与国际先进理念接轨

总的来说，《网络安全法》关于个人信息保护方面的规定，与现行国际规则及美欧个人信息保护方面的立法实现了理念上的接轨。目前，全球公认的个人信息保护方面的主要法律文本有OECD隐私框架、APEC隐私框架、欧盟《通用数据保护条例》（General Data Protection Regulation）、欧美"隐私盾"协议（Privacy Shield）、美国"消费者隐私权法案（讨论稿）"（Consumer Privacy Bill of Rights Act of 2015）等。综合这些立法，可得出个人信息保护的主要基本原则，包括目的明确原则、同意和选择原则、最少够用原则、开放透明原则、质量保证原则、确保安全原则、主体参与原则、责任明确原则、披露限制原则等。上述原则在《网络安全法》中均得到体现。例如，开放透明原则是指应以明确、易懂和合理的方式如实公示其收集或使用个人信息的目的、个人信息的收集和使用范围、个人信息安全保护措施等信息，接受公共监督。该原则具体化于《网络安全法》第41条的规定：网络运营者应"公开收集、使用规则，明示收集、使用信息的目的、方式和范围"。再如，主体参与原则，相比国内现有的立法，《网络安全法》的一大亮点就是赋予个人在一定条件下删除和更正其个人信息的权利。

3. 有效在个人信息保护和利用间实现平衡

在大数据和云计算的时代，包括个人信息在内的数据，只有充分地流动、共享、交易，才能实现集聚和规模效应，最大程度地发挥价值。但数据在流动、易手的同时，可能导致个人信息主体及收集、使用个人信息的组织和机构丧失对个人信息的控制能力，造成个人信息扩散范围和用途的不可控。如何实现两者的平衡是新时期个人信息保护的重要挑战之一。

对此，《网络安全法》首先在法律层面给予个人信息交易一定的空间，这是一个巨大的进步。《关于加强网络信息保护的决定》规定"不得出售"公民个人信息；而《网络安全法》第44条规定"不得非法出售"公民个人信息，换句话说，按《网络安全法》的规定，在一定情形下是可以出售公民个人信息的，无疑给符合规定的个人信息交易开了绿灯，为我国大数据产业发展提供了空间。当然，交易的合规条件有待后续进一步的规定。

其次，《网络安全法》进一步规定了合法提供个人信息的情形，这也是一个重要的创新。第42条规定，"未经被收集者同意，不得向他人提供个人信息。但是，经过处理无法识别特定个人且不能复原的除外。"从条文理解，至少在两种情形中，可以合法对外提供个人信息：一是被收集者也就是个人的同意；二是将收集到的个人信息进行匿名化处理，使得无论是单独或者与其他信息相结合后，仍然无法识别特定个人且不能复原。

4. 规定了个人信息安全事件发生后的强制告知和报告

《网络安全法》第42条规定，"在发生或者可能发生个人信息泄漏、毁损、丢失的情况时，应当立即采取补救措施，按照规定及时告知用户并向有关主管部门报告"。相比以往的法律规定，新增了个人信息安全事件发生后的强制告知和报告。

在全球范围看来，包括个人信息安全事件在内的网络安全事件的强制报告和告知，是近期的立法重点。许多国家和地区都注重通过强制对外报告和告知，进一步增强组织和机构的责任主体意识，敦促其认真对待保护个人信息的义务。在美国，联邦层面有健康保险携带和责任法案（HIPAA, Health Insurance Portability and Accountability Act）、金融业的格雷姆-里奇-比利雷法案（GLB Act, Gramm-Leach-Bliley Act）规定了数据安全事件强制告知和报告制度；此外，美国有47个州，以及哥伦比亚特区、关岛、波多黎各和美属维尔京群岛都通过了数据安全事件强制告知和报告法律。在欧盟，《通用数据保护条例》和欧盟网络信息安全指令（NIS Directive）也都规定了强制告知和报告的义务。此次，《网络安全法》吸纳了域外个人信息保护的先进经验，可以预期，通过主管部门、社会、媒体的监督能有效地对网络运营者形成压力，使其时时刻刻绷紧保护个人信息的发条。

第 7 章 区块链技术助力智慧城市创新发展

7.1 日益兴起的新技术——区块链

设计一套切实可行的电子货币（Digital Currency）或密码货币（Crypto Currency）一直都是密码学界苦苦追求的目标之一。直到 2008 年比特币的横空出世，这个问题才被迎刃而解。令人惊讶的是，构造比特币并不需要什么举世无双的新技术，而是一些司空见惯的密码技术（如哈希函数、数字签名等）的巧妙使用和组合。为了方便称呼，人们将比特币背后的技术及它们的组合方式统称为区块链技术。随着比特币市值的不断提升，其背后的区块链技术也越来越受到工业界和学术界的关注，其所隐含的内容也越来越广泛。区块链技术的威力也逐渐展现在人们的面前，除了金融领域外，区块链也被应用于其他各个领域。在本章中，将简要介绍区块链技术及其在智慧城市建设中的应用。

7.1.1 区块链技术的发展

区块链技术是随着比特币等密码货币的发展而日益兴起的一项新的技术。2008 年，中本聪发布的白皮书《比特币，一种点对点的电子现金支付方式》标志着比特币和区块链技术的诞生。在相当长的一段时间内，人们只知道比特币而不知道区块链。直到 2015 年，《经济学人》的一篇封面文章《重塑世界的区块链技术》才将人们的注意力引向了区块链，在全球掀起了一股区块链技术狂潮。美国芝加哥大学商学院詹姆斯·麦肯锡（James O' McKinsey）教授更是在 2016 年年初发布的报告中预言，区块链技术将在未来五年内颠覆众多行业，特别是银行业和保险业。摩根大通、花旗银行、中国平安、IBM、微软、谷歌、Facebook、亚马逊、百度、腾讯、阿里等国际金融公司和 IT 知名企业纷纷布局区块链，区块链初创公司也如雨后春笋般出现。2016 年 9 月，国内开始涉足区块链智慧城市的建设，其中，汽车零部件巨头万向集团宣布将使用区块链技术作为其新公布的智慧城市计划的一部分。

7.1.2 区块链的概念

区块链本质上可以看作是一个由全网维护的分布式账本,网络中所有的节点都可以参与区块链的延伸。区块链(比特币)是由一个个区块通过某种方式链接在一起。目前,通用的做法是将前一个区块头的哈希值放入当前块数据中,而该哈希值是通过密码学哈希函数产生的。也就是说,每一个区块都是基于前一个区块产生的,从而确保区块的前后顺序,将其链在了一起。除了包含该哈希值以外,区块中还包含一系列的交易记录。交易记录的安全性是由发送方使用数字签名技术保证的,区块的整体安全性则由通过其他密码技术保证(如在比特币中,通过哈希函数来保证),而该区块生成者是通过共识机制来决定的。

1. 区块

如图 7.1 所示,在区块链中每个区块由区块头和区块体构成,区块头中包含的信息有前一区块头的哈希值、Merkle 根、版本号、时间戳、随机数、难度值。其中前一区块头的哈希值用来链接本区块与前一个区块;Merkle 根是当前区块体中所有交易通过 Merkle 树的方式生成的哈希值;版本号表示当前区块链代码版本;时间戳为区块生成者发布区块的时间;随机数也被称为 nonce 值,用户的工作量就在于寻找一个合适的 nonce 值;难度值表示当前全网的难度值,用来控制寻找合适 nonce 值的难度,该难度值每 2016 个区块链调整一次,使得每个区块的生成时间大约为 10 分钟。区块体中主要用来封装需要放进区块链的交易,比特币网络中的参与者都可以通过数字签名验证算法验证这些交易的有效性。

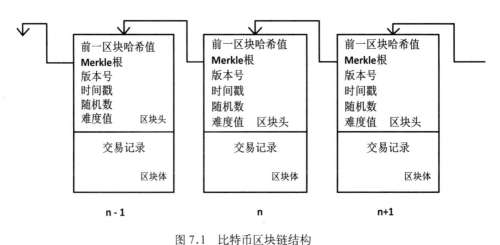

图 7.1 比特币区块链结构

2. Merkle 树

比特币区块链中,区块体中的交易通过如下方式进行组织:计算交易哈希值,再对相邻的两个交易的哈希值求哈希,直到求解到根哈希值(即图 7.2 中的 Hash(12345677))。

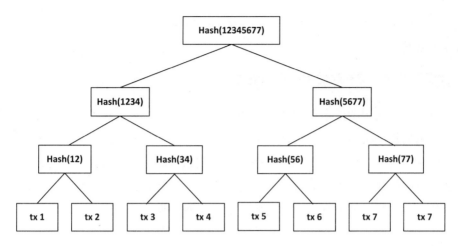

图 7.2 区块链交易存储方式

3. 数字签名技术

Merkle 树中的交易的安全性是由交易发送方通过数字签名技术保证的。当进行交易的时候，交易发送方会使用自己的私钥对交易数据列表进行签名，生成一串字符串。数字签名技术所具有的不可伪造性保证了该串字符串只能通过该私钥产生，并且可以通过所对应的公钥进行验证。由于公钥是公开的，因此，任何人都可以对该字符串进行验证。

4. 共识机制

共识机制是用来解决区块链系统中，谁有权利生成新的区块以及所有节点如何维护统一账本的问题。目前比较流行的共识机制有以下几种。工作量证明（Proof of Work，PoW）机制：以比特币为例，在比特币网络中所有用户通过计算一个哈希不等式来获得记账权，并且用户获得记账权的概率与其所拥有的算力成正比，算力越大获得记账权的概率越大。未来币等币种使用的是权益证明（Proof of Stake，PoS）机制。该机制使得用户获得记账权的概率与自身所拥有的权益（如币的个数）相关，用户所拥有的权益越多，获得记账权的概率越大。比特股等币种使用的共识机制是授权权益证明（Delegated Proof of Stake，DPoS）机制。在此机制中，用户通过缴纳保证金的方式申请成为记账候选者，然后比特股系统中所用持有比特股的用户对缴纳保证金的候选者进行投票，获得票数最多的前 30 个用户依次生成区块。

7.1.3 区块链技术的特点

由上面的介绍我们了解到，区块链本质上就是一个全局维护的分布式账本。作为一个新兴的技术，区块链技术能够得到广泛使用是因为其具有普通分布式账本所没有的特点，能够保证用户的隐私安全和数据完整性。另外，区块链还具有可追溯性，其中的每一步操作都被完整地记录，并且不允许被篡改，网络中的所有节点都可以对其进行验证。下面对区块链技术特点进行简单介绍。

1. 数据完整性、防篡改性和不可伪造性

区块链中主要使用的技术有数字签名和哈希函数。数字签名技术具有不可伪造性，哈希函数具有单向性、抗碰撞性以及伪随机性。在交易记录上运用数字签名技术，保证了交易记录和区块内容的完整性、防篡改性和不可伪造性；将前一区块的哈希值放入本区块中，哈希函数的单向性保证数据的完整性与不可篡改性；区块链的数据完整性、防篡改性与不可伪造性的使用使得数据一旦写入区块中便不会再被更改。

2. 去中心化

区块链技术中，数据的存储、传输、验证都是基于一个分布式网络，每个节点都可以在自己的客户端下载所有的历史记录，所有的历史记录都公开透明。因此，不再需要类似银行、中介等第三方信任背书机构的存在，每个节点都有权利监督网络中发生的一切，不需要节点间的相互信任也能正常运作。

区块链技术的使用实现了一种点对点的直接交互，使得高效率、大规模、无中心化代理的信息交互方式成为可能。区块链的运行取决于新区块的产生是否正常，只要有区块继续产生，那么区块链就一直会运行下去。由于有众多的区块生成者，因此，区块链不存在单点故障的风险，能够抵抗拒绝服务攻击。

3. 匿名性

区块链技术由于其本身的特性，比较适用于存储数量少但存储价值高的数据。由于数据自身和数字货币系统中的交易双方、交易时间的敏感性，区块链在设计的时候需要借助一些密码学技术来隐藏数据中的具体字段。例如，比特币中单个用户可以利用任意多个地址进行交易来隐藏现实世界中的实体与交易双方的对应关系；在门罗币和零币中则分别使用环签名和零知识证明来保护交易中的金额信息；也有一些私有链（仅有少数指定者可以成为区块生成者）设置了精细的权限控制，能够为不同角色分别赋予交易跟踪、审计等功能。

4. 支持智能合约

与一般的分布式共享数据库不同，区块链不仅能存储数据，也能存储可执行的代码。例如，在以太坊①中定义了一种基于堆栈的图灵完备的字节码，能够用来实现一些复杂的

---

① 以太坊：一个开源的有智能合约功能的公共区块链平台。通过其专用加密货币以太币提供去中心化的虚拟机来处理点对点合约。该概念由程序员 Vitalik Buterin 受比特币启发后提出，大意为"下一代加密货币与去中心化应用平台"。

逻辑在适当的时候被矿工执行。有很多安全协议需要一个可信的第三方，而在对等网络中，这样的第三方是很难构造的。在区块链中，我们可以实现一些用于审计、公正、仲裁的智能合约来取代部分可信第三方的角色。

7.2 目前智慧城市建设中面临的问题

传统智慧城市的建设使用物联网、云计算、大数据等技术，在赋予物体智能和方便用户体验的同时，也不可避免地带来了诸多隐私与安全问题。

1. 数据完整性问题

智慧城市建设中，信息的采集过程中由于硬件设备（如传感器）的出错将会导致收集到的数据丢失或者残缺。同时，由于各行业或部门之间信息的孤立，在需要信息共享的过程中可能会导致信息的丢失。而对于关键数据也缺乏特别的校验环节，在数据被篡改后无法迅速发现，或者即使发现了也无法迅速地还原数据并恢复服务。这使人们在生产生活中的办事效率大大降低。

2. 中心化问题

2016 年在世界互联网大会上，百度创始人李彦宏指出，在现在这个新时代中，基于智慧城市的智能家居不断发展，各种物联网设备大幅增加，逐渐成为黑客发起 DDoS 攻击的帮凶。传统智慧城市的建设中，通过物联网传感器、大数据与云计算等技术将采集到的大量数据上传到一个中心化服务器或者"城市云平台"上，对数据进行分析处理，这样的结构正中了 DDoS 攻击者的下怀。一旦中心化的服务器或者"城市云平台"遭到攻击，那么将会波及数量众多的设备，进而对整个城市的生产生活造成影响。

3. 数据泄漏问题

智慧城市建设中，物联网设备产生了大量的数据，通过对某些不受法律法规保护的数据进行集中分析，不仅会导致隐私信息的泄漏，还有可能导致用户安全问题，如：穿戴式设备智能手环中心跳的变化可以计算出你的运动状况或身体状况；智能冰箱的使用可以计算出你的生活状态；智能取药设备受远程攻击造成设备出错的时候，错误的药物的使用也是对于我们生命的一种威胁。所以说，智能设备是天生的隐私收集者，家庭布局、每日行程、睡觉时间都会被记录得一清二楚，若智能设备被攻破，那么隐私就不受保护了，进而可能会危害到用户的安全。不断发生的隐私的泄漏事件正不停地提醒我们数据泄漏的危险。

4. 数据交换问题

智慧城市建设中，使用物联网、大数据技术采集到的信息都是基于某个行业或者部门的，行业或部门之间信息系统相互独立，数据格式不统一，给数据共享交换带来了不便。同时由于各行业或部门对自身数据的利益保护以及安全性考虑，使得跨行业跨部门的数据共享实现较为艰难。

7.3 使用区块链技术解决智慧城市中的问题

通过分析区块链技术的特点以及智慧城市中现存的安全问题，我们发现可以利用区块链技术来解决智慧城市中出现的部分安全问题。区块链技术的去中心化特征，使得系统中所有用户都拥有一份完整的数据副本，即使系统中的节点受到攻击，只要一个用户拥有完整的副本，别的节点都可以从这个节点上复制完整的数据。区块链技术的数字签名、防篡改技术能够建立防伪标志，使得数据不可更改。区块链技术的匿名性特征能够保护用户隐私不被泄漏。

区块链技术助力智慧城市的建设涉及生活中的方方面面，从衣食住行到身份识别、从环境问题再到教育问题等各个方面。区块链技术不仅能够在保证人们的身份隐私信息，同时，也能使城市中的所有人参与到智慧城市建设的方方面面，共同建立一个便民的智慧城市。以下通过几个方面对区块链技术助力智慧城市建设进行简单的介绍。

7.3.1 区块链在智慧城市中的基础应用

7.3.1.1 智慧教育

区块链的数据完整性、不可篡改性用于智慧教育中保证学籍信息的完整性。区块链技术的不可篡改性、智能合约技术用来建立不可篡改的证书的同时，还能为所有的孩子提供教育机会。

利用区块链技术建立一个学生管理系统互联链（由具有互联相通需求的多个区块链形成）。与传统管理系统不同，使用区块链的数据完整性、防篡改性等技术，学校用私钥进行签名授予学生在校的各项荣誉、毕业证书等信息。在学生毕业的时候这些信息通过智能合约等技术上传到学信网联盟链，网络中所有用户可以对证书的完整性与有效性进行验证，同时，只有授权的用户可以对证书进行查看，保护用户隐私数据的安全。

使用区块链的智能合约技术为上不起学的儿童、失孤儿童、福利院儿童以及需要帮助的儿童建立一个针对相关儿童的赠款管理系统，用于学生上学教育的学费以及生活费用。与传统捐款系统不同，使用智能合约建立的捐款系统更加的公正。使用智能合约先建立一个赠款的众筹项目，然后当众筹金额到达目标值的时候，通过智能合约可以将赠款直接发放给需要帮助的儿童，并且不需要经过第三方。通过此系统确保众筹金额发放流程的透明性以及赠款发放的有效性，防止中间人不发放赠款或者将其用于其他用途。

7.3.1.2 智慧医疗

传统医疗中当病人就医时，由于医疗器械或者医生的专业水平问题，转院的情况经常发生。从一家医院转到另一家医院的时候，需要进行繁琐的重复检查，不仅浪费时间，而且在紧急情况下还可能会威胁到生命。

区块链技术的匿名性、去中心化可用来建立不可篡改的、多中心的电子病历或者检验报告，使得只有被授权的医生可以进行查阅与修改，保护用户隐私的同时共享的数据实现很高的就医效率。无论你在哪个医院曾经就医过或者你曾经患过什么疾病，当再次生病进行检查时，医生可以查询曾经上传到共享区块链上的检验报告，根据这个检验报告对于药品剂量的使用或者仪器频率的使用进行控制，比如，心脏病患者不能打麻药，孕妇和心脏病患者应该远离电子仪器产品等。

使用区块链技术建立的不可篡改的检验报告同时可以用来存证，当存在医患问题的时候用于解决医疗纠纷。

7.3.1.3 智慧政务

区块链技术用于智慧政务中，多中心的共享方式减少传统政务中欺诈行为的出现，实现社会福利的发放。

区块链的去中心化、匿名性、智能合约等技术建立的公有链，用来发放政府社保、养老金等社会福利，与传统智慧政务不同，区块链技术的使用能够在保护居民隐私的同时将政府社保、养老金直接发放到居民用户，不需要经过中间人，进而减少中间人从中谋利的行为。

区块链的智能合约、防篡改技术用于民事登记方面，将居民信誉与个人捆绑，用来减少民事纠纷、欺诈等行为的发生率。

7.3.1.4 智慧供应链

供应链是指从采购原材料直到制成最终产品，再由销售网络将最终产品送到消费者手中的这一系列过程中，由供应商、制造商、分销商直到最终用户所组成的整体功能网链结构。而在这个过程中，由于产品的生产以及销售过程并不是公开透明的，中间商可能在中间过程造假，制造不符合标准的商品并且将其卖给消费者，进而影响消费者身体健康。

区块链的完整性、去中心化能够用于追踪供应链安全，实现供应链数据的实时共享。将商品的制造过程与销售过程全部公开在网络上，使得商品的制造与销售过程都变得公开透明。授权用户可以对其进行查询、验证，进而避免传统供应链中的欺诈、产品伪造或低质量等风险，进而在提高商品质量的同时保证消费者的生命安全。

7.3.1.5 智慧交通

经济的发展刺激着人们对于物质的消费以及生活品质的要求，同时也带来碳排放，交通拥堵等各项问题。

使用区块链的数据完整性、不可篡改性建立一个车辆管理系统公有链，进行车辆管理的同时进行二手车的售卖。与传统的车辆管理不同，所有车辆都在这个公有链上进行注册，区块链技术的数据完整性用来为所有车辆提供生命周期记录，区块链的不可篡改性保证所有的记录都真实可靠。每个用户都可以对车辆使用记录进行查询，确保车辆来源的透明性与合法性，同时保证只有正常的车辆才能在智慧城市道路上行驶。区块链的智能合约技术用来提醒用户，对于车辆进行及时检测，这样做能够减少交通事故的发生率，同时保护用户的安全。

7.3.2 区块链在智慧城市中应用的最新研究

区块链技术的飞速发展，使得人们对于区块链的研究也随之火热起来。区块链技术在智慧城市中的建设备受关注，越来越多的利民项目被提了出来，下面对最近提出来的使用区块链技术助力智慧城市的建设进行简单的介绍。

2017年12月14日，沃尔玛、京东、IBM、清华大学电子商务交易技术国家工程实验室共同宣布成立中国首个安全食品区块链溯源联盟，目的在于通过区块链技术的溯源性加强食品追踪、可溯源性和安全的合作，提高食品供应的透明度，进一步保证消费者食品安全。

2018年1月，世界野生动物基金会（WWF）宣布了他们应用区块链的供应链追溯项目。通过该项目，世界自然基金会及其伙伴正在通过区块链技术记录海鲜产品的每一步，以打击非法捕捞金枪鱼。

2018年2月24日，诺基亚提出传感即服务（S2aaS）的建设，此项目使用云计算、大数据、物联网、区块链等技术，用于管理"智慧城市"的视频监控、网络、物联网、传感器、停车状况和环境等一系列内容，助力智慧城市经济和环境可持续发展。

2018年3月5日，在线会议酒旅预订平台会唐与九链数据科技有限公司正式签署战略合作，标志着酒店预订场景与区块链技术研究进入新的阶段。2015年，会唐就在酒店应用场景与区块链结合领域进行尝试，发现在客户垫款、定金预付、信用、行业评价等方面，都能通过区块链技术很好解决。

智慧城市的建设是推动城市乃至国家发展的重要举措，而区块链技术在智慧城市的建设中则起着关键作用。正如国家发展和改革委员会所言，智慧城市是城市可持续发展需求与新一代信息技术应用相结合的产物；在区块链技术日益兴起的今天，将区块链技术用于智慧城市的建设，使用去中心化、去信任化建立的信任机制，与全民维护的不可篡改、可溯源的分布式账本技术，能够让所有人参与城市建设的同时实现资源的可持续发展与居民生活质量的提高。

第三部分
数据驱动安全，安全助智慧腾飞

当前网络与信息安全领域，正在面临着多种挑战。一方面，企业和组织安全体系架构的日趋复杂，各种类型的安全数据越来越多，传统的分析能力明显力不从心；另一方面，随着新型威胁的兴起，内控与合规的深入，传统的分析方法存在诸多缺陷，已经无法有效应对日益复杂的安全形势。全行业正在试图找出一系列更有效的方法。将大数据和大数据分析技术与现代网络安全技术相结合，通过对各类网络行为数据的记录、存储和分析，从更高的视角、更广的维度上去发现异常、捕获威胁，实现威胁与入侵的快速监测、发现与响应，是这些方法中比较有效且非常关键的一种，数据驱动安全也已成为大数据时代安全行业的一个共识。

数据驱动安全，依托的是安全数据的大数据化，是大数据技术在安全领域的创新应用，也是目前网络安全的发展方向。然而随着安全数据的数量、速度、种类的迅速膨胀，也带来了海量异构数据的融合、存储和管理问题，需要借助云计算、大数据、区块链等技术，解决海量安全要素信息的采集、存储和管理问题。借助基于大数据分析技术的机器学习和数据挖掘算法，智能的洞悉信息与网络安全的态势，更加主动、弹性地去应对智慧城市建设过程中各种新型复杂的威胁和未知多变的风险。同时通过安全即服务的云端防护方式，可以更加快捷高效的构建防御体系，及时有效地抵御各种安全威胁，实现安全与智慧的腾飞。

第 8 章 什么是大数据分析

8.1 数据采集是一切的食粮

大数据分析是指对规模巨大的数据进行分析。大数据具备数据量大、高增长量、多样化、价值密度低属性。大数据经过分析后具备更强的决策力、洞察力和流程优化的能力。

数据量巨大是大数据的第一个重要特征,其包括采集、存储和计算的量非常大。数据采集是所有数据分析平台必不可少的,随着大数据越来越被重视,数据采集的挑战也变得尤为突出。

8.1.1 数据是智慧城市的核心资源

随着城市发展,一些城市问题也应运而生,城市人口剧增、交通拥堵、产业能耗偏高、环境污染、食品安全监管不力、"信息孤岛"问题突出、公共安全问题。俗话说:巧妇难为无米之炊。面对问题,需要通过资源整合,实现信息的快速采集与分享。"数字城市"向"智慧城市"转变的关键就是大数据,要想让大数据得以广泛应用,挖掘蕴含其中的价值,首先需要采集数据。

数据是智慧城市的核心资源,它散落在各个城市的所有构成单元,比如,卫星数据、气象信息、摄像头、无线通信终端、移动通信数据、公共基础数据、业务数据,等等,是亟待开采的特殊资源。这些数据不被集中搜集,就无法发挥其价值。有人说大数据是石油,它深埋在地下,大数据采集就相当于发现原油、开采原油。它是大数据分析、科学管理、智慧城市建设的基础。客观来讲,数据也是城市生活运行不可或缺的重要资产。

8.1.2 数据采集的特点

在大数据时代,数据采集一般来说有三个特点:一是数据采集以自动化手段为主,尽量摆脱人工录入的方式;二是采集内容以全量采集为主,摆脱对数据进行采样的方式;三是采集方式多样化、内容丰富化，摆脱以往只采集基本数据的方式。从采集数据的类型看，不仅要涵盖基础的结构化交易数据，还将逐步包括半结构化的用户行为数据，网状的社交关系数据，文本或音频类型的用户意见和反馈数据，设备和传感器采集的周期性数据，网络爬虫获取的互联网数据，以及未来越来越多有潜在意义的各类数据。在常见的数据采集技术，过去传统的数据采集方法包括人工录入、调查问卷、电话随访等方式。随着大数据时代的到来，数据采集方法有了质的飞跃，目前使用最多的是移动端安装的采集软件工具包，这种技术能帮助采集用户数、活跃情况、流失比例、使用时长等基础数据；网络爬虫也是广泛使用的互联网采集技术，常被用于大规模全网信息采集、舆情监控、竞品分析等领域。在工业制造业领域，传感器也是常见的大数据采集装置，通常用于自动检测和控制等环节。当前，基于传感器数据的大数据应用才刚刚起步，随着未来携带传感器+大数据平台的智能设备将越来越多，智能医疗，智慧城市等方面的前景将无限广阔。另外，对于常见的日志数据的采集，一些互联网公司有自己开发的工具如 ELK 公司的 Logstash，Hadoop 公司的 Chukwa，clouda 的 Flume，Facebook 的 Scribe 等，这些工具大多使用分布式的设计，能够应对海量数据的采集和传输。对于流量数据的采集，一般使用 DPI 设备将业务流量数据镜像过来，做相关的协议解析。

8.1.3 数据采集的设计

数据采集的设计，几乎完全取决于数据源的特性，毕竟数据源是整个大数据平台蓄水的上游，数据采集不过是获取水源的管道罢了。在数据仓库的语境下，ETL 基本上就是数据采集的代表，包括数据的提取（Extract）、转换（Transform）和加载（Load）。在转换过程中，需要针对具体的业务场景对数据进行治理，例如，进行非法数据监测与过滤、格式转换与数据规范化、数据替换、保证数据完整性等。但是在大数据平台下，由于数据源具有更复杂的多样性，数据采集的形式也变得更加复杂多样，其业务场景也可能变得迥然不同，大数据 ETL 的流程，如图 8.1 所示。

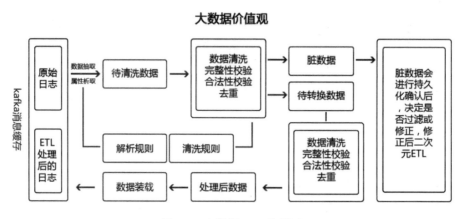

图 8.1　大数据 ETL 流程图

8.1.4 建设智慧城市数据中心

智慧城市数据中心建立之初,要做好信息资源规划,确认数据采集对象、采集方法,对数据资源整合、治理形成数据资源基础。

以智慧人口服务为例,人口数据分散在多个部门,包括公安、民政、社保、计生、流动人口管理办公室等部门,每个部门都有一部分自己的专属数据,但没有一个部门能说自己的数据最全面。建设智慧人口工程目的是保证个人档案的全面性、正确性和时效性,首先需要确认采集部门包括以上涉及的所有部门,并对采集到的数据进行整合、治理形成智慧城市人口数据中心。

要将智慧城市数据中心转换为具备洞察力、决策力的大数据,使其确能帮助城市居民实现更方便、更智能的生活,需要选择更合适的技术和管理方式打造智慧城市。

8.2 小数据是试验田

大数据,指的是所涉及的数据无法通过目前主流软件工具在合理时间内采集、存储、处理的数据集。小数据,则指的是所涉及的数据通过目前主流软件工具可以在合理时间内采集、存储、处理的数据集。智慧城市是对海量信息形成的大数据进行了智慧处理,中国特色的智慧城市建设和发展之路还在不断地摸索和实践之中,需要不断加强技术创新,选择更合适的技术和管理方式。小数据,其实是大数据的一个有趣侧面,是其众多维度的一维。小数据不比大数据那样浩瀚繁杂,如果小数据都不能很好地处理,如何来很好地处理"汇集"而来的大数据?因此,小数据是大数据安全分析师的试验田,是摸索智慧城市建设和发展的重要实践手段。

8.2.1 小数据的价值

虽然大数据是大势所趋,但是如同常言说得好:"没有金刚钻,不揽瓷器活",没有过硬的分析能力,不但在大数据浪潮中难以勇立潮头,而且可能被巨浪裹挟。

数据分析,最直白的说法,就是萃取数据的价值。虽然规模不同、种类有异,但是很多大数据分析技术都是在传统数据分析技术上继承而来,结合大数据的新特性,得到的新发展。

从这个意义上说,小数据是分析师的试验田。在分析师奔赴大数据分析的一线之前,用试验田磨砺其分析技能,分析师将具备更大的胜算。

首先需要认识到,数据分析本质上是一个实验过程,不断地提出假设、寻求证据、证实或证伪假设,持续的迭代更新的过程。

最后，由于人类所处的世界自身量级的限制，人类对数据的认知存在明显的局限性。一般来说，人类很难认知到超越自身经验的信息，所以大数据只有在被分析处理，形成了信息甚至是知识后，才能被人类所认知。这就导致了"到底是鸡生蛋还是蛋生鸡"的悖论怪圈。

8.2.2 数据分析的实验技能

1. 数据探索

数据探索是数据分析的必要环节，通过数据清洗、数据挖掘和数据准备，探索数据的核心价值所在，其目的是获得对数据的感知，得到最直接的感受，实现对数据的理解，强化对数据的应用。

通过对数据的探索和研究，首先要搞明白什么数据是值得去深入分析，可以向数据提出哪些有价值的问题，哪些相关数据应该关联起来一起分析。通过数据探索，业务数据从哪里来，到哪里去，在哪里被利用或流失，累积数据神经单元，实现数据探索分析模型，形成数据应用的基础技术支撑资源。

2. 数据可视化

数据视觉研究是数据应用的重要组成部分，数据可视化是对数据的直观体现，通过数据可视化，加强决策者对业务场景的判断，提升决策能力和执行效率。

可视化分析的背后，隐含的是人类认知能力的进化历程。由于进化的左右，人类认知能力产生了"百闻不如一见""无图无真相"的现象。

当然也要认识到数据可视化的局限性，可视化一般难以揭示数据深层的规律和模式，更多地需要统计分析等科学工具的介入。

同时可视化也可以很容易地对一些浅层信息进行快速的确认验证，可以从一些局部或微观去了解假设的判断是否存在严重错误，是否需要及时调整。

3. 统计分析和机器学习

小数据，不仅需要的数据规模小，需要的计算力也不高。个人电脑都可以跑起来。正所谓"船小好掉头"，数据分析是一系列的数据实验，需要不断地调整分析的方向、采用的技术，大数据的话，这种调整相对比较困难。

比如，说到用户画像，可能很多人看到的是互联网巨头们精准营销的案例。其实很多传统的基于 CRM（客户关系管理）的小数据分析，也产生了非常大的价值。

统计分析和机器学习相对来说，能够探索到更深层次的数据信息。比如通过傅里叶变换，时域可以转换到频域。

4. 工具和编程技能

由于数据分析会对数据进行较为复杂的变换，需要相关工具和技能提升工作效率，常用到的如：Shell 脚步处理、Python、R、SQL 等。通过工具及编程的应用，大大提高了对数据的处理能力、感知能力。

8.2.3 小数据的局限

小数据从专业角度和应用思路上来讲存在一定的局限性。主要体现在以下两个方面。

一是抽样偏差，小数据一般来源于全体的一个子集、片段、采样，这样必然导致小数据和整体之间的分布一致的差异。这个数据差异，可能会导致分析得到的洞见和知识，存在"一叶障目"、"盲人摸象"的境况。针对抽样偏差，统计学已经发展出了很多的技术，比如交叉校验、泛化误差评估，来最小化这种数据导致的偏差。另外，在数据分析过程中，心中也要时刻有小数据的概念，需要尽量多做一些实验，避免陷入"见木不见林"。

二是分析思路的局限，从专业角度来讲，小数据会限制数据分析过程的思路，不能用更宏大的视角去看待分析问题，这是小数据存在的战略格局问题。

8.2.4 从小数据走向大数据

通常来讲，很多数据分析处理得到较为满意的结果后，会有一个工程化的过程。其中，需要考虑规模的可伸缩性，另外，需要考虑执行效率。这是小数据走向大数据的关键节点。

数据分析的工程化，主要包括了几大部分。

1. 分布式并行处理

这是大数据和小数据在技术层面最核心也最基本的差异。大数据的核心特性，就是解决传统数据处理方式无法解决的规模问题。

MapReduce 这种"分而治之"的思想就是为解决这个问题而诞生的。

这个过程并不是自然而然的，有些分析任务很容易分布式并行处理，但是有些任务比较困难。

比如，在进行 UV（Unique Visitor，网站独立访问）统计时，分布式并行化处理后，如果要保持精确，会导致通信成本过高、内存消耗过高甚至不可能实现；如果基于磁盘的算法方案，会导致磁盘 IO 消耗过大，响应时间过长。

这个时候，就需要从算法层面引入一些统计估算技术。

某种程度上，在大数据领域，也存在"测不准"原理，需要在精确、及时响应、可承受开销之间进行权衡。

2. 向量化

CPU 层面的 SIMD[①]特性、GPU[②]的并行运算单元，为向量化处理提供了底层支持。如 Spark 就通过"钨丝项目"，彻底改造了很多处理流程，充分利用向量化在批量处理数据上的优势，某些应用场景下，甚至可以达到数量级上的性能提升。

3. 异构化计算

尤其是在机器学习中，由于矩阵运算、微分运算、迭代循环导致的计算复杂度，叠加海量数据，再加上规模越来越庞大的模型，导致集群学习的计算力消耗是超级惊人的。

正是在这种需求驱动下，当前人工智能领域非常活跃的一个分支就是各种加速计算方案，如 GPU 的 CUDA[③]方案、Google 的 TPU[④]方案，甚至苹果、华为的人工智能芯片，都是这一科技浪潮之下的创新方式。

那么数据分析过程中，怎么充分地利用好这些异构化的计算力是软件层面需要解决的问题。比如，TensorFlow 就充分利用了 GPU、TPU 的特定计算特性。

8.3 秒级实时分析大数据，真的吗？

小数据实验田对个体数据进行全方位、全天候地深入精确分析结果，使人们摆脱了对经验的依赖，使决策由主观性走向客观性从而使得数据更加可信，给智慧城市建设提供灵感，并将其落实为具体行动。但智慧城市建设如果抛开大数据分析便无法总结规律，进而无法决策未来。这使得智慧城市难以"全智"。

城市发展速度迅速、人们生活节奏高效，使得每个人需要做出非常迅速且非常多的决策，每个人都需要决策，这就要求帮助人们决策的数据分析越快越好，越快才越有价值。

8.3.1 天下武功，唯快不破

google 在 2003—2004 年发表的两篇论文，诞生了目前炙手可热的 Hadoop 技术。随着国内大数据技术普及和在各行业应用的成功落地，海量数据的储存已不是问题。近年来，随着数据存储规模的指数级增长，海量数据背后的分析挖掘也开始得到了重视。

能够对万亿规模数据进行高时效性地分析，已经成为衡量各行业大数据应用水平的关

---

① SIMD：Single Instruction Multiple Data，单指令流多数据流，是一种实现数据级并行的技术。
② GPU：Graphics Processing Unit，图像处理单元。
③ CUDA：Compute Unified Device Architecture，一种由 NVIDIA 推出的通用并行计算架构，该架构使 GPU 能够解决复杂的计算问题。
④ TPU：Tensor Processing Unit，谷歌专门为深度学习设计的一种处理器芯片。

键指标之一，同时也是各大数据平台提供商的核心技术和技术人员孜孜不倦追求的"葵花宝典"。

大数据实时分析，通常有以下特点。
- 秒级别时延。
- 多维度复杂查询条件。
- 十亿级别查询范围。
- 返回结果数小。
- 高并发处理。

8.3.2 实时大数据交互式分析的内功心法

如果把大数据秒级交互式分析技术比喻为武功的最高境界之一，那么数据的分布式存储格式一定是它的内功心法。纵观目前大数据存储、分析技术流派，大致可分为键值对型、全文检索型、列存储型，下面来介绍几种解决方案的特点。

1. 键值对型

HBase 是一个分布式的、面向列的开源存储系统。它是一个适合于非结构化数据存储的数据库，核心是将数据抽象成表，表中只有行键、列族。行键即主键，列族中存储实际的数据。数据本质上还是以"键/值"方式予以存储。

正是由于这种键值对存储结构，能通过主键来快速检索数据，应对查询中带了主键的应用非常有效果，查询结果返回速度非常快。在万亿级别的数据中，根据主键进行查找能做到秒级别的响应速度。但只有一个简单主键的索引，缺少列索引，所有的查询和聚合分析只能依赖于主键。

因此，HBase 代表了基于"键值对"方式的分布式数据存储方案。对于单值（基于主键）查询有非常大的优势，但很难满足灵活多变的基于列属性的聚合分析场景。

2. 全文检索型

全文检索技术主要应用于搜索引擎的技术，也叫倒排索引，设计之初主要是为了解决文本类非结构化数据的检索场景。Lucene 是最具代表性的一个开源的全文检索引擎。而 ElasticSearch 基于其作为分布式搜索服务开源实现，能够达到海量数据的分布式实时搜索。在很多非结构化数据检索和分析场景中，都有大规模的应用，同时也具备很好的响应时效。

但是，它也存在一些缺点，比如，它有自己的文件存储格式。目前，还无法与业内的大数据仓库平台做到存储级别的数据共享，在实际应用中，往往是一份数据多份存储，既浪费了存储空间，也加大了系统建设的复杂度。同时，在大规模的数据聚合分析计算中，对高并发的响应支持得不够。

3. 列存储型

谈到列式存储，不能不提大名鼎鼎的 Dremel，它是 Google 的"交互式"数据分析系统。可以组建成规模上千的集群，处理 PB 级别的数据，将处理时间缩短到秒级。

Google 在其公开的论文 *Dremel：Interactive Analysis of WebScaleDatasets* 提出了一个 Column-striped 的存储结构。Parquet 作为这种基于嵌套的列存储方式的开源实现，目前已是大数据存储格式的事实标准。

这种基于嵌套的列存储方式，按照如下方式组织并存储数据。

- 行组（Row Group）：按照行将数据物理上划分为多个存储组单元，实际对应 HDFS 中的一个物理存储块，每一个行组包含一定数量的行数，通常是 256M，同时每一个行组保存每一列的统计信息（min、max、count 等）。
- 列块（Column Chunk）：在一个行组中每一列保存在一个列块中，行组中的所有列连续的存储在这个行组文件中。
- 页（Page）：每一个列块划分为多个页，页是最小的编码的单位。有三种类型的页：数据页、字典页和索引页。数据页用于存储当前行组中该列的值，字典页存储该列值的编码字典，索引页用来存储当前行组下该列的索引，目前 Parquet 中还不支持索引页。

Parquet 文件作为列存储方案的代表，在数据查询方面有如下优势。

- 查询的时候不需要扫描全部的数据，而只需要读取每次查询涉及的列，按需查询有效降低物理 I/O。
- 利用查询分析条件，在行组扫描时，根据每一列的统计信息（min、max），实现行组级别简单过滤，仅仅扫描符合查询条件的行组，避免了全量数据的扫描。
- 由于每一列的成员都是同构的，可以针对不同的数据类型使用更高效的数据压缩算法，既降低了物理存储空间，同时也大大减少了数据传输的 I/O。

虽然，Parquet 这种高效压缩，同时基于列访问方式的存储格式，已经具备了很好的性能，但是缺乏有效的索引方式。在实际查询和聚合分析应用中，只能通过简单的行组内大、小范围值的粗粒度过滤，没有利用索引技术。

8.3.3 让实时大数据交互式分析用上大索引利器

对于传统的数据库应用，众所周知，数据索引技术的重要性。同样的道理，要想"实时大数据交互式分析的秒级响应"，索引技术一定是必备的兵器。

索引是什么？大家都知道是加快查询用的。常用的索引如：顺序索引、B+索引、Hash 索引、位图索引、全文索引等。

要想在万亿规模的大数据上建大索引，必须遵循如下原则。

- 高效压缩存储格式，万亿规模的原始数据量，如果加上索引数据。存储规模不能太大。

- 列式倒排索引和正向索引的存储支持。要想支持简单的快速数据检索，同时还要支撑复杂条件的聚合分析，倒排索引、正向索引一个不能少。

综合之前介绍的几种大数据存储方案，可以看出 Parquet 作为 Google 的 Dremel 这种基于嵌套的列存储方式的开源实现，具备以上原则的基本要求。

- 高效的列式存储，提供了数据高压缩比存储的天然条件。
- 基于行组的数据分组单元，能够很好地利用范围索引，例如，Bloomfilter、Min、Max 进行统计过滤等
- 基于 Page 的数据存储，结合倒排索引如 Lucene，对 PageID 偏移量进行列值索引。既能满足基于列数据的跳表检索，同时避免了索引原始数据。

8.3.4 智慧城市中必不可少的实时大数据交互式分析

海量的数据是支撑智慧城市真正运行的基本保障。例如，在城市交通领域中，实时的公路卡口数据量巨大，据统计估算，一个发达城市每天可以产生 5 000~10 000 万条公路卡口数据，数据最大需要存储 2 年，因此，总数据预计量可达 300~800 亿条。

针对如此巨大的数据，对新、老数据的实时查询和统计分析，在智慧交通和智慧公安等领域中都有迫切的需求。

基于上述技术的分析，假设如下场景。

对于万亿规模的公路卡口数据，假设生成 10 万个 Parquet 文件，每个文件约 1 000 万条记录，包括一个 RowGroup，每个 Page 包含 4 000 行记录，一共有 2 500 个 Page。

借助 spark 分布式计算能力，利用 125 个计算节点每个计算节点分配 4 核。如果一个查询命中 5%的数据，整个查询可以在 40 s 内完成，计算依据如下。

- 采用 Bloomfilter 行组的范围过滤：200 ms，那么文件过滤代价为：

$$(1-5\%) \times 100\ 000 \times 200\ ms/125/4 = 38\ (s)$$

- 基于 Lucene 倒排索引的列查询大致：500 ms，那么 Page 的记录跳表过滤代价：

$$5\% \times 100\ 000 \times 500\ ms/125/4 = 5\ (s)$$

智慧城市的大数据建设，是智慧城市建设的基础，海量数据为智慧城市应用提供了全维度、发散性的神经单元。高效实时的多维度数据分析和查询，是必须解决的技术手段。本章介绍的列式存储格式结合范围索引和全文索引技术，从基础上保障了大数据分析的优良基因。再借助目前成熟、高效地分布式内存计算引擎，例如，Spark，可以说"秒级实时分析大数据是真的"。

8.4 分布式计算不是简单的 1+1=2

智慧城市是对城市运行系统海量数据的关键信息进行的采集、实时分析。要让城市变得更智能、敏捷,就需要一个相应的分布式架构即分布式存储和计算来处理这些数据,并对得出的结论采取行动。

8.4.1 分布式计算的概念与发展

2016 年三月,一场"世纪大战"吸引了全世界的眼球,对阵双方一个是世界级的围棋大师李世石,另一个是 Google 开发的人工智能巅峰之作"AlphaGo",双方大战 5 个回合,最终 AlphaGo 以 4∶1 取得胜利。一时间,人工智能、神经网络、深度学习等新概念席卷全球,成为人们追捧的热词,但是很多人可能不知道在 AlphaGo 成功的背后是其复杂构造的深度学习网络,它"思考"的每一步都需要在深度学习网络中进行数万亿级别的计算。那么这么庞大的计算量是怎么实现的呢?有人说可以制造性能无比强大的超级计算机,但是随着计算性能的提升,研制这种超级计算机的成本也在飞速上升,在数据量暴增,且对于数据处理能力要求越来越高的今天,用单台计算机来处理庞大的数据产生的昂贵成本,越来越成为很多公司"不可负担之重"。于是很多聪明的工程师和数据科学家想到了是否存在可以使用大量廉价的计算机来取代单台性能卓越的"超级计算机"的方案呢?就是在这种美好的愿景下,经过技术先驱们的不断探索和实践,诞生了分布式计算的理论,并在工程实践中催生了很多分布式计算的框架。

分布式计算,顾名思义,是将一个需要大量计算的复杂任务分解为若干小的计算任务,分给不同的计算机进行运算,这样所有的计算机都分担了这个大任务的其中一部分运算任务。由于这个大任务是分散在不同的计算机中进行,而不是集中在一台计算机中,故而称为分布式。分布式计算的发展已经有数十年了,在多年的发展中,诞生了很多成熟的分布式计算技术,例如,中间件、网格、移动 Agent、P2P、RPC 等。第一个获得广泛承认的分布式计算技术就是远程过程调用,即 RPC(Remote Process Call)。RPC 是一种通过网络从远程计算机程序上请求服务,而不需要了解底层网络技术的协议。RPC 假定某些通信协议的存在,如 TCP 或者 UDP,为通信程序之间携带信息数据。RPC 使得开发包括网络分布式程序在内的应用程序更加容易。RPC 采用了客户端/服务器(C/S)模式。请求程序就是一个客户端,而服务程序就是一个服务器端的程序。首先,客户端进程发送一个有参数的调用信息到服务器进程,然后等待应答信息。在服务器端,进程保持睡眠状态直到调用信息到达。当一个调用信息到达时,服务器获得进程参数,计算结果,发送答复信息,然后等待下一个调用信息。最后,客户端接收答复信息,获得结果。这样,网络上的每一台主机都可以作为一个服务端,远程的其他机器将请求发送给不同的机器就可以执行分布式计算任务了。

典型采用 RPC 技术的就是最广为人知的 Hadoop。谈起 Hadoop 的前世今生，时光还要重回 2002 年的金秋十月，受到 Google 的网页搜索技术的启发，Doug Cutting 和 Mike Cafarella 创建了开源网页爬虫项目 Nutch，用来在全世界的因特网中爬取网页信息来使用户可以搜索到自己感兴趣的网站内容，但是他们很快遇到了问题，面对大量的网页信息和数据该怎样存储？怎样对这些数据进行快速的查询？如何在这些数据上进行高效的运算？就在这时，Google 发表了在大数据领域里程碑式的三篇论文，提出了 Google 自己在生产实践中总结出来的三套方案，Google-File-System、Bigtable 和 Map-Reduce。它们分别对应了这三个问题。

8.4.2　Map-reduce 计算框架解析

Map-Reduce 计算框架取自于函数式编程语言的思想精髓，并进一步发展而来。目前广泛使用的面向对象式编程语言在本质上主体是函数，也就是计算过程，就好比一座加工工厂，数据从别处过来，源源不断地进入工厂加工，最后得到计算结果。如今面对大数据的环境，数据在全世界范围内暴发式增长，尤其一些数据大企业，每天可以产生 PB 级别的数据。如今一般的 PC 电脑携带的硬盘容量是 1TB，那么 1PB 的数据要用 1 000 台个人电脑才能存的下。这些数据一般都被保存在数以千计的服务器中，如果要对它们进行处理，若还是采用面向对象式的思想，那么这些数据就需要从那些服务器中被搬到指定的几台负责数据处理的计算机中进行计算，搬运时产生的巨大的数据量将会造成不可想象的网络传输开销，这对于追求高效的大数据处理集群来说是不可想象的灾难。而 Map-Reduce 的出现恰恰解决了这一问题。在 Map-Reduce 中，主体是数据，处理函数从别的地方被搬过来处理数据，因此数据就可以放在存储这些数据的服务器本地进行运算，大大节省了网络开销，提升了计算效率。

若在十年以前，Map-Reduce 可能对于大部分人来说都是一个陌生的概念，如今，Map-Reduce 的算法和逻辑已经被大量用于生产实践之中，Map-Reduce 的计算模型也被其他很多大数据计算引擎所借鉴和采纳，例如，最近迅猛发展的 Spark。Map 和 Reduce 其实是这个分布式计算模型中的两个主要阶段。Google 的技术人员深入分析了所遇到的大量计算任务，发现基本上这些任务都可以被分解 Map 和 Reduce 这两个过程。这里引用 Shekhar Gulati 的一个例子来解释这两个阶段。Map 意为映射，也就是在数据上施加一种操作，将其映射为另一组数据。例如，这里有一堆洋葱，施加的操作是切碎，那么经过 Map 以后，这些洋葱都变为洋葱碎块；如果这个 Map 接收的输入就是各种蔬菜，恰巧此时有一袋子蔬菜，例如，洋葱、番茄和青椒，那么经过 Map 以后桌上就会留下洋葱碎块，番茄碎块以及青椒碎块。这时，如果有一百袋甚至几千袋装有各种蔬菜的袋子，或许会需要很多人同时进行这样的 Map 操作，这样，每个人的桌上就会产生各种蔬菜碎块。而 Reduce 则意为归约，也就是将 Map 的计算过程进行汇总。Map 的计算结果一般带有键和值，在这个应用场景中，相当于为蔬菜碎片贴上对应的标签，例如，上面的例子，Map 会产生（洋葱，洋葱碎块）、（番茄，番茄碎块）这样的输出结果，其中括号中洋葱是键（Key），在这里即为标签而洋葱碎块是值（Value）。这时候如果想要获取各种类别的辣椒酱，比如，洋葱辣椒酱、番茄辣椒酱和青椒辣椒酱，那么各个人桌上的同一样蔬菜碎块会被放在同一台辣椒机上来制造辣椒酱，比如，所有的洋葱都会被搬到同一台机器上制造了洋葱辣椒酱。而这个将 Map 的输出按 Key 值归约成最后结果的操作就是 Reduce。

8.4.3 分布式计算环境下各种组件的相互协调作用

从上面的例子可以看到，通过 Map-Reduce 的计算模型，能够成功地将一个大任务分成若干个小任务交给不同的人处理，比如，切蔬菜的人还有操作辣椒机的人。在实际的环境中，对于一个 Map-Reduce 计算任务，程序员只需要定义 Map 和 Reduce 阶段分别需要完成什么操作，把任务提交给分布式计算集群，它就能自动完成任务的分配和执行。对于一个大型的计算集群来说，往往内部有几千台服务器组成，那么提交给集群的多个任务是如何被细致地规划并分配给这么多的机器运行的呢？这些机器之间又是如何互相协调，不至于忙中出错的呢？如果正在运行任务的服务器突然崩溃或者宕机，集群又如何保证得到正确的运行结果呢？

就如同现代企业中需要有精明能干的管理者来协调安排员工的各项工作一样，工程师和科学家们在设计分布式计算集群中也安排了相应的"管理者"角色（更加细致地讲，管理者中又可以分为资源管理器和任务调度器。资源管理器专门用于管理集群中的计算机资源，为新任务分配足够的 CPU、内存等资源，而调度器负责任务的分配调度与监控等）。在成千上万台服务器组成的集群中，大部分是承担计算任务的运算节点，但会有若干台服务器被定义为"管理者"，负责实时监控整个集群的资源，包括 CPU，内存，磁盘和网络等，接受用户提交的任务，并给相应的任务分配需要的资源，也就是规划任务并将各项子任务提交到集群中的运算节点中去。"管理者"节点还会实时监控各项任务的完成进度，如果中间有某个工作节点因宕机等各种故障问题不能继续进行计算任务，那么"管理者"节点会将它从可用节点列表中剔除出去，并将它上面未完成的任务转交给其他空闲并且仍然可用的节点。"管理者"节点还会实时监控各项任务的完成进度，如果中间有某个工作节点因宕机等各种故障问题不能继续进行计算任务，那么"管理者"节点会将它从可用节点列表中剔除出去，并将它上面未完成的任务转交给其他空闲并且仍然可用的节点。为了让庞大的集群能处理多项任务，一般有几种常用的任务调度策略，首先是最为传统的 FIFO（先入先出）调度策略，即按照任务提交的先后顺序来执行任务，每个任务都能够享受集群中所有的计算资源，但它必须等到比它先提交的任务运算完成才能运行。对于比较耗时的任务来说就会造成比它后提交任务大量的延迟等待时间，因此，在生产环境中更常用到的是

Fair（公平）调度策略，当集群中只有一个任务运行时，它将占有整个集群的计算资源，但是如果还有其他任务被提交上来时，Fair 调度策略会为每个任务分配大致相同的计算资源。有了"管理者"节点和工作节点之间相互协作，分布式计算集群算是能够比较顺利地启动起来了。可是，如果这些"管理者"节点发生了故障，集群是否还能维持正常运行呢？"管理者"作为集群的"大脑"，为了统一协调管理整个计算集群的运行，它保存了集群中的大量维持管理的元数据，一旦因为各种原因发生宕机，其中的元数据就会丢失，那么整个计算集群就会陷入瘫痪。如何使得集群在这种情况下也能迅速恢复工作呢？一个很自然的想法就是为管理者节点设立备份，如果它发生宕机，备份的节点就可以很自然地切换过来替代原先的管理者继续工作（这种技术方案一般被称为 HA，也就是 High Availability，通常会有一个主节点和与此对应的一个或多个从节点。主节点在系统中处于激活状态并不断与从节点进行数据同步。当主节点发生崩溃时从节点会转入激活状态，从而接管主节点的工作。在这个例子中管理者节点为主节点，而备份节点为从节点）。由于在高速运算的集群环境中，元数据时时刻刻都在变动，犹如在企业中，员工名册、资金账册和各种方案企划书都在时时刻刻发生变动，备份节点为了能和其对应的管理者节点所保存的元数据时时刻刻保持一致，从而能够自然地接管其留下来的任务，不断地与它进行同步操作。但是如果采用直接从主节点上复制数据过来的方式，由于在大规模的集群环境中，各台服务器的状态和性能不一致，网络传输存在延迟等因素，两台机器之间的数据复制操作会存在延迟。如果主节点在往备份节点复制数据的过程当中发生崩溃，数据还未来得及传输完成，那么两台机器之间的元数据信息就会发生不一致。

  在分布式领域一个需要解决的重要问题就是数据的一致性。所谓分布式一致性问题是指在分布式环境中引入数据复制机制后，不同数据节点之间可能出现的，并且无法靠计算机应用程序自身解决的数据不一致问题。简单而言，数据一致性就是指在对一个副本数据进行更新的同时，必须确保也能够更新其他的副本，否则不同副本之间的数据将不再一致。

  目前公认的解决分布式一致性问题最有效的算法之一就是 2013 年图灵奖得主莱斯利·兰伯特发明的 Paxos 算法。Paxos 算法在最初提出之时，描述了这样一个场景：在一个叫 Paxos 的小岛上采用议会的形式通过相关法令，议会中的议员通过信使进行消息的传递。但是议员和信使都是兼职的，可能随时离开议会厅，并且信使可能传递重复的消息也可能一去不复返。议会要制定一套协议来保证即使在这种情况下法令也能正确的产生。这里兰伯特用生动形象的故事，描述了 Paxos 算法要解决的问题：即在计算机集群中要共同通过一件事务，计算机之间要通过某种介质进行相互通信，但是整个集群状态是不稳定的，随时可能发生机器宕机或者网络中断的情况，那么如何才能保证事务的有效通过呢？

  Paxos 的理论描述与证明不免晦涩难懂，在算法的工程实践中（比如，最为广泛使用的 Zookeeper），Paxos 算法被进行了一些简化与优化。大致来说，进行分布式协调一致的集群中只有一个主 Proposer（事务提议者），这里也可称为 Leader，集群中其他的节点称为 Follower。Leader 负责将一个客户端提交的事务请求转换成一个事务 Proposal（提议），并将该 proposal 分发给集群中的所有 follower 服务器，只有当收到集群中超过一半（即大于 1/2，所以为了使得条件得到满足，集群中的机器数量必须是奇数）机器的正确反馈时，Leader 才会通知所有机器刚才分发的事务是有效的，要求将这个事务进行提交。这里超过一半的意义在于集合中任意两个有超过一半元素的子集之间必定存在至少一个共同的成员，这样任意超过一半机器都认可的事务就可以代表这整个集群都认可的状态。而且，大于 1/2 机器的概念还有益于集群的容错性，即集群允许内部有少量机器发生宕机，但是仍然不影响它内部数据的分布式一致性。假设集群中机器数量为 2f+1 台，Leader 必须保证集群中至少有 f+1 台的数据时时刻刻和它保持一致，这样就可以保证即使有 f 台机器不能工作时，还至少有一台机器保存了最新的数据。

运用分布式一致性的技术，备份节点借助协调一致性节点的帮助可以和自己对应的管理者节点中的数据保持一致。

8.4.4 分布式计算

当前智慧城市在中国发展如火如荼，云计算作为一种新型的计算与服务模式，是打造智慧城市必不可少的技术手段之一。而云计算正是分布式概念的进一步延伸与发展。云计算涵盖云计算平台与云计算服务这两个概念。平台指云计算是一个超大规模的分布式计算系统，而服务是指云计算是互联网服务模式的延伸。云计算就是将超大规模分布式计算系统部署在物理上分布于各个地方的数据中心之上，共同为外面的用户提供更大规模的互联网服务。

通常所说的智慧城市就是利用信息技术感知、分析、整合整个城市各个系统的信息，对上层各个公共服务部门的业务应用的处理需求做出智能响应。所谓"智慧"，即需要汇集关系城市运行的各方面的数据，对各种业务进行分析处理，然后服务于城市的管理、交通、社区、医疗卫生等方方面面。为了推动对整个城市大量数据进行智能分析的能力与效率，云计算以及其依托的分布式计算技术无疑是整个智慧城市建设中不可或缺的"大脑"。

8.5 深度学习有多深

城市产生的数据量巨大、种类繁多、增长迅速，要将这些巨量信息转化为深刻见解，不仅要了解数据的表征，也要了解数据背后蕴含了什么样的知识。

深度学习作为机器学习算法研究中的一项新技术，其动机在于建立模拟人脑进行分析学习的神经网络，它模仿人脑的机制来解释数据。深度学习算法可以做到传统人工智能算法无法做到的事情，而且输出结果会随着数据处理量的增大而更加准确。较之以往的传统智能算法，深度学习在智慧城市的建设发展中更显得尤为重要。

8.5.1 深度学习简介及历史回顾

深度学习是相对于简单学习而言的，目前多数分类、回归等机器学习算法都属于简单学习或者浅层结构，浅层结构通常只包含 1 层或 2 层的非线性特征转换层，典型的浅层结构有高斯混合模型（GMM）、隐马尔科夫模型（HMM）、条件随机场（CRF）、逻辑回归（LR）等。浅层结构学习模型的相同点是采用一层简单结构将原始输入信号或特征转换到特定问题的特征空间中。浅层模型的局限性对复杂函数的表示能力有限，针对复杂分类问题其泛化能力受到一定的制约，比较难解决一些更加复杂的自然信号处理问题，例如，人类语音和自然图像等。而深度学习可通过学习一种深层非线性网络结构，表征输入数据，实现复杂函数逼近，并展现了强大的从少数样本集中学习本质特征的能力。

深度学习的前身神经网络的发展最早可以追溯至 1943 年，心理学家 Warren Mcculloch 和数理逻辑学家 Walter Pitts 在合作的论文中提出了人工神经网络的概念及人工神经元的数学模型，从而开创了人类神经网络研究的时代。深度学习的诞生并非一帆风顺，经历了几次高潮和低谷。

1969 年，美国数学家及人工智能先驱 Minsky 在其著作中证明了感知器本质上是一种线性模型，只能处理线性分类问题，就连最简单的 XOR（异或）问题都无法正确分类。这等于直接宣判了感知器的死刑，神经网络的研究也陷入了近 20 年的停滞。

第一次打破非线性诅咒的当属现代深度学习"大牛"Hinton，其在 1986 年发明了适用于多层感知器（MLP）的反向传播（BP）算法，并采用 Sigmoid 进行非线性映射，有效解决了非线性分类和学习的问题。该方法引起了神经网络的第二次热潮。

也是在 1989 年，LeCun 发明了卷积神经网络 LeNet，并将其用于数字识别，且取得了较好的成绩，不过当时并没有引起足够的注意。在 1989 年以后，由于没有特别突出的方法被提出，且神经网络一直缺少相应的严格的数学理论支持，神经网络的热潮渐渐冷淡下去。

低谷来自于 1991 年，BP 算法被指出存在梯度消失问题，即在误差梯度后向传递的过程中，后层梯度以乘性方式叠加到前层，由于 Sigmoid 函数的饱和特性，后层梯度本来就小，误差梯度传到前层时几乎为 0，因此无法对前层进行有效的学习。

1997 年，LSTM 模型被发明，尽管该模型在序列建模上的特性非常突出，但由于正处于神经网络的下坡期，也没有引起足够的重视。

2006 年，是深度学习的元年。Hinton 提出了深层网络训练中梯度消失问题的解决方案：无监督预训练对权值进行初始化+有监督训练微调。其主要思想是先通过自学习的方法学习到训练数据的结构，然后在该结构上进行有监督训练微调。但是，由于没有特别有效的实验验证，该论文并没有引起重视。

2011 年，ReLU 激活函数被提出，该激活函数能够有效地抑制梯度消失问题。同年，微软首次将深度学习应用在语音识别上，取得了重大突破。

2012年，Hinton课题组为了证明深度学习的潜力，首次参加ImageNet图像识别比赛，其构建的卷积神经网络AlexNet一举夺得冠军，且碾压第二名（SVM方法）的分类性能。也正是由于该比赛，CNN吸引到了众多研究者的注意。同年，《纽约时报》披露了Google Brain项目，吸引了公众的广泛关注。这个项目是由著名的斯坦福大学机器学习教授Andrew Ng和在大规模计算机系统方面的世界顶尖专家Jeff Dean共同主导，用16 000个CPU Core的并行计算平台去训练含有10亿个节点的深度神经网络（DNN，Deep Neural Networks），使其能够自我训练，对2万个不同物体的1 400万张图片进行辨识。

从此之后，深度学习开始进入百家争鸣的爆发期。

8.5.2 何为深，深为何

这一节，从深度学习的发展进程来阐述模型是如何一步步变深的，为什么需要变深。

1. 感知机模型

最早的感知机模型，如图8.2所示，当时是希望能够用计算机来模拟人的神经元反应的过程。该模型将神经元简化为了三个过程：输入信号线性加权，求和，非线性激活（阈值法）。美国数学家及人工智能先驱Minsky在其著作中证明了感知器本质上是一种线性模型，只能处理线性分类问题，就连最简单的XOR（异或）问题都无法正确分类。

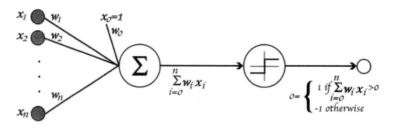

图8.2 感知机模型

2. 多层感知机模型

为了解决感知机模型不能处理异或问题的缺点，Hinton等人在1986年发明了适用于多层感知器的反向传播算法，并采用Sigmoid进行非线性映射，有效解决了非线性分类和学习的问题。多层感知机加入了隐层，使之能够利用每层更少的神经元拟合更加复杂的函数，如图8.3所示。但层数的增加也带来了一系列问题。

3. 深度神经网络DNN

多层感知机，其层数一般不多，因为随着神经网络层数的加深，优化函数越来越容易陷入局部最优解，并且这个"陷阱"越来越偏离真正的全局最优。利用有限数据训练的深层网络,性能还不如较浅层网络。

同时,另一个不可忽略的问题是随着网络层数增加,"梯度消失"现象更加严重。具体来说,通常会使用 Sigmoid 作为神经元的输入输出函数。对于幅度为 1 的信号,在 BP 反向传播梯度时,每传递一层,梯度衰减为原来的 0.25。层数一多,梯度指数衰减后低层基本上接收不到有效的训练信号。多层感知模型如图 8.3 所示。

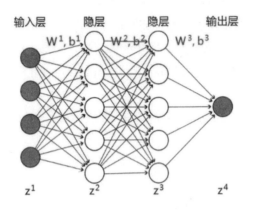

图 8.3 多层感知模型

2006 年,Hinton 利用无监督预训练对权值进行初始化+有监督训练微调的方法缓解了局部最优解问题,将隐含层推动到了 7 层,神经网络真正意义上有了"深度",由此揭开了深度学习的热潮。Hinton 论文中的深度神经网络如图 8.4 所示。

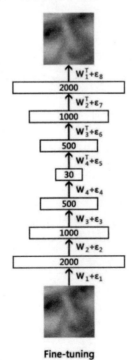

图 8.4 深度神经网络

4. 卷积神经网络 CNN

第一个卷积神经网络是 LeCun 发明的 LeNet，而 2012 年 ImageNet 图像识别比赛中使用的 AlexNet 则让卷积神经网络家喻户晓，AlexNet 一举夺得冠军，且碾压第二名（SVM 方法）的分类性能。

AlexNet 模型，如图 8.5 所示，有 5 层卷积层，3 层全连接层，其创新点如下。

（1）首次采用 ReLU 激活函数，极大加速收敛的速度且从根本上缓解了梯度消失问题。

（2）由于 ReLU 方法可以很好抑制梯度消失问题，AlexNet 抛弃了"预训练+微调"的方法，完全采用有监督训练。也正因为如此，DeepLearning 的主流学习方法也因此变为了纯粹的有监督学习。

（3）扩展了 LeNet5 结构，添加 Dropout 层减小过拟合，添加 Local Response Normalization (LRN) 层增强泛化能力。

（4）首次采用 GPU 对计算进行加速。

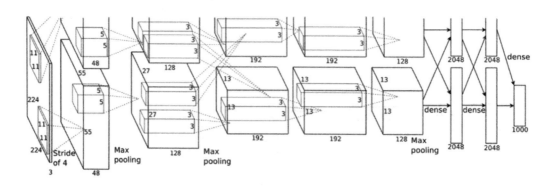

图 8.5　AlexNet 模型图

5. 循环神经网络 RNN 及其改进 LSTM

循环神经网络 RNN 的出现，使得对时间序列建模变得简单。时间序列对于自然语言处理、语音识别等应用非常重要。在 RNN 中，神经元的输出可以在下一个时间戳直接作用到自身，即第 i 层神经元在 t 时刻的输入，除了（$i-1$）层神经元在该时刻的输出外，还包括其自身在（$t-1$）时刻的输出，表示成图如图 8.6 所示。

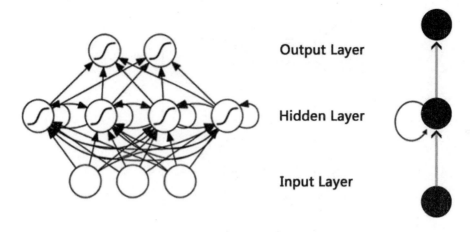

图 8.6 循环神经网络 RNN

为了分析方便，通常会将 RNN 在时间上进行展开，得到如图 8.7 所示的结构。

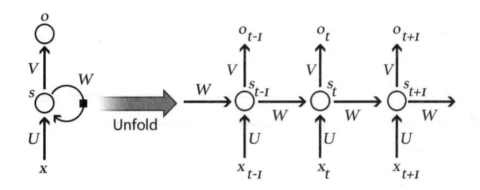

图 8.7 RNN 在时间维度的展开

RNN 可以看成一个在时间上传递的神经网络，它的深度是时间的长度，正如之前的讨论，"梯度消失"现象又要出现了，只不过这次发生在时间轴上。对于 t 时刻来说，它产生的梯度在时间轴上向历史传播几层之后就消失了，根本就无法影响太遥远的过去。因此，之前说"所有历史"共同作用只是理想的情况，在实际中，这种影响也就只能维持若干个时间戳。

为了解决时间上的梯度消失，深度学习领域发展出了长短时记忆单元 LSTM，通过门的开关实现时间上记忆功能，并防止梯度消失。一个 LSTM 单元如图 8.8 所示。

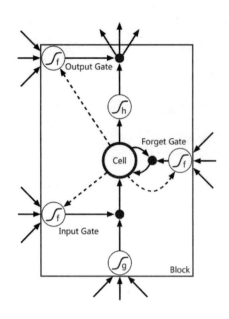

图 8.8　LSTM 单元

RNN 既然能继承历史信息（上文），稍加改进后也能吸收未来信息（下文），从而进化成可以理解上下文的一种模型，双向 RNN 和双向 LSTM 就是这样一类模型。

6. 深度残差网络 ResNets

深度神经网络容易造成梯度在反向传播的过程中消失，导致训练效果很差，这在之前的模型中或多或少都存在，而深度残差网络在神经网络的结构层面解决了这一问题，使得就算网络很深，梯度也不会消失。何凯明博士是 ResNets 的发明人，并且 Deep Residual Learning for Image Recognition 这篇论文获得了 CVPR2016 最佳论文奖。152 层的 ResNets 在 ILSVRC 和 COCO2015 竞赛中的 ImageNet 检测，ImageNet 定位，COCO 检测和 COCO 分割方面都获得了第一名的成绩。简化后只有 34 层的 ResNets 的结构，如图 8.9 所示。

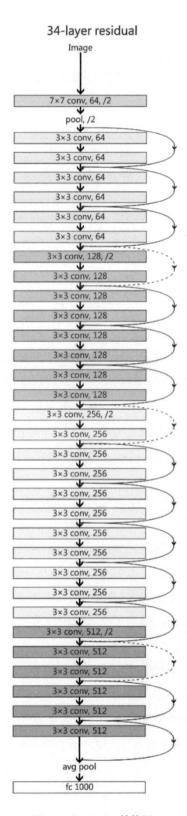

图 8.9　ResNets 结构图

ResNets 的创新点如下。

（1）表征能力。

残差网络在模型表征方面不存在直接的优势（只是实现重复参数化），但是残差网络允许逐层深入地表征所有的模型。

（2）优化能力。

残差网络使得前馈式/反向传播算法非常顺利进行，在极大程度上，残差网络使得优化较深层模型更为简单。

（3）归纳能力。

残差网络未直接处理学习深度模型过程中存在的归纳问题，但是更深+更薄是一种好的归纳手段。

8.5.3　深度学习在智慧城市中的应用

从技术角度来说，智慧城市就是感知、分析和提取城市系统的各种信息并做出相对应反馈的一整套城市管理系统。智慧城市利用这些信息提高人们的生活与福利，减少成本与能源消耗，并更有效更活跃地参与到居民活动中。智慧城市涉及的领域非常广，包含智能运输系统、医疗、环境、废物管理、空气质量、水质量、事故与紧急服务、能源等。在这些领域内都可以找到一些深度学习的应用。

其中，智能运输系统需要利用原始的交通视频数据。现如今，海量视频数据已成必然，需要一套可以自动从视频中提取结构化信息的方案，把视频、图像"翻译"成机器可以理解的语言并进行保存，确保后续提供给上层应用平台调用和处理的素材。深度学习在图像分类，目标跟踪，车牌识别方面都有非常成功的应用。最近的自动驾驶汽车会使用深度学习去进行道路识别，自身定位，路径规划等高级任务。

另外，在医疗领域中，深度学习也有非常成功的应用案例。谷歌 DeepMind 将深度学习用于医疗记录、眼部疾病、癌症治疗。IBM 则采用深度学习识别癌变细胞的有丝分裂。这些应用减少了医生的决策时间，提升了病人的治疗效果。

8.6　大数据技术助推人工智能

由于近些年人工智能的火热宣传，导致大多数人认为人工智能算法模型和技术是近些年才有的新技术。其实不然，人工智能已经有 60 多年的发展，人工智能技术的研究甚至是在近代先进计算机之前。

在人工智能领域，经过长期的研究，已经积累了很多研究方法和应用技术。例如，自然语言语义分析、信息提取、知识表现、自动化推理、机器学习等。这些技术目前正在逐步地应用于大数据技术的前沿领域,挖掘大数据蕴含的规律和价值,从而为人类决策提供支撑。

8.6.1 人工智能的前世今生

在 20 世纪的 40 和 50 年代,一些来自于多个研究领域(包括数学、心理学、工程、神经学科,等等)的科学家开始讨论创造一个人工大脑的可能性。在 1950 年 Alan Turing(艾伦•图灵)发表了一篇举世闻名的文章 *Computing Machinery and Intelligence*,文章中他在推测创造出一个能够思考的机器的可能性。Alan Turing 认为"思考"是非常难定义的概念,所以 Alan Turing 发明了举世瞩目的 Turing Test(图灵测试),如图 8.10 所示。

简单地讲,图灵测试是指测试者(一个人)与被测试者(一台机器)在隔开的情况下,测试者通过一些装置(如键盘或者话筒)向被测试者随意提出问题。在进行多次测试后,如果有超过 30%的测试者不能辨别出被测试者是一个人还是一台机器,那么这台机器就通过了图灵测试,并被认为具有智能的能力。其中 30%是 Alan Turing 对人类 2000 年时的机器思考能力的一个预测,当然,目前人工智能在绝大部分领域是远远落后于这个预期的。

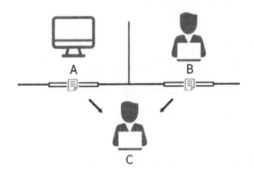

图 8.10 图灵测试

1956 年 Marvin Minsky、John McCarthy、Cloude Shannon、Nathan Rochester 组织了为期两个月的 Dartmouth Conference(达特茅斯会议),会议中 10 多位科学家就人工智能的多个领域智能计算、自然语言处理、神经网络等做了深入的讨论,并且用 AI 来统称相关领域的研究。这个会议被世界公认为是人工智能的诞生之日,参会的科学家也为人工智能的初期发展奠定了坚实基础。第一代人工智能科学家使用的计算机 IBM 702,如图 8.11 所示。

图 8.11　IBM 702，第一代人工智能科学家使用的计算机

达特茅斯会议之后的数年 1956—1974 迎来了人工智能发展的第一个春天。这段时间创造的智能程序和技术在当时大多数人看来是非常令人吃惊的。计算机程序可以解代数方程，可以学习说英语，等等，在之前这些智能是被认为完全不可能的。研究人员和媒体也对人工智能的发展充满了巨大期待，同时也非常的乐观；政府机构，比如 DARPA 也在人工智能领域投入了大量的研发资金。当时预测一个全智能的机器将会在 20 年内诞生（现在回头看时，有些荒诞的）。

- 1958，H. A. Simon and Allen Newell："10 年内电脑会击败国际象棋冠军"，"10 年内电脑会发现并证明一个新的重要的数学定理"。
- 1965，H. A. Simon："20 年内机器将会做任何人可以做的事情"。
- 1970，Marvin Minsky（in Life Magazine）："8 年内我们会创造出具有一般人类智能的机器"。

随着这些超前预测和愿望一一破灭，1974—1980 年人工智能进入了寒冬期。1980—1987 年随着专家系统（Expert System）的出现和成功应用，人工智能迎来了第二个春天。1980 年卡耐基梅隆大学（CMU）为 DEC 公司发明了 XCON 的自动化专家系统，该系统能够根据客户的需求自动分发计算机组建，并在商业上取得了巨大的成功。随之，当时很多公司开始开发和部署专家系统，到 1985 年，总共达到了 10 亿美元的投入。随着美国经济危机的发生，1987—1993 年，人工智能又进入了寒冬期，之后人工智能进入了相对平稳发展期直到 2012 年，如图 8.12 所示。

图 8.12　人工智能发展的前世今生

随着大数据、云计算技术、信息化的迅猛发展，人类积累了大量的数据，并且能够收集到几乎所有能想到的数据。这些数据和计算技术给予了人工智能巨大的推动作用。近年

来最具代表性的例子是 2016 年，由谷歌（Google）旗下 DeepMind 公司领衔的团队开发出的阿尔法围棋（AlphaGo），完成第一个击败围棋世界冠军的人工智能程序，也完成了一个目前人类认为所不可实现的目标，如图 8.13 所示。

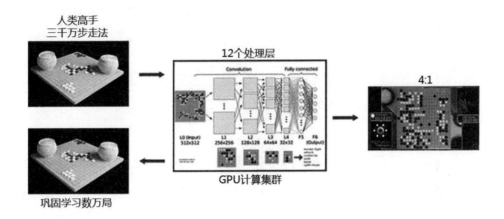

图 8.13　基于深度学习的智能围棋程序示意图

8.6.2　大数据和人工智能的关系

大数据是指无法用现有的工具提取、存储、搜索、分析和处理的海量的、复杂的数据。业界通常用 4 个 V（即 Volume、Variety、Value、Velocity）来概括大数据的特征。

● 数据体量巨大（Volume）。比如人类生产的所有印刷材料的数据量是 200PB，而历史上全人类说过的所有的话的数据量大约是 5EB。

● 数据类型繁多（Variety）。包括网络日志、音频、视频、图片、地理位置信息等的非结构化数据越来越多。这些多源异构数据对处理能力提出了更高的要求。

● 价值密度低（Value）。价值密度和数据的大小成反比。如何通过强大的机器算法有效地提取数据的价值成为目前大数据背景下亟待解决的难题。

● 数据处理速度快（Velocity）。大数据区分于传统数据挖掘的显著特征。根据 IDC 的报告，预计到 2020 年全球数据使用量将达到 35.2ZB。

大数据本身并不能产生价值，大数据价值的体现必须通过算法分析的提炼转化为可以辅助企业、单位或者个人的决策，如图 8.14 所示。

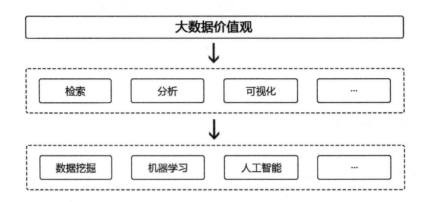

图 8.14 大数据的价值体现需要分析工具和分析算法相结合

由于大数据不像传统的数据分析，可以很容易地通过单台服务器甚至笔记本电脑进行快速分析，所以对分析技术、工具和手段要求非常高。随之也催生出了众多的针对不同应用场景的大数据工具，如图 8.15 所示。比如，实时流分析、离线 ETL 分析、可视化平台、全文索引存查，等等。

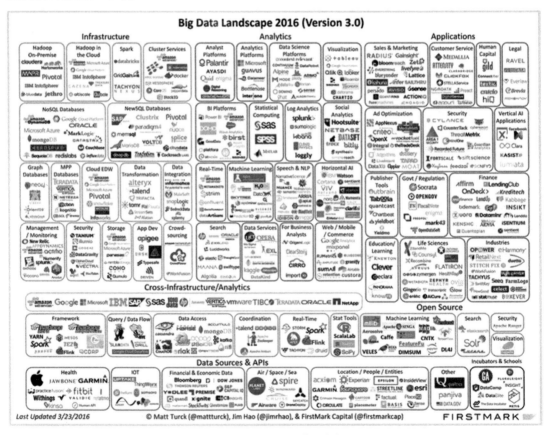

图 8.15 不同的应用场景下的大数据工具。

第9章 大数据分析在网络安全中的应用

9.1 大数据是手段不是目的

Gartner 将大数据定义为"海量、高速、多变的信息资产，需要对它进行经济的、创新性的信息处理，从而获得超越以往的洞察力、决策支持能力和处理的自动化"。在现代化的城市建设管理时，每时每刻都在产生着天量数据，这些天量大数据反过来支撑智慧城市的运行。

充分挖掘大数据的价值需要借助先进的大数据技术，而大数据技术的核心就是大数据分析（Big Data Analysis）。Gartner 将大数据分析定义为追求显露模式检测和发散模式检测，以及强化对过去未连接资产的使用的实践和方法，即大数据分析是一套针对大数据，进行知识发现的方法与手段。

可以说，大数据发展与提升政府治理能力现代化紧密相连，在利用好大数据更好地服务于智慧城市的持续建设过程中，首先必须要认识到大数据是方法，不是目的，是实现智慧城市治理的重要手段。目前，全球已启动或在建的智慧城市已达 1 000 多个，未来还会以 20%以上的增速增加。其中，欧洲和亚洲是智慧城市开展较为积极的地区。就中国而言，"十三五"期间，随着 PPP 模式在全国不断推广使用、各创新型企业争相发力智慧城市建设、政府部门掌握的大数据资源不断放开，我国智慧城市建设进程将加速。

有了大数据，对智慧城市治理的每一个环节都可以进行建模。从影响人们的衣食住行的方方面面，研究怎样把相关的信息都收集起来，管理起来，然后更好地做智慧城市的服务，而这一切都避不开一个问题，就是如何保证智慧城市建设全过程的信息安全。面对一个天量的大数据，如何基于海量数据快速定位真正的安全威胁事件，安全分析面临着全新的技术挑战和信息安全从业人员的机遇。

虽然当前所有重要信息系统都部署了以防御为主的安全产品，但安全事件从不间断。主要原因有：关键的业务信息系统架构越来越复杂，对业务系统的依赖性越来越高，各种类型的安全数据越来越多，防御系统防不胜防；安全攻击行为不再是简单的目的、传统的手法。而是新型的、高级的、持续的 APT 攻击；关键信息系统的安全已经由传统的规章制度的要求升级为法律约束；内控与合规的深入，传统的分析方法存在诸多缺陷，越来越需要分析更多的安全信息、并且要更快速地做出判定和响应。

法证之父艾德蒙•罗卡曾说过——凡走过必留下痕迹。在信息系统中的痕迹会以多种方式呈现，如网络的流量、日志、安全设备的告警等。无论是传统的安全攻击手段，还是先进的 APT 攻击，所有行为都会在信息系统中留有痕迹。这样的痕迹都是分散在各个系统中，以一个个信息孤岛的形式散落在信息系统中。借助大数据分析，信息安全可以做得更好，例如，以下几种采用大数据分析技术的安全防护方法。

(1) 安全日志关联分析

对多源异构日志数据进行采集，集中分析，将海量的攻击告警日志整合成少量关键的威胁告警。相比较每天数以千万计的攻击告警日志，只有少量威胁告警就可以通过安全管理人员进行人工核对、分析、研判及响应。从而将告警日志数据分析从不可能变为可能，同时能在很大的程序上保证了关键的威胁事件不被海量的日志所淹没。

(2) 异常行为分析检测

基于安全视角，在分析整个系统所产生的数据的时候，除了对事件日志自身的分析外，还要结合事件的时空关系、事件的主客体进行分析。很多看起来正常的网络系统操作，结合业务运行环境等要素进行分析时就会发现问题。如城市商业银行有大量的海外看似正常的访问、公积金网站在非工作时间的访问量高于工作时间、负载均衡的多台设备上告警数有很大出入、关键的信息系统主动请求海外的行为等。安全告警示意图如图 9.1 所示。

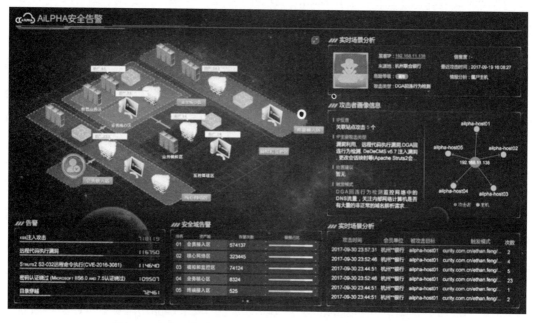

图 9.1　安全日志关联、异常行为分析合成关键安全告警信息

(3) 攻击者追踪溯源

APT 攻击行为通常方法隐藏，真正的攻击者及其攻击意图需要结合威胁情报信息才能

洞悉。因此，威胁情报能力的高低对攻击者追踪溯源及攻击威胁研判至关重要，更进一步的还会涉及，能不能深层次地挖出攻击者相关的属性，攻击者的团伙、惯用的攻击手法、攻击时间及相似的受害者，这些都是威胁情报能力体现，及大数据安全分析的核心价值点。攻击者追踪溯源示意图如图 9.2 所示。

图 9.2　攻击者追踪溯源

9.2　大数据是网络安全的未来

随着互联网的不断普及，万物互联是未来的大趋势。在这个形势下，网络攻击正逐步向各类联网终端渗透。以智能家居为代表的联网设备逐步成为网络攻击目标，专门针对工业控制系统的"震网"（Stuxnet）病毒感染了全球超过 45 000 个网络。2 个月前，安恒的安全研究院安全工程师利用汽车 OBD 盒子的漏洞，远程控制了智能汽车。近一两年，智能终端、智能摄像头被黑客组织用来发起 DDoS 攻击也屡见不鲜。而个人或用户信息泄漏，甚至发生在像卡巴斯基这种顶级安全公司。网络安全隐患遍布于新兴技术产业的各重要环节，但针对性的安全产品极度稀缺，相关防御技术手段的研发尚处于起步阶段。在新兴技术产业的强劲增长驱动的产业背景下，网络安全问题的影响范围将会不断延展，威胁程度日渐加深。

同时，近年来关于 APT（Advanced Persistent Threats，高级持续性威胁）攻击的事件日益增多。无论是 2015 年 12 月 23 日的乌克兰电力门事件，还是 2016 年对美国大选产生了直接影响的 DNC 邮件泄漏事件，还是 2017 年全球性的勒索病毒事件爆发，其实质影响都是世界性的。工业和信息化部 2015 年的时候,发布全球恶意代码样本数目正以每天 300 万个的速度增长,云端恶意代码样本已从 2005 年的 40 万种增长至目前的 60 亿种。继"震网"和"棱镜门"事件之后,网络基础设施又遇全球性高危漏洞侵扰,心脏流血漏洞威胁我国境内约 3.3 万网站服务器,Bash 漏洞影响范围遍及全球约 5 亿台服务器及其他网络设备,基础通信网络和金融、工控等重要信息系统安全面临严峻挑战。而我们发现这些 APT 攻击的受害者中几乎都是具备一定规模的企事业单位,而且都已经部署了大量的安全设备或系统,也有明确的安全管理规范和制度。既然已经有了防御措施,为什么仍然会有部分威胁能绕过所有防护直达企业内部,对重要数据资产造成泄漏、损坏或篡改等严重损失?

面对日益严峻的网络安全,我们必须有新的技术能够解决以下几个问题。

1. 解决海量数据快速分析能力

网络安全涉及的数据种类众多,数量规模巨大,只有进行多维度数据关联和跨窗口分析,才能准确发现安全问题,定位攻击行为。传统设备或技术在数据种类和数据规模上都遇到了瓶颈,如何寻求一种存储扩容和计算动态扩展的技术是解决今后网络安全问题首先要突破的点。对高级攻击进行检测需要从内网全量数据中进行快速分析,这要求本地具备海量的数据存储能力、检索能力和多维度关联能力,而传统的数据存储和检索技术很难达到这样的要求。在中等规模企业,网络出口流量数据,按网络安全法要求的保存 180 天,数据规模可达到几千亿条记录,用传统技术处理一个安全事件可能需要耗费几个小时。

2. 解决未知威胁发现能力

传统安全防御体系的设备和产品遍布网络 2~7 层的数据分析,而负责 7 层检测 IDS、IPS 采用经典的 CIDF 检测模型,该模型最核心的思想就是依靠攻击特征库的模式匹配完成对攻击行为的检测。反观 APT 攻击,其采用的攻击手法和技术都是未知漏洞(0day)、未知恶意代码等未知行为,在这种情况下,依靠已知特征、已知行为模式进行检测的 IDS、IPS 在无法预知攻击特征、攻击行为模式的情况下,理论上就已无法检测 APT 攻击。

3. 解决溯源分析能力

攻击者通常都会在内网的各个角落留下蛛丝马迹,真相往往隐藏在网络的流量和系统的日志中。传统的安全事件分析思路是遍历各个安全设备的告警日志,尝试找出其中的关联关系。但依靠这种分析方式,传统安全设备通常都无法对高级攻击的各个阶段进行有效的检测,也就无法产生相应的告警,安全人员花费大量精力进行告警日志分析往往都是徒劳无功。

随着大数据技术和人工智能的成熟,人们发现通过大数据和人工智能,可以很好地辅助安全人员定位安全问题。例如,基于已知规则的分析已经难以满足多变的黑客技术,如何发现未知威胁,是未来网络安全必定要面对的问题。人工智能算法给出了很好的解决办法,无论是无监督学习发现团伙行为,还是基于专家打标签的监督学习,都容易发现僵尸主机。未来 AI 算法将会普遍运用到网络安全未知威胁的发现。对于大数据技术来说,不管是 Spark 还是 Hadoop 都可以轻松地融合机器学习库,对攻击行为建立智能建模,发现黑客的异常行为。

其次,通过大数据分析可以实现安全事件的溯源,通过存储企业或组织全量数据(全量数据中包括网络流量、主机行为日志、网络设备日志、应用系统日志等多种结构化和非结构化数据),通过大数据分析技术从海量的数据中找到有价值的信息,还原安全事件的始末。简单地说,大数据技术,将在未来解决网络安全问题发挥至关重要的作用。可以毫不夸张地说,大数据技术结合 AI(人工智能)技术,是网络安全的未来。

9.3 大数据态势感知保护关键网络应用

智慧城市是充分利用信息技术及物联网技术进行感知、分析、整合城市的关键信息,从而对城市运营、民生服务、公共安全等做出智能响应,所涉及的关键设备主要包括监控设备、数字化交通设施及标志、实时通信设备等。保护智慧城市关键网络应用,必须充分认识到,现代网络安全架构日趋复杂,各种类型的安全设备、安全数据越来越多,传统的分析能力明显力不从心。特别是随着以 APT 为代表的新型威胁的兴起,内控与合规的深入,越来越需要储存与分析更多的安全信息,并且以更加快速地做出判定和响应。2012 年 3 月,Gartner 发表了一份题为 *Information Security Is Becoming a Big Data Analytics Problem* 的报告,表示信息安全问题正在变成一个大数据分析问题,大规模的安全数据需要被有效地关联、分析和挖掘,并预测未来将出现安全分析大数据平台。

9.3.1 大数据态势感知是攻防分析,不是"地图炮"

安全的核心是攻防分析,态势感知是目前网络安全行业的热点,目前业界普遍的态势只是完成了部分安全数据的可视化,非专业人士看不懂,专业人士看没用,沦为没有任何实用价值,只能沦为单纯的"地图炮"。

态势感知不能停留在表面,态势感知建设必须从安全防御出发,实现边界安全、应用安全、系统防护、应用安全、数据安全的整体安全态势感知,应该以资产及关键网络应用为核心,充分利用本地安全数据,结合相应的病毒库、案例库、知识库以及相应的安全厂商的情报共享,以防御为目标实现安全态势的感知。充分利用大数据技术在现实的对抗环境下,快速地发现攻击、快速定位,去狙击,重点保护智慧城市大数据网络环境中的关键核心应用的稳定、安全及不间断运行,这才是大数据态势感知的最终目标。

9.3.2　大数据态势感知是能力落地，不是"看热闹"

建立态势感知系统，首先要明确目标、范围，明确需要监测与防护的关键业务和应用，应用合理的技术从微观层面获取完整的安全数据，结合态势感知系统平台、外部安全大数据的威胁情报能力，从而更加直观地分析数据，发现威胁与异常，结合安全服务实现大数据态势感知落地的安全能力。基于大数据的态势感知系统不能只是宏观层面的大屏展示或者"看热闹"似的攻防数据汇聚累计展示，应该结合微观与中观层面的安全数据、平台、安全能力，实现大数据态势感知安全能力价值最大化。

所有安全态势感知系统要从安全的本源考虑问题，需要把网络中的关键应用存储的安全威胁挖掘出来，避免潜在的安全风险。同时，能针对这些安全风险、安全攻击进行追踪溯源，能定位到攻击的源头，实现在攻击发生的时候，能够马上处理。

9.3.3　大数据态势感知是智能安全中心，不是"数据杂烩"

态势感知的目的是知己知彼，所以首要的目标是"看见"威胁，数据是态势感知的基础，多维多源的本地态势要素数据、云端数据和威胁情报以及网络全流量数据、资产应用等基础信息，等等，这些数据需要作为实现态势感知的基础能力。

态势感知系统想要充分发现作用必须从真实的数据做起。虽然态势感知的展现形式可能不一样，但底层特征都是一样的，就是要把最真实的底层数据获取过来。数据能力对于态势感知来讲很重要，但大数据态势感知不能仅仅停留在数据层面，不是构建一个"数据杂烩"平台，而是要实现把来自不同的源头、不同类型的数据融合在一起、产生关联，通过进一步分析去发现问题。这也要求一个大数据平台能把海量数据高效的存储与计算处理，在此基础上做深度的安全检测、事件捕猎、调查分析，发现、定位、溯源安全事件。

9.3.4　态势感知是手段，核心应用才是关键

业务安全运营能力将决定态势感知系统的能力落地效果，对于用户来讲，态势感知是一个方案、一个安全防护分析系统，不仅仅只是一款产品或者一个平台，它一定是综合性的，要结合数据、技术、平台和人的能力，打破以往购买安全产品上架就能解决问题的理念。

同时，态势感知系统的建设不只是数据、技术和平台，还要结合人的能力，态势感知的核心是人与设备的协同，数据和平台做处理，但最终要融入人的经验和智慧，来判断这个事件到底是真实的，还是假的，需要人来做响应，来做整个系统的运营。态势感知系统的运转，既需要对日常安全事件持续处理的运维人员，也需要能够对数据进行深度分析的

研判分析人员，最终的汇总信息还需要能进行决策与行动安排的决策者。这些不同的岗位，代表着将安全态势感知运转起来的落地能力，这种能力的建设，既可以依靠内部安全运营人员进行，也可以借助外部的专业力量，如图9.3所示。

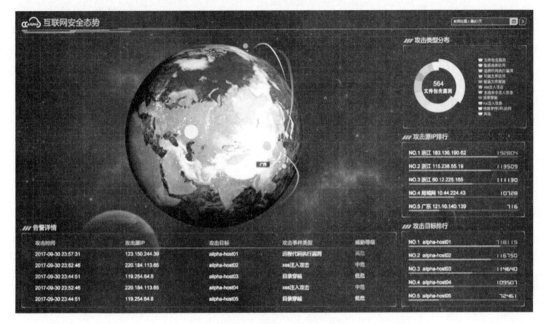

图9.3　互联网安全态势

9.4　大数据建模防御数据泄漏和窃取

数据泄漏愈演愈烈，数据泄漏发生的企业、政府以及各组织往往在知道数据被泄漏之后却不敢公开，任由非法数据在黑产链疯狂交易，被曝光的数据泄漏事件仅仅是数据安全事件中的冰山一角，数据被非法泄漏已经严重影响到信息化的建设，严重影响着各类信息平台的信用等级。如果数据安全不能得到有效的保护，数据泄漏将是制约信息化发展的达摩克利斯之剑。

如图9.4所示的信息泄漏事件仅仅是我国国内被媒体曝光公开的部分事件，很多数据泄漏事件发生后，企业、政府并不主动公开。大量数据在黑产交易圈进行频繁交易造成的影响不可估量，已经严重影响到个人生活的方方面面。据IDC的最新研究报告指出，到2019年，全球数据泄漏造成的损失金额将达2.1万亿美元，是2015年的4倍。到2020年，每次数据泄漏平均损失额将超过1.5亿美元。

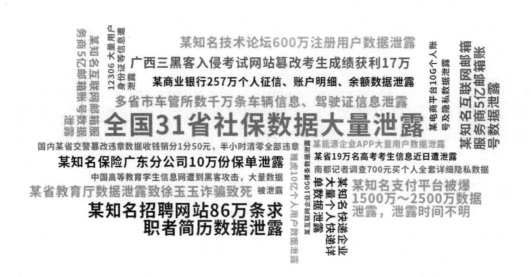

图 9.4 信息泄漏事件

9.4.1 传统数据防泄漏方案分析

传统的数据防泄漏产品主要是倾向于终端的安全保护,并不涉及数据生命周期的保护,主要是通过对终端的文件加密、文件权限控制、文件内容检测,实现一定层面的数据安全保护,适用于传统制造业对非结构化数据的保护。对目前信息化发达的金融、政府、企业等用户通过传统安全防护体系会明显发现,对黑客类的攻击完全无法保护,对内部的内鬼数据泄漏存在极大的短板。

下面着重详细描述传统数据防泄漏产品核心功能的优劣势分析。

1. 文件加密

对终端的文件识别主要是通过文件后缀名白名单对相关文件进行加密,这种方式会经常出现误加密或者漏加密,真正要泄漏数据的内鬼是可以通过改变文件后缀名的方式实现加密引擎的完美绕过,这是国内外文件加密技术领域最大的技术缺陷。

2. 文件权限控制

目前,主要是控制终端的 U 盘复制、光盘刻录、文件打印、文件共享、终端的 WiFi 上网功能、蓝牙传输功能等途径防止数据泄漏,现实中的数据泄漏几乎是通过各种邮件、聊天工具、网盘等途径,对敏感数据文件共享进行泄漏,并没有有效的防护能力。

3. 文件内容检测

文件内容检测目前最大的技术壁垒是只能检测主流的、有限的文件格式（doc、xls、ppt、txt 等），针对主流的文件内容检测，主要是通过关键词匹配方式，而不是语义识别。首先检测率非常低，其次是针对一些通过修改文件后缀名、通过图片泄漏数据、通过文件压缩加密等方式的文件完全无法检测、无法防护，因此，实际防护效果非常有限，很难防止数据泄漏。

9.4.2 大数据建模防数据泄漏方案

通过对数据泄漏事件的分析，数据泄漏可以分为内部的内鬼、外部黑客、监管单位或合作伙伴三个方面，从数据泄漏、泄漏者的角度进行分析，黑客泄漏的数据占比为 40%左右，内鬼泄漏的数据占比 55%，如图 9.5 所示。

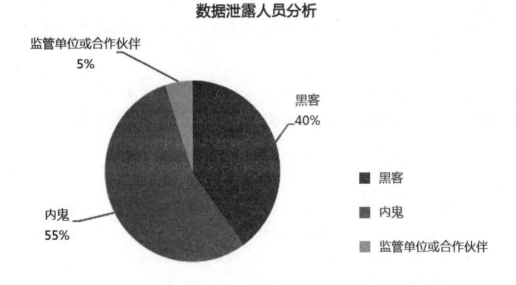

图 9.5 数据泄漏人员比例分析

通过对数据泄漏事件分析，可以发现传统的安全设备可以在一定程度防范黑客的攻击，而对于具有合法权限的非法操作（内鬼）的防范却异常困难。分析其原因，主要是由于内鬼具备部分合法权限，在特定的视角，由于数据泄漏事件被大量的合法合规事件所掩盖，从而难以被察觉。

随着大数据技术的成熟，利用大数据技术对大量的基础数据进行收集、抽取、建模、分析行为，从而通过建模技术发现数据泄漏事件。

通过收集边界 VPN、虚拟桌面、堡垒机、数据库审计、数据库防火墙、APT、全流量

DPI 设备日志,以业务系统为视觉,对数据进行抽取、转换、建模,形成基础的模型数据。

利用大数据技术收集基础的数据、抽取、转换、建模完成,可以在其基础之上形成场景式的防护,典型场景为导向重点分析特定威胁场景安全威胁更加准确,通过大数据对这些日志进行智能的建模关联挖掘分析,剔除噪音日志,使得安全预测更加准确,彻底解决传统安全防护设备大量误告警日志。

9.5 利用大数据分析进行反欺诈

智慧城市是包括城市服务、智慧公安、智慧税务、智慧交管、智慧办公、智慧医疗、智慧教育等诸多政务垂直行业解决方案。近年来,随着互联网的快速发展,其中智慧公安就不仅要求公安能有效地保护公民衣食住行等方方面面的安全,网络安全、电信诈骗等也被纳入了智慧公安的责任范围。据统计,我国的电信、网络诈骗案件每年以 20%~30% 的速度增长,形势非常严峻。诈骗案的危害不言而喻,多少无辜者被骗得倾家荡产,企业倒闭,有的甚至还走上了绝路。

2016 年 8 月 19 日,徐玉玉诈骗案引起巨大轰动。一个花季少女因为大学学费被骗伤心欲绝心脏骤停,不幸离世。

2016 年 7 月,浙江一家公司的财务人员遭遇假冒通缉令诈骗,将 2 000 余万元的企业流动资金转入"安全账户",企业资金周转陷入困境,面临倒闭。

因此,要想有一个理想的、平安的智慧城市,反欺诈是必不可少要做好的一个环节。

9.5.1 诈骗与反欺诈

据公安资料显示,诈骗团伙已经形成一个紧密相连的产业链,产业链的每一环都至关重要,缺一不可。诈骗第一步,诈骗团伙通常也会收集数据。只有了解潜在受害者的较多信息才能获取信任并实施骗术,这也是诈骗成功的基础。诈骗团伙可能会从电商、快递等渠道低价购买消费者各种信息,所以当某人接到一个陌生电话,对方能清楚地说出其什么时候购买过什么产品等信息就不用感到奇怪了,诈骗团伙也可能会借助黑客技术入侵各大论坛网站,获取用户各类属性信息;诈骗第二步,诈骗团伙会进行数据分析。面对百万甚至千万的数据,对每个用户进行"暴力"诈骗显然不是一个明智的做法,犯罪团伙可能会利用以前的经验对用户进行分类,筛选出容易受骗的用户,对不可能被诈骗的用户拉入黑名单,并可能会给每个潜在受害者实施不同的诈骗方法以提高诈骗的成功率,这一步决定了诈骗分子的效率以及实施诈骗的成本;诈骗第三步,实施诈骗,在这关键的一步,诈骗团伙可谓是和受害者斗智斗勇。当诈骗团伙要假冒客服时,普通话说得绝对不比真客服差;当诈骗团伙猜到下一步受害者可能会打 114 验证号码真假时,诈骗团伙已经提前通过改号软件修改自己的号码为真实号码；当诈骗团伙发现自己可能已经被公安的反欺诈系统检测到时，诈骗团伙会凭借三寸不烂之舌给潜在受害者洗脑，使之坚定不移地相信真实公安的警告电话是一个骗子，自己才是正义之士；诈骗第四步，诈骗团伙将赃款转移到安全账户。

反欺诈是对包含交易诈骗，网络诈骗，电信诈骗等欺诈行为进行识别并及时制止诈骗行为，避免对受害者经济上造成损失。一方面，公安应宣传并培养民众的反欺诈意识，例如，将诈骗分子的经典套路通过媒体传播。另一方面，充分利用先进技术发展，利用大数据分析技术进行反诈骗创新治理才是关键。对于个体，应该增强保护自身信息安全的意识；对于政府相关部门，大量敏感信息存储在安全级别较低的数据库中，信息防泄漏可以通过数据库安全技术来实现防护，数据库安全技术主要包括：数据库漏扫、数据库加密、数据库防火墙、数据脱敏、数据库安全审计系统；对于电商，更应该加强用户的信息管理，严惩贩卖信息的人员；对于司法机构，可以加强相关法律法规的完善。下面介绍大数据分析在电信和金融领域的反欺诈应用。

9.5.2 电信反欺诈

电信反欺诈是指三大运营商（移动、联通、电信）借助技术手段、完善业务流程等方式，检测识别出电信诈骗行为，以预防和减少电信欺诈的发生。

传统的反欺诈方式主要是将诈骗的号码加入黑名单，对黑名单进行拦截，对于诈骗号码生存周期长且广撒网诈骗模式效果显著。但在当前背景下，诈骗分子换号成本低，频繁变更号码，使用新号重新诈骗；诈骗分子有时甚至使用改号软件模拟正常通话行为进行诈骗，这些均可避免被传统的反欺诈模式识别。

由于传统的反欺诈方式灵活度不高，面对层出不穷的诈骗方式，已经不能够很好地识别。于是，人们想出了基于场景的反欺诈，根据已经被骗的受害者的描述，反欺诈系统模拟出诈骗分子的诈骗场景，当诈骗分子再次用相同的套路进行诈骗时，反欺诈系统能马上识别出诈骗行为，及时报警。但是，该模型也有一定的局限性，对于新式诈骗无法识别。

近年来，人们将目光转向了大数据模型。基于大数据模型的反欺诈系统，可以形成全面的用户画像，多个维度分析用户特征，根据普通用户的特征和诈骗分子的特征，建立相应的机器学习分类模型，找出可能的潜在诈骗分子。

9.5.3 金融反欺诈

金融反欺诈是指金融机构借助技术手段、改善业务流程等方式，检测、识别并处理欺诈行为，以预防和减少金融欺诈的发生。

根据用户的历史交易数据建立机器学习模型，可以准确及时地对当前交易进行风险评估，并不断通过内部的模型更新增强对新型诈骗模式识别的适应能力。有关研究显示，神经网络算法在金融诈骗模型中效果很好,通过客户、商户、产品、渠道等多个维度挖掘出风险特征,对金融交易进行风险评分,预测未知的欺诈概率。模型的核心思想是:通过学习海量客户的历史交易数据以及相关信息,获取客户自身的历史交易行为模式,将当前交易行为与历史交易行为模式相比较,分析差异性,从而预测当前交易的风险。再加上金融机构不断优化自身业务流程,进行科学有效的管理,将风险控制在可以接受的范围内。

安全是智慧城市的基础,反欺诈技术是网络、电信的有效监督者,帮助公安建立一个文明的网络环境。

9.6 借助大数据分析技术保障电子邮件安全

电子邮件作为最重要的商务办公沟通的载体,其安全风险关乎一个企业的发展,一旦发生电子邮件安全事件有可能造成企业发展战略受阻,引起社会舆论、带来负面影响,甚至可能泄漏企业敏感信息,带来不可估量的社会影响和损失。据统计,仅 2017 年,全球范围内就发生了多起邮件安全事件,见表 9.1。邮件安全风险再次被世人瞩目。

表 9.1 2017 年邮件安全事件

时间	安全事件
2 月 3 日	捷克外交部数十个电子邮件账户遭入侵
2 月	球星贝克汉姆私人邮箱被黑
3 月	120 万 Gmail 和雅虎账户在暗网市场出售
4 月 16 日	优酷 1 亿条用户电子邮件信息被窃
5 月 5 日	法国大选马克龙竞选团队电邮遭外泄
6 月	华尔街高管相继中招邮件骗局
8 月 30 日	全球超 7 亿邮件信息被泄漏
9 月 25 日	跨国资讯公司德勤全国电子邮件服务器被攻击
10 月	雅虎承认 30 亿用户账户信息全部被黑
11 月	勒索软件新变种 GIBON 通过电子邮件传播
12 月	德国发现 30 多种邮件客户端存在身份伪造漏洞

出现邮件安全事件的主要原因是邮件服务器存在安全风险,除了常见的各类服务器漏

洞，以及使用非加密协议外，还存在各类配置、运维以及内容安全方面的问题，邮件服务器存在的安全风险主要有以下几类。

- 暴力破解、恶意撞库带来的风险及弱口令导致的账号冒用。
- 明文传输造成的数据泄漏。
- 邮件服务器操作系统漏洞，包括 Webmail 跨站漏洞。
- 邮件服务器遭到攻击入侵。
- 维护人员恶意操作。
- 邮件服务器异常，邮件炸弹，账号遍历猜测等。
- 账号及行为异常：异地登录，异常时间登录，异常副本下载。
- 邮件内容安全，附件携带病毒，邮件内容存在钓鱼行为，发件人伪造，恶意链接等社工类攻击。
- 常见的网络泄密行为案件有将电子邮箱当作网络硬盘、自动转发敏感邮件、邮件发送给错误收件人、公共邮箱发送机密文件。
- 垃圾账户、垃圾邮件、特殊账号异常、重点别名异常。
- 假冒邮件、钓鱼邮件等。

针对上述邮件服务器存在的安全风险，可以从三个方面出发，来解决目前邮件系统建设与运维中存在的安全问题。

1. 邮件服务器安全评估服务

安全服务人员到业务方现场做安全整体评估服务，重点解决邮件服务器代码设计缺陷、明文传输导致的密码泄漏、弱口令问题、垃圾账户、数据库安全漏洞、邮箱应用系统存在的安全漏洞等问题。采用主机安全漏洞扫描、Web 邮箱漏洞扫描、邮件协议安全测试、钓鱼邮件测试等方式。

2. 邮件服务器安全预警

通过高级预警监测系统和 Web 应用防火墙实现。重点解决账号异常如异地登录、异常时间及异常附件问题；邮件系统异常如 DDos 攻击、账号爆破；人员恶意操作和泄密行为的监测告警；系统入侵检测及后门监测告警；邮件内容安全，包括病毒木马监测，钓鱼行为监测，发件人伪造，恶意链接等社工类攻击等安全问题。采用关键技术包括邮箱欺骗检测技术、Webmail 邮箱跨站检测技术、邮箱异常访问检测技术、邮箱后门检测技术、恶意文件分析技术和云端高级分析技术。并配合使用远程漏洞扫描服务和安全监控预警服务。

3. 邮件服务器安全防御及加固

主要解决邮件服务器因为通用应用漏洞缺陷而被造成被入侵的问题，可以部署专业的邮件安全解决方案来实现；同时应提高邮件服务器运维人员安全意识，并采用垃圾邮件过滤服务。

目前业界也推出了专门针对邮箱服务器的安全防护产品,来实现对邮件服务器的监测和防护,主要可实现以下安全防护能力。

(1)暴力破解。通过对在线运营的邮件服务器的实际监测来看,发现邮件服务器受到的恶意攻击、暴力破解、撞库等与组织的知名度成正比,基本时时刻刻都有发生。目前邮件服务器或网络防火墙都是相对机械的在时间区间内进行频度统计控制。而现在的高级的持续性攻击行为是多来源 IP 的协同攻击,并对时间窗口进行相应控制,从一定的程度上规避了传统的频度统计控制。而专业的邮件安全审计系统对邮件协议进行深度的还原,并基于大数据的机器学习技术和威胁情报的能力,能充分的检测到具有伪装性的恶意攻击、暴力破解及撞库行为。并能借助大数据的联动机制实现与串行的防火墙设备进行安全联动,让风险最小化。实现从"被动防守"到"主动防御"的转型。

(2)Webmail 审计。全流量、真实地还原通过 http/https 协议对邮件服务器的所有访问行为,对所有攻击行为,有效地防止针对 Webmail 的跨站脚本、SQL 注入、恶意文件包含等各种 Web 应用层攻击告警。智能自学习创建的安全模型除了包含传统的网络五元组以外,还有 URL、参数、方法、返回码等。当用户通过 Web 进行邮件交互时,邮件安全审计系统会自动根据预设置的访问控制策略进行第一道防护、继而通过对用户活动的实时监控,进行特征检测及异常检测。任何尝试的攻击都会被检测到并实时告警。

(3)退信分析。通过邮件被退回的原因有收件人或域名不存在、收件人地址语法错误(使用了非法字符)、发送的邮件大小超出了对方的限制、收件人的邮件服务器拒绝接收该邮件、连接收件人的邮件服务器失败、正在给收件人传送邮件时断开、收件人的用户名不存在、收件人的邮箱配额不足、邮件内容疑似垃圾邮件等原因,基于全局性的退信行为进行分析,给邮件管理员在安全维护上提供优化建议,规避安全风险和普遍性的邮件退回等问题。

(4)位置异常。通过每一次邮件登录、邮件收发的源 IP 进行溯源定位,通过两次物理位置的距离和实际可能移动的距离进行分析可能存在的安全风险(如 5 分钟前某账号在杭州有一次发送,5 分钟后在北京有一次正常的登录,降维度分析这里就存在安全风险。当然,在实际的情况,所有邮件数据汇聚到大数据平台,综合多维度数据信息及大数据的机器学习能力,实现更精确的安全预警)。

(5)异常附件。在邮件安全事件中,大量的案例显示,当非法利用电子邮件进行传播时,很大程度上依赖于用户打开恶意附件的概率,如果用户对于收到的恶意邮件置之不理,可以很大概率上规避安全风险。所以对于恶意邮件的附件进行深入的安全检测是非常有必要的。邮件安全审计系统从流量中提取邮件的附件,以 API 接口送到安全沙箱进行安全检测,对于恶意的附件进行相应的安全处置。

(6)跨域邮件过多预警。电子邮件作为商务办公最重要的沟通方式得到广泛的应用。

通过分析发现大多数企业、组织的职员的大部分邮件是在企业/组织内部进行沟通的，但也有少量邮件账号因业务的需要是与企业/组织外部进行沟通的。邮件审计平台需要通过自学习机制对每一个邮件账户建议内外邮件沟通的频度基线，防止内部的账号沦陷，被利用发送垃圾邮件，而导致整个邮件服务器被反垃圾邮件组织列入黑名单，影响正常业务。

除了上述的主要安全功能外，邮件安全防护产品还有诸多的其他功能，图 9.6 所示为国内某一知名安全公司提供的邮件安全防护产品功能。

图 9.6 某邮件安全产品防护功能图

第 10 章 大数据与云计算融合下的新一代安全防护技术

10.1 网络空间信息普查和风险感知

网络空间安全的概念意义非常广泛，依据联合国国际电信联盟（ITU）的定义，网络空间是指，"由以下所有或部分要素创建或组成的物理或非物理的领域，这些要素包括计算机、计算机系统、网络及其软件支持、计算机数据、内容数据、流量数据以及用户"。

在技术层面，要覆盖网络主机、网站、重要信息系统、互联网设备、系统数据的网络安全态势感知能力，包括以下内容。

- 信息系统资产探测和数据发现能力。
- 网络安全问题、事件处置与通报能力。
- 网络安全威胁预警能力。
- 网络安全态势分析能力。
- 网络安全重点事件专题分析能力。
- 网络安全 0day 预警能力。
- 重点信息系统安全实时保障能力。
- 网络安全监测可视化展现能力。
- 网络安全资讯通报获取能力。
- 网络安全应急响应能力。

通过技术态势感知的能力，从而在管理上达到把握整体网络安全态势，覆盖全网的网络安全态势感知通报与应急响应能力。

网络空间普查工具主要由资产探测、安全监测、0day 漏洞识别与预警、态势感知、运营中心等多套系统组成。资产探测主动发现网络空间上存在的资产情况，如 IP、域名、操作系统等信息，安全监测引擎负责对资产进行 7×24 h 无死角扫描与监控，实时将发现的漏洞、安全事件等问题推送至安全专家运营中心。安全专家运营中心的待审核事件数据，由安全专家审核之后推送到用户端，通过对资产的指纹信息进行采集、去噪、进行预处理与识别，当 0day 漏洞爆发时通过指纹信息进行特征匹配，可快速对信息系统进行预警与通报，整体技术架构如图 10.1 所示。

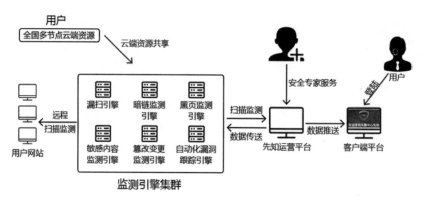

图 10.1　网络空间普查

10.1.1　网络空间元素探测与安全底图建设

我们在增强网络安全防御能力和威慑能力前，需要对网络空间中的关键基础设施进行探测与摸底，就像公安部门启动全国人口普查工作一样，虽然公安部门掌握了全国已经按正规报送的人口信息，但仍存在大量黑户未登记情况，目的是全面掌握全国人口的基本情况，研究制定人口政策和经济社会发展规划提供依据，为社会公众提供人口统计信息服务。那么网络安全工作也面临同样的问题，主要存在以下几个问题。

1. 资产对象不清晰

目前，由于运营商、机关单位、科研院所、院校、企业等关键基础设施建设单位资产数量众多、种类多样、情况复杂，管理者对所属资产信息了解度不够。比如，哪些资产是重要的，哪些资产放在什么位置，哪些资产实际是哪个部门管理和使用的，这些问题造成了存在僵尸网络、"肉鸡"服务器、隐蔽服务器等严重情况，这都是主管部门对其资产对象基本情况不明、基本数据不全、缺乏基本数据检测与监测手段所造成的。

2. 资产管理不到位

目前传统资产管理方式中，主要以人为主，缺少资产监管工具，而且信息安全监管人员由于缺乏有效的安全风险评估方法论与技术手段，无法得知监管对象的实际安全水平，也难以对被监管单位信息安全管理工作进行客观真实的考评，信息安全体系建设往往存在缺失，由于统一考评检查标准的不明确，使监管对象的安全运维人员无法清楚知道自身安全缺陷，也无法通过传统监管方式推动该单位安全建设水平，造成了资产归属地指向到海外、ICP 备案号盗用、假冒政府网站、资产被挂马或被黑、0day 爆发时不知道如何应对等严重问题。

3. 难以建立长效安全监测机制

网络安全是一个长期的安全过程，因此，需要不断的跟踪，定期安全检测，并分析发现的安全问题是否得到整改，是否有新的安全问题产生等。当前，由于缺少相关的技术手段实现上述安全监测，难以对网络安全提供长效的安全检测与监督机制。

对关键基础信息系统的基础数据收集，是建立网络安全态势感知通报体系的基本需求。只有明晰监管对象的基本情况，摸清自身家底，才能实现准确、具体、有针对性的网络安全态势感知。

采用大数据分析技术对基础数据的收集与分析，建立关键基础信息系统的资产信息库与基础信息库，同大数据平台自身运营并不断增容更新的攻击信息库、漏洞信息库进行定期交叉比对，为网络安全态势的实时监测提供监测对象原始数据，形成监测能力与监管对象信息双向更新的动态监测机制。

关键基础信息系统基础数据分为资产信息数据与系统指纹数据两类。资产信息数据包括：信息系统域名、域名所有者、域名解析者、网站与业务系统名称、IP 地址、资产归属地等。系统指纹数据包括：应用服务器指纹信息、操作系统指纹信息、开发语言指纹信息、CMS 指纹信息、系统端口信息、系统服务信息、网络协议信息、安全设备信息等。并且针对关键基础信息系统资产进行深度调查与分类、分级，形成更加细化的信息系统资产数据。

- 按所属行业、单位横向分类。
- 按所属地域、行政归属横向分类。
- 按信息系统重要性、敏感程度纵向分级。
- 按信息系统脆弱程度、可用程度纵向分级。

通过对关键基础信息系统基础数据的收集与持续更新，从宏观上掌握全局关键基础信息系统资产情况，微观上掌握不同行业和单位的资产信息，为全局网络安全态势感知提供基础信息数据，如对外网站可协助检查和校验 ICP 备案情况，防止假冒网站，对关键基础信息系统完成基础指纹备案，当 0day 漏洞爆发时，通过指纹信息进行快速有效地预警。

10.1.2 安全漏洞探查与验证

当前关键基础信息系统会面临多重安全风险，如安全漏洞、木马、篡改、信息泄漏等，而安全漏洞是所有安全事件的源头，2016 年风暴中心（国内某知名安全公司的全国态势感知监测中心）累计对全国重点行业（政务、教育、金融、医疗）的 405 965 个重要网站及关键基础信息系统做了全面的监测与分析，累计共发现 62 988 个全国重要站点存在安全漏洞，漏洞总数达到 361 472 个，平均每个系统存在 5.74 个安全漏洞。其中包含 7 788 个高危站点，占存在的安全漏洞站点的 12.36%。

那么，漏洞是如何产生的呢？系统的发布和使用，经历开发、测试、修复、上线等多个流程,安全问题就要从源头分析,通常开发和测试环节就已经暴露了问题,很多时候为了业务快速上线,而忽略了安全,程序漏洞就这样产生了,要修复程序漏洞,我们要找开发商,开发商找不到怎么办,即使开发商能修复也面临业务下线、次生风险等新的问题。另外,我们使用的网站服务器和操作系统也同样面临安全问题。比如 WannaCry 勒索病毒,通过利用微软操作系统的漏洞(MS17-010)进行蠕虫式感染传播,对用户主机上的重要文件数据进行恶意的加密,以此来对用户进行勒索。

所以,我们需要对这些漏洞进行主动探测,并进行有效的验证,通过大数据漏洞扫描技术,定期对关键基础信息系统进行全面的安全漏洞扫描,并持续跟踪漏洞修复情况,根据不同种类的漏洞进行全面跟踪。

- 主机漏洞:系统层面包括对网络主机监测服务通过对互联网中存在的主机进行扫描,与辖区信息系统基础数据信息进行历史纵向比对,及时发现网络主机状态异常变更情况。同时,在特定主机层面系统紧急高危漏洞爆发期,对网络主机受漏洞影响概率进行检测。

- Web 应用漏洞:Web 层面漏洞包括 SQL 注入漏洞、跨站脚本漏洞、开放服务漏洞、网站第三方应用漏洞以及新发现的 0 Day 漏洞等,及时发现漏洞,并进行人工审核、取证确认。Web 层面漏洞定期扫描可对目标站点历史风险进行追踪监测,提供漏洞的新增、遗留与修复情况。

- 数据库层面漏洞:数据库层面漏洞包括自身容器漏洞、弱口令、SQL 注入、未经授权的访问等严重漏洞。由于数据库通常不直接开放在互联网上,因此,针对数据库层面的漏洞检测需要本地部署,根据当前配置的漏洞库,对数据库进行扫描,判断是否存在相应的漏洞,比如,存在非默认的 DBA 用户,Connect 角色有 Create View 的权限等。针对弱口令漏洞通过对数据库的口令的存在形式(明文/MD5 加密/HASH)、可能的存储地址(数据库表、历史文件、环境变量、配置文件、客户端)、口令的算法(允许的长度、HASH 生成规则)等进行深入的分析,生成其特有的口令字典。根据已经存在的口令字典完成检测。

- 网络漏洞:检测开放高危端口。关键基础信息系统,由于内部管理问题开放了一些不安全的系统服务,如对公网用户开放了 FTP 和 Telnet 服务等,这些服务存在着很大的风险,我们将通过端口检测工具将这些高危端口找出,减小网站出现安全问题的风险。

10.1.3 0day 漏洞精准识别与预警技术

近几年,由于开源技术的流行,给很多系统或应用开发提供了便利。因此,很多开发者大量使用开源框架,比如 Apache Struts2 框架,从发布以来已经爆发了大量 0day 漏洞。2017 年,Struts2 连续曝出 S2-045、S2-046、S2-048、S2-049 等多个 0day 漏洞,漏洞修复的速度远远赶不上了漏洞爆发的进度,而这些漏洞的危害是十分严重的,远程攻击者可利用上述漏洞，对受影响的服务器实施远程攻击，从而导致任意代码执行或服务器拒绝服务。

但面对 0day 漏洞时，很多系统管理员并不了解自身的系统是否受影响，有多大的影响，做到第一时间响应那就更难了，甚至这类 0day 漏洞暴露在互联网上很多时间也没有发现，被黑客利用造成篡改、窃取数据等严重后果。因此，需要对关键基础信息系统 0day 漏洞进行快速识别与预警，依托安全研究团队对互联网中出现的最新安全威胁进行深入分析和研究，对 0day 漏洞、最新攻击行为提取特征，通过内置与不断完善的站点指纹库中，匹配指纹特征方式进行精准识别，对受影响系统、主机进行定向监测和预警，从宏观层面了解辖区内受影响的系统范围和数量，从微观层面精准定位到受影响系统的 IP、域名、管理单位等信息，从而进行精准通告及预警，以保障受影响系统能快速修复。

10.1.4　安全事件感知技术

利用云端大数据系统和分布式计算网络，结合信息系统基础数据，可以快速实现大批量（日均扫描上万网站）网站安全扫描任务，及时快速发现与定位网络安全漏洞问题的存在与网络安全事件的发生。通过对网站进行页面资源与指纹信息的分析，通过监测技术对各类安全事件进行全面分析感知，包括黑页、页面篡改、暗链、敏感言论等，并向相关部门和人员进行定向安全通报。主要包括以下内容。

页面篡改：可对页面篡改情况进行实时监测，通过采用标签域识别、资源参数化比对以及篡改取证等技术，实时发现网站中发生的各类篡改事件，帮助管理员尽快得知当前网页被篡改情况，能够在事发产生恶劣影响前尽快回复系统正常。

暗链监测：对页面中存在的暗链、错链进行实时监测，帮助用户掌握当前网站中存在哪些非法插入链接，需要进行快速清理，以提升网站的公信度以及搜索引擎排名。

敏感内容监测：对目标页面中存在的敏感言论进行实时监测，通过自动化识别以及人工确认等方式，监测发现敏感内容，及时通知用户，以保障网站内容健康合法。

挂马监测：通过采用特征码检测和 Shellcode 探测分析相结合的检测方法，检查出网页中存在的木马，并可以追踪到网络中木马程序的分布情况及所在的具体位置，从而有助于彻底解决网络中有害程序。

10.1.5　对暗链的识别技术

暗链源站指的是暗链传播内容的承载站点，往往被隐藏在大量的正常站点中，部分是非法营利组织的自建站点，部分是通过入侵正常站点后对页面内容进行篡改。

对于暗链的检测最为关键的技术是爬虫，暗链爬虫方案包括爬虫调度模块、页面下载模块、链接提取和页面分析模块、URL 管理模块、离线分析和持久化模块等。爬虫通过定义这几个接口，并将其不同的实现注入主爬虫调度模块来实现扩展。

可以扩展离线分析和持久化模块，对页面内容进行处理实现检测。在通过监控平台的"任务配置"模块，实现对网站的周期性爬虫实现监测功能。暗链的检测主要通过页面内外部链接和敏感关键字分析来实现，通过识别 IP 归属地、外链 PR[①]权重、外链数量等功能来实现监测。

10.1.6　基于大数据的钓鱼攻击识别技术

钓鱼式攻击是一种企图从电子通信中，通过伪装成信誉卓著的法人媒体以获得如用户名、密码和信用卡明细等个人敏感信息的犯罪诈骗过程。这些通信都声称（自己）来自电商网站、网上银行、电子支付网站、或政务网站，以此来诱骗受害人的轻信。网钓通常是通过 E-mail 或者即时通信进行。它常常引导用户到 URL 与界面外观与真正网站几无二致的假冒网站输入个人数据，致使网民遭受重大财产生命损失，造成个人隐私泄漏。就算使用强式加密的 SSL 服务器认证，要侦测网站是否仿冒实际上仍很困难。

通过云端大规模分析，包括搜索侦测、域名侦测、举报侦测、反查侦测、IP 侦测、衍生侦测、协查侦测、枚举侦测等手段提供一站式反钓鱼网站发现关停服务，实现对钓鱼网站的全面侦测、及时发现、快速关停和深度追踪，帮助用户解决网络钓鱼攻击问题，满足监管政策要求。在发现钓鱼网站后联合监管机构进行包括冻结域名、停止解析、所有者关停等手段将钓鱼网站进行快速关停。

10.1.7　多线路网站服务质量监测

采用分布式节点进行数据监测，以多链路多点监测形式，发现在不同区域内网站及信息系统的多线路访问可用性情况。网站及信息系统质量实时监测提供目标站点的域名解析可用性，网站服务可用性，以及网站内容可用性，能够较为全面的实现网站及信息系统可用性的监测。可用性监测分为以下三类内容。

1. 域名解析可用性

任何一个解析的域名均有对应的权威 DNS 服务器为其提供域名解析服务，如果提供权威 DNS 信息的域名服务器出现故障或解析出错误的信息，将导致用户无法访问到真实的网站。网站远程安全监测服务通过监测权威 DNS 服务器的可用性，以及权威 DNS 服务器解析 IP 地址是否与历史基准一致来判断域名是否发生安全问题，出现问题后会立即审核并进

---

① PR：全称 PageRank，即网页排名，又称网页级别，是一种由搜索引擎根据网页之间相互的超链接计算的技术，来进行网页的排名，是 google 搜索排名算法中的一个组成部分，级别从 1 到 10 级，10 级为满分，PR 值越高说明该网页在搜索排名中的地位越重要。

行通告。

2. 网站及信息系统服务可用性

网站应用可用性服务会自动监听网站指定的 TCP 端口，通过 HTTP 协议访问网站，通过返回的响应状态码，来判断网站是否能够提供正常的服务，以监督网站服务正常运行。

3. 网站及信息系统内容可用性

网站内容可用性监测引擎每间隔一段时间就会向监测网站发起 HTTP 请求，并核对响应页面内容是否有基准文本或数据，根据基准信息是否匹配，进而判断网站内容是否发生异常，如图 10.2 所示。

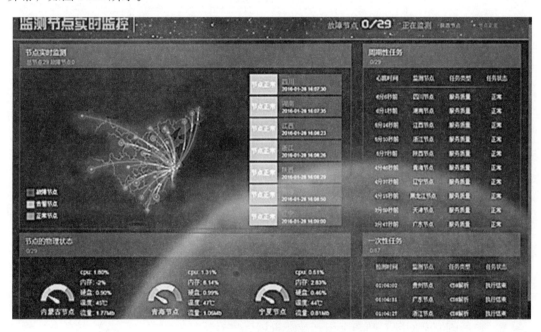

图 10.2　网站服务质量监测页面

10.1.8　多维度态势感知分析技术

针对整体网络安全态势，需定期提供分析的安全状态、安全风险与走势分析，帮助网络安全主管机关宏观掌握整体安全态势。提供专业网络安全情报分析人员，采用最成熟的信息安全指数模型，对感知到的网络安全数据进行半定量或定性运算，通过权重处理计算评价指标值。

同时，在安全态势整体分析实现中，将 JDL（Joint Director of Laboratories）模型作为参考，如图 10.3 所示。

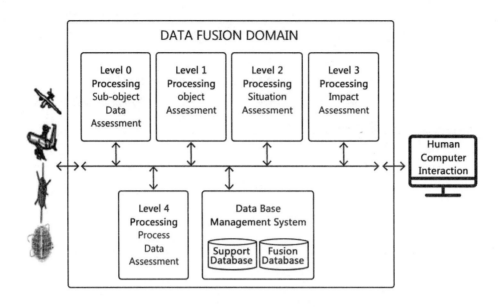

图 10.3　JDL 模型

通过对网络安全感知数据的过滤、排列与关联、跟踪和识别，将多源网络安全感知数据根据其特性、知识库、指纹库，聚合其横向、纵向相互关系，从而展现当前真实网络安全态势。

网络安全态势报告将包括以下内容。

- 在线网站数量。
- 服务质量情况，服务异常、延时过大、页面资源过大等情况分析。
- 整体网站主要漏洞情况分析。
- 整体网站出现的安全事件分析。
- 最新的安全问题和网络空间开放端口情况分析。
- 网络空间整体安全态势全局分析。

10.1.9　网络安全重点事件专题分析

当前网络安全环境复杂，有组织、有规模、有计划的网络攻击行为已成为对网络空间环境造成重大危害的主流。基于国家间对抗、政治因素、经济利益的有目的网络攻击，具备较高的攻击技术水平与较大的社会危害性。近年来，国外网络作战部队、敌对势力、黑客组织与网络犯罪集团都将我国视为展开网络攻击的主要战场，"匿名者"组织、"黑客"组织、网络赌博黑色产业链集团等，都曾对我国网络空间进行持续性的网络攻击。

对上述有组织的规模性网络攻击事件，需对其攻击手段、技术水准、行为模式、组织背景和活动情报等，进行同样具备针对性的专题调查、分析与研究工作，这对于防御规模性网络攻击行动、打击网络犯罪行为、治理网络空间环境具有重要意义。结合自身遍布全国的大数据采集引擎与后台先进的网络安全情报分析系统，组织具有丰富经验的网络安全情报分析人员，可以提供网络安全重点事件的专题分析服务。

10.2 基于机器学习的云端安全防护

云端安全防护采用零部署防护方案，用户无需在本地部署任何安全设备，只需将别名解析到云防护系统上，云防护系统通过全国 DNS 调度中心会对用户访问进行就近选路，用户的访问先经过云防护系统，从网络层面对黑客发起的 Syn-flood、Upd-flood、Tcp-flood 等 DDoS 攻击进行防护，应用层过滤注入攻击、跨站脚本、Webshell 上传、网页木马、第三方组件漏洞和应用层 CC 等攻击，防止网站被篡改、信息泄漏、拒绝服务，有效保障网站的可用性和安全性。

云防护平台对网站进行 24 h 实时监控、对潜在威胁进行预防、对存在威胁进行防护，通过大屏、电脑动态展示，监控数据实时推送到用户手机，对网站问题进行实时追踪、预警、通报。同时，提供人工安全值守服务，7×24 h 远程服务团队的网站监控、攻击威胁处理和应急响应服务，重要节会的安全值守服务，防护流程如图 10.4 所示。

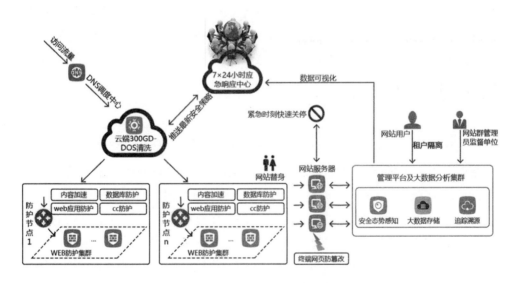

图 10.4　云防护平台安全防护流程图

10.2.1　基于页面镜像的篡改防护与永久在线技术

传统网站防篡改是采用软件方式，通常需要部署在服务器上，通过基于内核驱动技术或基于页面发布，部署上比较麻烦，配置也比较麻烦，不易于大规模部署和维护。

基于离线镜像技术，云防护系统自动爬取被防护网站或业务系统的页面、图片、样式和其他文件，将学习到的文件存放在镜像服务器，可根据更新频率自动学习，云防护系统会对学习到的页面进行异常分析。当页面存在黑页、暗链、篡改等问题时，不进行更新，正常页面更新到缓存服务器上；当需要紧急更新时，可强制进行刷新，如图10.5所示。

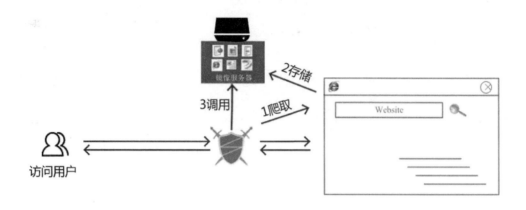

图 10.5　离线镜像技术

同时，云防护的镜像防护技术可利用以下两类场景：一是当网站服务器因为硬件故障、网络故障、程序故障等问题导致服务器不可用时，云防护系统可自动切换到镜像模式，让网站或应用系统仍保持可用性；二是在敏感或特殊时期时，用户可将网站服务器关闭，手工开启永久在线模式，则显示云防护系统的镜像页面，保持网站保持可用性。

10.2.2　漏洞识别与虚拟补丁技术

0day 通常是指还没有补丁的漏洞，0day 漏洞的利用程序对网络安全具有巨大威胁，因此黑客也非常热衷于 0day 的利用和攻击，近几年我们常使用的 Web 服务器组件常常曝出 0day 漏洞，如连续曝出的 Struts2 漏洞、Openssl 心脏出血漏洞，其漏洞造成的危害十分大，对待这些 0day 漏洞事件的应急处置，目前通过规则库很难防护。

建立完善的 0day 漏洞的发现与修复机制，通过主动学习服务器的指纹信息，如操作系统类型与版本、Web 服务器类型与版本、Web 组件类型与版本、Web 开发语言等信息，当 0day 爆发时进行预警并修复漏洞。通常官方提供漏洞补丁会在漏洞发现几天甚至很长一点时间才会提供，这样 0day 攻击带来的危害十分严重，而且线上系统考虑到补丁上线过程中测试、验证、上线的周期，以及上线对业务所带来的风险，而采用虚拟补丁推送方式不仅可以节省上线前的测试周期，而且对业务影响小。

"不知攻，焉知防"，传统安全设备从防护角度来看，对所有业务进行无差别防护，在不知道网站漏洞情况下采用盲目防护策略。一方面，是防护效果很难达到预期，另一方面，无差别化的策略会影响正常业务。因此，需要对网站的漏洞进行针对性防护。其一，是对网站漏洞通过虚拟补丁方式加固，其二，是建立目标系统的指纹信息库进行差别性防护。

云端监测发现目标服务器的漏洞，云防护系统通过联动云端监测将漏洞结果导入生成专有的安全防护规则，这样，无需通过人工加固带来的繁琐和风险。另外，目标系统的指纹信息库在云防护系统上建立对：操作系统类型与版本、Web服务器类型与版本、Web组件类型与版本、Web开发语言，建立指纹库的两个作用如下。

（1）安全设备自动学习指纹库并形成专有特征库。

（2）通过云端0day监测，进行0day预警，对存在漏洞的目标主机推送虚拟补丁进行加固，不仅节省上线前的测试周期，而且对业务影响小。云端监测与主动防御示意图如图10.6所示。

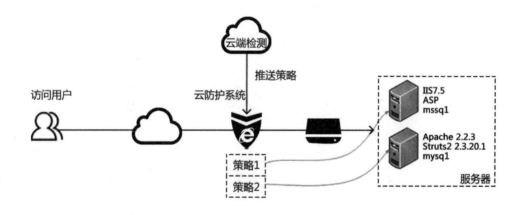

图 10.6　云端监测与主动防御

10.2.3　基于大数据技术的攻击识别与防护

10.2.3.1　基于海量日志学习生成正向规则的技术

目前，安全设备大部分只能对已知的攻击进行拦截，如WAF特征库、IPS签名库等，但对于未知攻击却很难检测与防范，因此，需要对网站的访问模型进行自学习建模生成安全基线，简而言之就是白名单防御。

不同网站有着各自独立的特性与访问规律，通过策略自学习建模及白名单防护技术对访问流量的自学习和概率统计算法，同时，对网站的正常访问行为规律进行分析及总结，生成一套针对网站业务特性的安全白名单规则，用户访问时云防护系统对合法输入直接放行，对不合法输入直接拦截，这样，未知攻击无论发生任意变化都无法绕过白名单规则的检测。

首先对流量采样，学习服务器存在的URL树和访问行为，访问行为包括请求方法、参数名、参数类型、参数长度及匹配频率，学习完成后生成白名单规则，匹配动作为匹配不到拦截。

用户访问时，先通过白名单规则匹配，在示例中该页面所允许提交身份证为18位数字或17位数字+x组合，密码为6位数字，而此次访问身份证与密码都为特殊字符，不符合白名单规则，因此，云防护系统在发现异常流量后直接由白名单规则拦截，而无需匹配特征库，如图10.7所示。

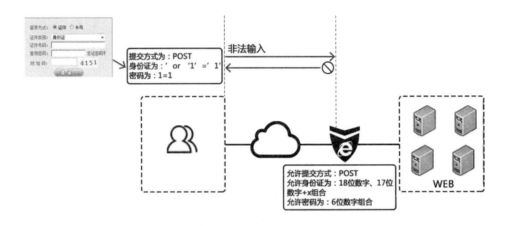

图10.7　基于海量日志学习生成正向规则的技术

10.2.3.2　基于海量日志学习业务流程生成防跳跃式攻击规则

我们在逛大型商场时，通常进入大型商场时有一个统一入口，通过入口后再进入店铺，如果没有经过入口直接进入店铺通常是不合法的。以此类推，不同的业务系统也有不同的访问流程和步骤，如果违反了业务系统的流程，也同样会被视为非法访问。

通过云防护系统对业务系统的流程进行学习并自动建模，在学习过程中，云防护系统会分析群体访问行为。比如，大多数用户访问的业务链是从首页开始，先到商品分类页面，然后由商品分类页面跳转到某个产品页面和下单页面，这样，云防护系统会根据这些业务跳转行为和中间的停留时间形成业务流程行为建模，管理员可以根据建模数据进行优化，最终形成业务流程规则，发现有用户违反业务流程规则的，则进行告警或拦截。

某订票网站持续出现查不了票、出不了票等严重问题，经过分析是被竞争对手恶意查价格和恶意占座。竞争对手采用了爬虫工具对网站进行持续查询，造成网站瘫痪，无法正常为用户提供订票业务。更恶劣的是恶意抢票行为，占了机票后，到了付款环节时，不进行正常付款，导致很多机票无法正常销售，飞机入座率直线下降。

通过云防护系统对业务链进行学习分析，按照正常的订票流程定制了业务流程规则，如图10.8所示。

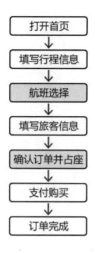

图 10.8　订票流程图

将业务规则配置完成后，针对非法业务流程访问的查票和占座等行为进行有效遏制。

10.2.4　协同防护技术

目前，黑客的攻击趋向集中化、行业化，对网站群或业务系统发起分布式攻击，如图 10.9 所示，是通过云防护系统发现多起网站群攻击行为，深圳某 IP 对 102 个网站发起了多种类型的攻击。

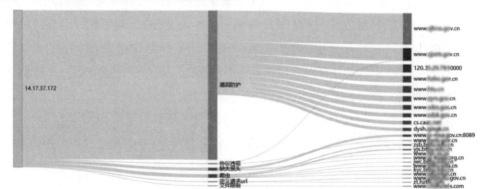

图 10.9　网络群攻击行为

对单点 IP 发起群体攻击的行为，云防护仅需将该 IP 进行禁封，而对发现多点 IP（相似 IP、同网段 IP）发起群体攻击的行为，需要进行深度分析，这些攻击行为通常具备一定的相似性。如利用 0day 漏洞进行群体性攻击，可以分析此类攻击的指纹信息，如 HTTP 报文中的 UA、Cookie、URL 跳跃路径等，针对这类相似攻击行为生成自学习规则，进行群体性防御。

10.2.4.1 基于访问行为的情景式防护

通过威胁情报收集分析平台收集情报信息,通过安全专家+大数据分析技术对信息的分析与提取形成威胁情报,表 10.1 是收集到的不同层面的情报信息。

表 10.1 不同层面的情报信息

情报分类	情报信息	说明
网络层	访问 IP 地址及归属 访问区域	识别"肉机"、僵尸网络、恶意攻击者
应用层	域名 URL 弱口令 发件人邮件地址	识别网络钓鱼、网页木马、病毒网站、弱口令等攻击
主机层	注册表 进程信息 文件名 网络连接	识别主机感染病毒木马、开启恶意进程、木马回连等异常

首先,外部发起的攻击威胁是威胁情报使用最为常见的,外部威胁主要是外部攻击者对内部服务器或网络进行主动性攻击,造成网站被篡改、用户信息泄漏、DDoS 攻击、CC 攻击、Webshell 植入等安全问题,在网络空间的外部安全防护设备(如防火墙、IPS、ADS、WAF 等)上推送网络层、应用层威胁情报库。由于网络攻击的不断变化,因此,威胁情报库需要保持实时更新机制,对外部安全设备采用"本地缓存+云端更新"组合防护模式,当黑客攻击来临前预先对攻击进行判断,如访问源 IP 是否为 IP 信誉库中的"肉机",一旦发现符合威胁情报库信息,可以采用预先阻断、警惕关注等手段进行跟踪与防护。基于外部威胁情报的防护模式如图 10.10 所示。

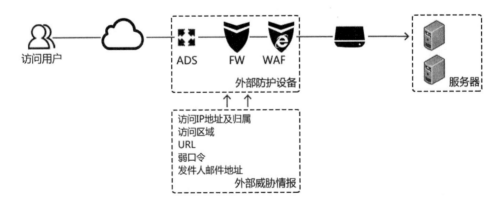

图 10.10 基于外部威胁情报的防护模式

大多数用户对外部威胁的认识越来越成熟，对外部威胁的防护措施也投入比较多，但对内部威胁认识不够。比如，内部服务器或主机沦为"肉机"、内部主机访问了恶意网站造成病毒木马感染、内部主机被控制对服务器近源攻击、内部信息泄漏，这些威胁危害十分严重，而且平时很难被发现和捕获。因此，威胁情报在内部网络应用也是需要且迫切的。

在网络空间的内部设备（如 AC、APT、主机）上推送应用层、主机层威胁情报库，当内部服务器或主机对外访问时，对流量中报文进行提取并匹配威胁情报库，当内网主机向外发起访问时检查访问的目标域名、URL、文件名是否匹配到威胁情报库，发现后可立即拦截，防止威胁的产生，如图 10.11 所示。

通过对内部服务器安装 Agent 并推送威胁情报库的方式，收集服务器上开启的进程和网络连接等信息，发现内部服务器感染后门、木马回连、异常网络连接等威胁后，立即采取中断处理。

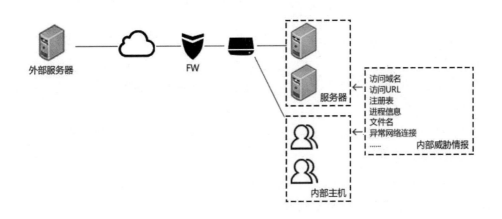

图 10.11　基于内部威胁情报的防护模式

10.2.4.2　基于信誉评估的防护思路与实践

互联网网站业务就像大型商场一样，访问用户群体大，哪些是恶意用户，哪些是正常用户，单靠保安肉眼很难识别。因此，我们还需要建立一套完善的鉴别机制，通过用户信誉评估系统对每个用户在访问期间进行信誉评估，信誉值高的用户可继续访问，信誉值低的用户将会被中断访问，甚至进行封锁。

在安全防护系统上建立信誉评估系统，简单来说，就是观察和分析每个用户的访问行为和轨迹，综合用户的短期访问和长期访问进行评分。具体评分会根据用户的 IP 地址、所属区域、User-agent、访问页面数量、HTTP 返回码、访问页面轨迹、访问页面分布率、访问文件分布率、页面点击速率等多个指标进行分析和测量。

目前，攻击趋向于自动化，黑客或脚本小子，通常使用扫描器对目标服务器进行探测和踩点，以获取对实施攻击有价值的漏洞和信息，为下一步实施攻击做好准备，达到事半功倍的效果。另外，目前很多政府网站也面临公安部、网信办的检测，防御扫描器成为攻防对抗中最基本也是最重要的一个环节。

通过分析扫描器行为，可以对扫描器访问进行信誉评估，如图10.12所示。

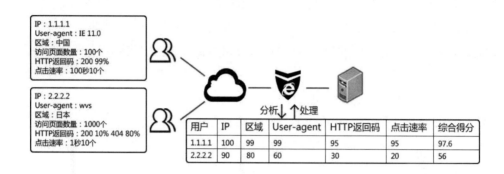

图 10.12　云防护系统评估扫描分析

（1）评估访问 IP 的得分情况，该 IP 是否属于 IP 信誉库中的恶意 IP。恶意 IP 评分低，非恶意 IP 评分高。

（2）评估访问区域的得分情况，访问区域是否为所属网站的省、国家，如该区域是非国内或省内，则评分低。

（3）评估 User-agent 的得分情况，云防护系统内置 UA 特征库。符合特征库的，则评分低。

（4）云防护系统对不同指标进行综合分析和评估，最终为该用户进行信誉评估。信誉值低的，则被云防护系统拦截或封锁 IP。

10.2.4.3　基于访问行为的自动化攻击识别与防护

使用自动化工具攻击类型占所有攻击类型的 9%，自动化工具发起的攻击是以攻击次数统计，而非产生的日志数量。平均每个网站每天平均会遭受 10 次左右的自动化攻击，自动化攻击包括扫描、CC、恶意 User-agent 等多种攻击类型，本次主要分析扫描和 CC 攻击两种攻击类型。

扫描的攻击源通常来源于以下两种情况。

（1）黑客使用扫描器对目标服务器进行探测和踩点，以获取对实施攻击有价值的漏洞和信息，为下一步实施攻击做好准备，达到事半功倍的效果。

（2）国内监管机构（如公安部门、网信办等）对政府、事业单位、教育机构进行检查，发现有问题进行通报，通过数据分析源于监管机构的检测数量占整体扫描攻击的 36%。

发起扫描攻击的 IP 通常具备以下特点，通过这些特征可以快速定位扫描攻击，并快速将扫描 IP 锁定，如图 10.13 所示。

- 不加载 CSS、GIF、JS 等文件。

- 大量比例的 404 返回码。
- 页面分布比较广，频率快。

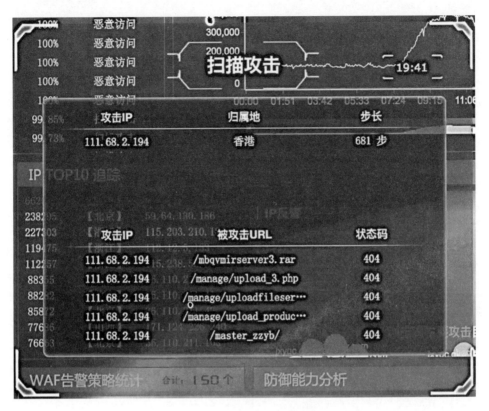

图 10.13　自动化攻击示例图

近几年，黑客开始采用应用层 CC 攻击方法精准打击服务器，CC 攻击的特点是流量小、攻击精准、成本低，只需要少量"肉机"或代理服务器就可以完成。而目前，攻击手法越来越高明和隐蔽，主要有以下几种 CC 攻击类型：同行恶意竞争、刷票、黄牛抢票、商业爬虫抓取敏感信息等，CC 攻击可造成服务器访问慢和拒绝服务。因此，对 CC 攻击的防护显得尤为重要。通过 CC 防护服务，针对黑客发起的小流量大量请求的 CC 攻击，以耗费服务器性能的攻击行为进行防护，避免业务访问慢或拒绝服务。

第 11 章 培养一流网安人才助推网络强国战略

11.1 大数据时代网络安全人才现状

11.1.1 大数据时代网络空间安全人才需求缺口巨大

众所周知，数据逐渐成为战略性经济资源，面对新兴的互联网产业，数据驱动安全产业发展已成为大势所趋，网络空间安全与大数据的"结合"，实现安防管理的及时与高效。着眼未来，掌握大数据分析能力网络空间安全人才，是未来大数据时代炙手可热的人才。

大数据技术广泛应用和网络空间兴起发展，极大促进了经济社会繁荣进步，同时也带来了新的安全风险和挑战。为保护网络空间安全和发展，各国竞相将其纳入国家战略考虑。纵观各国网络空间安全战略，广泛开展全民网络空间安全意识教育，着重培养网络空间安全人才已经成为不可或缺的一部分。然而，我国网络空间安全人才"产能"与实际需求相差近 50 倍，大约落后欧美 50 年。

网络空间安全人才主要是对从事网络空间安全或计算机网络安全技术工作人员的统称。分布在各级行政、企事业单位、信息中心、数据中心、互联网接入单位、科研院所等机构中。大数据网络时代网络空间安全人才具体可分为两大类：一是利用大数据来解决安全问题，二是解决大数据系统本身的安全问题。

利用大数据的海量数据，以及海量数据存储、处理能力，来解决安全问题是现在最新的前沿探索技术领域。当下基于大数据的能力推出的态势感知、威胁情报、异常行为感知等都需要安全技术分析人员、安全业务分析人员等人才来支撑。

大数据系统本身的安全问题，也是伴随着大数据应用走近用户的视野。其包括全方位的数据安全管理、管控、防护等众多方面。为了在利用大数据带来的能力和便利的同时，更好地保护数据本身的安全，控制数据的访问权限，避免越权访问等，需要大量的安全人才去研究和探索。同时大数据系统日常维护等又需要专业的大数据安全运维团队来保障。

从我国网络空间安全人才受教育程度来说，本科学历的信息人才占比较大，达 61.8%；

硕士研究生以上学历占 9.6%；大专约占 25.2%；其他约占 3.4%。从网络空间安全人才年龄分布来说，我国网络空间安全人才队伍呈年轻化趋势，30 岁以下网络空间安全人才占比最大，约为 67.2%；31~40 岁的占比约为 28.7%；41~50 岁约为 3.5%；51 岁以上仅为 0.6%。

根据相关数据显示，过去两年中国企业遭受的网络攻击数量飙升了 969%，每家公司平均每天遭到 7 次攻击。仅 2015 年，就发生了十大酒店客人开房数据泄漏、超 30 省市数千万社保用户敏感信息泄漏、中国人寿 10 万份保单或被泄漏、武汉 10 万条高考生信息泄漏等大案。业内人士指出，产业链式的网络攻击虽然严重，但是更让人担忧的是，网络空间安全人才的短缺致使安全团队无法"扩军"，人才储备量远远跟不上网络空间安全风险的增长量。

北京电子科技学院副院长、教育部高等学校信息安全专业教学指导委员会秘书长封化民指出，当前中国重要行业信息系统和信息基础设施需要的各类网络空间安全人才数量还将以每年 1.5 万人的速度递增，到 2020 年相关人才需求将增长到 140 万。但是，目前我国只有 126 所高校设立了 143 个网络空间安全相关专业，仅占 1 200 所理工院校的 10%。

网络空间安全人才荒并非中国"特色"，更是全球性问题。美国原国家网络空间安全教育计划主任恩内斯特·迈克杜菲介绍，他们曾做过一个调查，2/3 的被调查者认为网络空间安全人才太少。专业保险商 Hiscox Insurance 最新发布的报告显示，美国、英国和德国只有不足半数的企业做好了应对网络攻击的准备。网络空间安全形势日益严峻，如何弥合人才的巨大缺口，成为国家和安全产业面临的一大难题。

11.1.2 普通高校与高等职业院校的网络安全教学未成体系

从 20 世纪 70 年代开始，我国普通高校已开始培养网络空间安全人才，武汉大学于 2000 年获得教育部批准，次年建立了我国第一个网络空间安全本科专业。从此，我国开始了网络空间安全本科生的培养。

在我国，网络空间安全人才培养分为学历和非学历两种，在网络信息技术高速发展的时代，网络空间安全普通高等教育已成为我国系统培养网络空间安全人才的主要渠道。

虽然经过数十年的发展，我国网络空间安全人才教育有了长足进步，也为信息安全事业培养了一大批有用人才，但总的来说，目前我国正处于网络空间安全专业发展的初始阶段，与发达国家相比，还存在很大的差距，网络空间安全人才教育还面临着一系列的问题。其中学科建设、能力培养、实践教学等问题尤为突出，尚未形成完善的信息安全人才培养教育体系。

我国在网络空间安全学科建设方面的不足主要表现在以下两方面。

一是教学计划不够科学，学科课程不全面。现有课程体系并未完全体现网络空间安全学科自身的特点，教学内容多而杂，难以构成专业知识结构。在课程中注重密码学、防火墙、入侵检测等单纯安全理论与技术知识的传授，缺少系统的方法教学。在如何构建安全的操作系统、数据库系统，如何设计和实现安全的信息系统等重要问题涉及面不够。目前，国内一些理工科大学正在开设或准备开设网络空间安全专业，但是所开设的专业课程和人才培养内容仍然停留在技术防护的层面，不能涵盖网络空间安全的主要内容。另外，部分学校过于关注学科专业性，专业知识多以技术性的防护为主，学科知识存在偏狭的弊端。

二是网络空间安全专业课程内容稍显滞后。网络发展迅速，相应的网络信息技术也日新月异，知识更新快。学校的培养目标、教育计划和对应课程体系需要经过相关学者、专家的论证及实践过程，相对而言内容存在滞后的问题。同时，在高校的培养模式中，学科建设的指导思想、人才培养的规格与目标都是各个高校根据自己的情况灵活掌握的，或根据行业发展和院校自身发展方向制定的，缺乏系统的学科指导体系。同时，现有的培训体系中的某些知识结构已经过时，僵化的课程设置直接导致了网络空间安全人才培养跟不上时代发展。

传统模式培养出来的信息安全人才缺乏实践能力，在很大程度上不符合社会对网络空间安全人才的需求，社会普遍存在抱怨教育太偏重理论，以至于相关高校毕业生往往需要用人单位培养一年甚至更长的时间才能符合岗位需求，实用性较差。

目前，高校在对网络空间安全专业学生能力培养教育方面存在短板。高校信息安全人才培养针对性不强，网络空间安全专业学生的培养散落在计算机、通信等专业中，并没有注重学生的理论知识的应用，实验环节教学非常匮乏。网络空间安全实训室是组织实践教学、强化技能培养、实现人才培养目标的重要基地，应该根据国际网络空间安全前沿技术、国际院校对网络空间安全研究和企业的实际需求，搭建集课件、工具、实训操作为一体的模块化、可配置的实训平台集合。然而，调研发现目前我国学校各项资源较为短缺，高校虚拟仿真实验室等硬件设施投入不足，比如硬件防火墙，IDS 等相关设备较为落后，在实验设备的质量和数量上投入相对不足，所以无法进行课程体系中所要求的实验，学生只能学习理论或者在计算机的虚拟机上完成，极大地削弱了教学效果。高校网络空间安全人才培养缺乏训练环境，然而网络信息技术和网络空间安全自身就具备很强的实践属性，绝大多数的安全技术与手段需要在实践过程中去发现、去认识、去体会。

11.1.3 网络空间安全人才继续教育混乱而流于形式

我国网络空间安全培训发展已经历了较长一段时间，虽然内容、形式发展日趋多样化，各方面的投入也不断加大，但仍无法满足当前经济与社会发展的需求，仍然存在着以下一些问题。

1. 传统培训与实践脱节

传统的网络空间安全培训内容结构不尽合理。培训内容偏向基本理论知识，并且培训内容与实际工作脱节，通过培训难以解决企业实际工作中遇到的各类网络空间安全问题，同时内容往往相对滞后，不能体现网络空间安全技术的发展新趋势、新动向，对于新的网络空间安全预警、漏洞也较少涉及。

2. 传统培训形式单调

传统的培训方式比较枯燥，主要以知识性内容的教授为主，形式上主要以 PPT 课件、板书等为主，缺少实际操作练习，对各类安全问题的培训仅停留在理论知识层面。而信息安全是个强调实操的领域，这种方式显然很难培养出技术过硬的安全人才。

3. 传统培训成本较大

传统网络空间安全培训成本较高，企业要承担较高的培训成本，包括场地费用、聘请讲师的费用、差旅费等。另外，传统的培训通常要到固定地点去培训，培训时间较长，企业还要承担由培训导致的延误生产的间接损失。

4. 培训效果难以评估

传统的网络空间安全培训结束后，培训效果难以进行科学的评估。比如，培训人员的实操能力如何，解决问题的综合能力如何，能力提升情况如何等一系列问题都很难进行科学评估。

虽然企业纷纷提高对网络空间安全人才培养的重视程度，不断加大人才培养的投入，但是由于以上制约因素，目前信息安全专业人才仍然存在巨大的缺口，尤其是缺乏高素质、掌握核心技术的网络空间安全技术与管理人员，这需要企业积极探索，发展出适合自身实际情况的人才培养体系。

11.2　网络空间安全人才培养和教育的困惑

11.2.1　网络空间安全需要怎么样的人才

随着互联网的兴起与发展，网络空间安全成为不容忽视的问题，2018 年是中国接入互联网的第 24 个年头，截至 2017 年 6 月，我国网民规模达到 7.51 亿，半年共计新增网民 1992 万人。互联网普及率为 54.3%，较 2016 年底提升 1.1 个百分点。截至 2016 年 12 月，我国域名总数增至 4228 万个，年增长 36.3%。网站近 454 万家。中国企业使用计算机办公的比例为 95.2%，使用互联网的比例为 89.0%，中国已是名副其实的"网络大国"。但是网络空间安全人才数量严重不足、质量参差不齐、人才流失严重等问题却一直制约着网络空间安全体系的发展。同时网络空间安全人才知识结构涉及信息安全技术、管理、法规标准等多方面，综合知识要求全面，所以学历教育周期长，而网络空间安全知识更新周期快，学习强度大，这些也是导致人才缺口大的原因。

当前，针对网络空间安全人才的需求主要集中于四类业务、两类单位。其中，四类业务主要指的是：国防建设、公共安全维护、电子党务政务、电子商务；两类单位其一是政府、军工、公安等国家重要部门，其二是IT、金融、电商、民生基础设施等公司企业。

我国现如今急需网络空间安全专业型人才、复合型人才、领军型人才。

专业型人才要求有扎实的计算机功底，但考虑到最终设计的系统是为解决企业的管理和业务服务，也需要分析企业的客户需求，要求该类人才还需要对企业流程、管理需求，以及消费者心理有一定了解。

复合型人才是指有技术和管理两方面的技能的人才。传统公司缺少相应职位，导致此类人才难以快速培养，因此，此类岗位是网络空间安全机构急需充实的岗位。虽然可以找到纯技术或纯管理的岗位，但是很少有人能同时具有这两项技能，使得此类人才培养更加困难。

领军型人才需要具备能成为一个团队的核心和灵魂的能力，同时必须有专才，术有专攻，兼备个人能力和团队合作精神。而领军型人才的培养是需要高等教育成为主导因素，需完善高等教育培养体系，培养团队协作能力，同时能为此类人才提供更大的舞台展现。但是，现在高校缺乏有利于领军型人才成长的环境，更加导致此类人才奇缺。

据 IDC 预测，我国目前对网络空间安全专门人才的需求量高达 50 余万。今后五年，社会对网络空间安全的人才需求量大约为"每年新增 1.2 万人"左右。样本统计表明，目前，我国网络空间安全学科各层次人才每年毕业生数平均为 1 万人左右，远远无法满足网络空间安全产业发展的需要。同时企业需要有实践技能的应用人才，但学校教学重理论知识、轻操作技能，两者并未契合。人才培养问题已然成为当前严重制约网络空间安全产业快速发展的瓶颈。

要建设网络强国，必须明确网络空间安全人才培养目标，调整国家网络空间安全人才培养战略，设计网络空间安全人才培养发展路线，部署网络空间安全人才培养具体措施。其次，要构建全方位的网络空间安全人才培养体系，从网络空间安全人才结构、职业发展、正规教育以及全民安全意识等多个维度出发，加强国家网络空间安全技术力量建设，打造跨学科、跨领域的复合型人才，培养网络空间安全世界级顶尖专家，并做好人才的培育、选拔、使用和吸引。

11.2.2　完善人才教育体系应包含哪些方面

虽然经过数十年的发展，我国信息安全人才教育有了长足进步，也为信息安全事业培养了一大批有用人才，但总的来说，目前我国正处于信息安全专业发展的初始阶段，与发达国家相比，还存在很大的差距，信息安全人才教育还面临着一系列的问题。其中学科建设、能力培养、实践教学等问题尤为突出，尚未形成完善的信息安全人才培养教育体系。

2016年7月8日，教育部、中央网络安全和信息化领导小组办公室等六部门发布了《关于加强网络安全学科建设和人才培养的意见》（以下简称《意见》）。《意见》中提出，要加快网络安全学科专业和院系建设。在已设立网络空间安全一级学科的基础上，加强学科专业建设。发挥学科引领和带动作用，加大经费投入，开展高水平科学研究，加强实验室等建设，完善本专科、研究生教育和在职培训网络安全人才培养体系。

第一，要创新网络安全人才培养机制。鼓励高等院校适度增加相关专业推荐优秀应届本科毕业生免试攻读研究生名额。支持高等院校开设网络安全相关专业"特长班"。鼓励高等院校、科研机构根据需求和自身特色，拓展网络安全专业方向，合理确定相关专业人才培养规模。建设跨理学、工学、法学、管理学等门类的网络安全人才综合培养平台。鼓励高校开设网络安全基础公共课程，提倡非网络安全专业学生学习掌握网络安全知识和技能。支持网络安全人才培养基地建设，探索网络安全人才培养模式。发挥专家智库作用，加强对网络安全人才培养和学科专业建设、教学工作的指导。

第二，要强化网络安全师资队伍建设。积极创造条件，吸引和鼓励专业知识好、富有网络安全工作和教学经验的人员从事网络安全教学工作，聘请经验丰富的网络安全技术和管理专家、民间特殊人才担任兼职教师。鼓励高等院校有计划地组织网络安全专业教师赴网信企业、科研机构和国家机关合作科研或挂职，打破体制界限，让网络安全人才在政府、企业、智库间实现有序顺畅流动。鼓励与国外大学、企业、科研机构在网络安全人才培养方面开展合作，不断提高在全球配置网络安全人才资源能力。支持高等院校大力引进国外网络安全领域高端人才，重点支持网络安全学科青年骨干教师出国培训进修。

第三，要推动高等院校与行业企业合作育人、协同创新。鼓励企业深度参与高等院校网络安全人才培养工作，从培养目标、课程设置、教材编制、实验室建设、实践教学、课题研究及联合培养基地等各个环节加强同高等院校的合作。推动高等院校与科研院所、行业企业协同育人，定向培养网络安全人才，建设协同创新中心。支持高校网络安全相关专业实施"卓越工程师教育培养计划"。鼓励学生在校阶段积极参与创新创业，形成网络安全人才培养、技术创新、产业发展的良性生态链。

第四，要加强网络安全从业人员在职培训。建立党政机关、事业单位和国有企业网络安全工作人员培训制度，提升网络安全从业人员安全意识和专业技能。各种网络安全检查要将在职人员网络安全培训情况纳入检查内容，制定网络安全岗位分类规范及能力标准，鼓励并规范社会力量、网络安全企业开展网络安全人才培养和在职人员网络安全培训。

第五，要完善网络安全人才培养配套措施。采取特殊政策，创新网络安全人才评价机制，以实际能力为衡量标准，不唯学历，不唯论文，不唯资历，突出专业性、创新性、实用性，聚天下英才而用之。在重大改革项目中加大对网络安全学科专业建设和人才培养的支持。建立灵活的网络安全人才激励机制，利用社会资金奖励网络安全优秀人才、优秀教师、优秀标准等，资助网络安全专业学生的学习生活，让做出贡献的人才有成就感、获得感。研究制定有针对性的政策措施，鼓励支持网络安全科研人员参加国际学术交流活动，培养具有国际竞争力、影响力的人才。

11.2.3　校企合作培养网络空间安全人才

第一，引入团队授课、校企联合授课机制，强化人才培养课内实验实践教学模式改革，以强化学生综合技术实践能力、学习能力以及团队合作能力为目标，充分发挥教师的专业特长，将不同教学方法和风格相融合，引入团队教师制实施课程教学。如在部分学科基础课与专业课中，采用了校内多名教师制，如"移动互联网及应用"、"无线网络新技术"等课程；而在部分专业课程与综合实践类课程中，采用了校外工程师与校内教师的团队制，如"网络系统设计与集成"、"系统架构实践"等课程。

第二，开放管理实践教学平台，提高实践教学平台的利用率。实验室面向全校开放，通过网上申请，进入实验室进行开放试验研究，提高专业技术知识水平和兴趣，依托智能终端实验室举办技能大赛。同时，利用校企合作实验室，吸引其他高校和企业也到实验室来进行实验、学习，共享技术、培训。

第三，优化互联网方向人才培养体系，改进和完善人才培养方案。首先进行校内教学改革，针对培养规格的要求，对原有课程进行重组。改变传统教学理论性、体系性强，而实践性、探索性弱的情况，针对应用类人才要求，组织模块教学、项目教学，理论够用为度，实际应用能力被提到重要位置。对企业进行了大量调查研究，根据调查的情况修订培养方案，在修订过程中把握战略新兴产业的发展，及时更新课程和时间内容，例如，在网络工程培养方案中系统添加了云计算、物联网、工业控制等课程和实践内容。

第四，鼓励自主学习和创新，建立多层次学生实践能力培养体系。根据互联网行业需求建立不同的能力标准体系，围绕培养创新能力，构建专业人才能力建设标准框架，在实践中依据各类人才不同的能力素质要求，有针对性地实施人才能力开发。企业不仅参与制定培养目标、教学计划、教学内容和培养方式，而且参与实施教育和培养任务。一方面，由企业推荐在企业工作的技术专家和技术能手充实到教师队伍中去，另一方面，企业为学校加强在职教师实践技能的培养。以高质量互联网工程技术人才为目标，构建贯穿智能终端设计、应用开发和信息服务全生命周期的工程教育实践教学体系，让学生自主解决网络空间安全技术领域中的工程、技术、管理和社会问题，使工程教育与社会需求无缝连接，全面提升学生的工程实践与创新能力。

第五，探讨校企合作模式，开放管理实践教学平台实验室面向全校开放，学生结合自身的专业特点，在有一定的知识储备后，可以通过网上申请，进入实验室进行开放试验研究，增强知识的应用技能，提高专业技术知识水平和兴趣。同时，充分利用校企合作实验室，吸引其他高校和企业也到实验室来进行实验、学习。实验室承担学生的课外科技活动的组织与管理工作。

第六，校企合作，建设教学和管理团队，提高整体水平。由于互联网技术涉及面广，教学和管理团队的配备应是动态的，在专业方向、课程群等不同层次的教学团队中，鼓励和吸引更多科研水平高、工程能力强的教师深入实践教学和管理第一线。同时，引入企业资深工程师参与实践教学也是提高学生工程实践能力的重要途径。

11.2.4 培养优秀网络安全人才应坚持哪些导向

第一，贯彻落实习近平总书记提出的"总体国家安全观"。2014年4月15日，习近平总书记在中央国家安全委员会第一次会议上首次明确提出了"总体国家安全观"，这是新时期中国共产党维护国家安全的根本方针政策。国家安全法规定：国家安全工作应当坚持总体国家安全观，以人民安全为宗旨，以政治安全为根本，以经济安全为基础，以军事、文化、社会安全为保障，以促进国际安全为依托，维护各领域国家安全，构建国家安全体系，走中国特色国家安全道路。公众广泛参与全民国家安全教育日，将获得弘扬总体国家安全观的良好效果。

第二，提高政府和社会公众维护国家安全的法律意识。国家安全法以"总体国家安全观"作为指导思想，规定了一系列不同于传统国家安全观的国家安全制度，将国家安全的内涵扩展到政治、经济、文化和社会各领域，突出强调了维护国家安全不仅仅是专门机关的任务，而是所有国家机关、社会组织和公民的义务和职责。通过全民国家安全教育日的一系列活动，可以让政府和社会公众有效地了解国家安全法提出的各项要求，从而强化责任意识，提高大家维护国家安全的能力。

第三，增强国家安全法普法宣传的效果。国家安全法设立全民国家安全教育日，是为了集中地向社会公众传播国家安全方面的知识，便于在短时间内起到良好的宣传效果，让更多的社会公众接触和了解到国家安全方面的法律知识，特别是懂得如何依法履行自身的维护国家安全方面的职责和义务。

由此可见，国家安全法确立全民国家安全教育日，其中，最重要的实践意义就是要动员政府和全社会共同参与到维护国家安全的各项工作中来。维护国家安全与每个人的切身利益密切相关，以人民安全为宗旨也是"总体国家安全观"的核心价值。只有人人参与、人人负责，国家安全才能真正获得巨大的人民性基础，也才能有坚实的制度保障。

国家安全不仅关乎国家的兴亡，还关乎每个公民的切身利益；维护好了国家安全，既能保护国家利益，也能保护个体利益，而一旦国家安全受损，我们就有可能付出巨大的代价。维护国家安全，是为了维护最广大人民的根本利益；维护国家安全，也需要发挥每个公民的力量，打一场"人民战争"。

11.3 网络空间安全人才培养和教育发展的探索

11.3.1 高校教育：建设国家一流网络空间安全学院

在我国，网络空间安全人才培养分为学历和非学历两种，在网络信息技术高速发展的时代，网络空间安全普通高等教育已成为我国系统培养网络空间安全人才的主要渠道。

从 20 世纪 70 年代开始，我国普通高校已开始培养网络空间安全人才，武汉大学于 2000 年获得教育部批准，次年建立了我国第一个网络空间安全本科专业。从此，我国开始了网络空间安全本科生的培养。

2005 年，教育部下达了《教育部关于进一步加强信息安全学科、专业和人才培养工作的意见》的文件；2007 年，"教育部高等学校信息安全类专业教学指导委员会"成立，并组织实施了"信息安全专业指导性专业规范"的研制工作，各大学校可根据自身条件选择相应的培养方案；2008 年教育部批准了 15 所高等院校的信息安全专业为"国家特色专业建设点"；2012 年的国发 23 号文件，大力支持信息安全学科师资队伍、专业院系、学科体系、重点实验室建设。上述政策的出台为我国高校信息安全学科专业建设给予了大力支持，也在我国网络信息安全教育领域产生了较大影响。

根据相关数据显示，截至 2013 年底，全国已有 93 所高校设置了 103 个信息安全类本科专业，其中信息安全专业 86 个，信息对抗技术专业 17 个。北京理工大学、北京邮电大学、北京工业大学等 35 所高校还在"信息与通信工程"、"计算机科学与技术"等一级学科下设置了 36 个信息安全相关的二级学科博士点、硕士点。还有一些"985""211"，以及有着国防科技背景的院校，虽然没有设置信息安全本科专业，但在信息安全相关研究方向上培养博士、硕士研究生等，如清华、北大等高等院校。据统计，截至 2013 年底我国信息安全类专业毕业生人数约为 5 万人，在校生约 2 万人，普通高校信息安全人才培养初具规模，我国信息安全人才已形成从本科、硕士到博士的完整体系。

高校作为培养网络信息安全人才的基地，能够完成一定数量的人才输出总量，但由于高校网络安全专业受我国长期以来形成的教育体制影响，存在"重课程设置，轻教学内容，重概念方法、轻动手实践"的问题，以及课程内容严重滞后等问题，使得校园网络空间安全专业人才很难与社会现实需要及用人单位实际需求相适应。高校信息安全人才培养以理论培训为主，缺乏实战技能培养，在计算机系统安全、网络空间安全等方向上，还未形成系统、完整的科学研究与人才培养体系。从整体上讲，我国在网络空间安全研究和人才培养方面起步较晚，截至 2015 年底，信网络空间安全专业起步较早的武汉大学也仅仅只有十届毕业生。西方发达国家十分重视网络空间安全人才培养，将信网络空间安全人才教育作为国家安全战略的重要组成部分之一。应当适当借鉴国外信息安全人才培养方案，加强我国信网络空间安全学科建设，扩大网络空间安全专业人才招生数量，逐步实现我国网络空间安全人才体系化、规模化培养；引导和支持高等院校设置相关专业、完善课程体系、转变教学模式；加强高校网络空间安全实验室建设，提升高校实验课程设置和指导能力，为学生提供实践环境；鼓励用人单位和高校联合培养，大力推动产学研相结合的培养模式，完善教学计划及课程体系。

随着网络信息技术在社会中的应用越来越广泛，社会对网络与信息安全人才的需求越来越大。网络空间安全技术专业高等职业教育以职业为导向，侧重实际技术人才培养，是快速培养信息安全实际操作层面人才的重要途径。充分利用高等职业教育资源，在高职院校开设"信息安全技术"、"网络空间安全技术"等专业，将有效培养以技术应用为主的网络空间安全技术人才，对构建网络空间安全人才的培养和发展体系，起到积极作用。尽快培养一大批能满足社会需求的网络空间安全人才是加速我国网络空间安全事业发展的重要方式之一。

虽然我国在网络空间安全技术的研究和人才培养方面起步较晚，但信息安全已初步形成多层次的人才培养体系，培养了一大批网络空间安全方面的专业人才。其中，高等职业教育院校为社会、企业培养了大量安全人才。据统计，截至 2013 年底，我国已有 25 个省（市）的 108 所高等职业技术院校设置了网络空间安全专业，毕业生人数约 2 万人，在校生约 0.7 万人。

高等职业学院作为培养网络空间安全人才的重要阵地，以培养应用技能型人才作为其专业定位，但在很多高职院校，高职网络空间安全专业人才培养模式的研究对于该专业的教学尚处于起步阶段。由于承担网络空间安全人才培养工作的时间比较短，高职院校的培养体系没有进行及时、深入的研究，大多是将本科院校专业培养要求进行适当压缩或删改，这既不能真正适应技能型人才的培养目标和要求，也不能被专科学生很好地吸收。因此，高职院校的培养体系还需花大气力去研究优化。

高职院校网络空间安全教育是填补我国网络空间安全人才不足的一个重要途径，高职院校网络空间安全的人才培养与传统高校网络空间安全专业教育模式应有所区别。高职院校网络空间安全专业人才培养应着眼社会发展需求，以市场为导向，技能为主旨，注重课程内容结构科学性。以生产、管理、建设、服务第一线、输送应用型、实用型高职网络空间安全专业人才培养为办学宗旨的高等职业院校，要适应经济建设和社会发展需求，注重高职网络空间安全专业人才培养模式的研究，培养有一定的理论基础、较强的创新能力和扎实的实践动手能力的应用型人才，建立以基本素质和技术应用能力培养为特征的教学新体系。对高职网络空间安全专业人才培养模式的研究而言,网络空间安全专业教学在这一基础上,应建立起更加细化和有特色的高职网络空间安全专业人才培养模式的研究。

高等职业教育虽取得一定成效,但鉴于高职高专招生和培养方案自由度较大的特点,须充分鼓励相关学校开设网络空间安全相关专业,并推动教学培养和就业机制方面的大胆创新。学校的课程设置应当充分满足企业用人需要,努力建立校企合作机制,将企业需求引入课程开发和教学实践,开启高职高专网络空间安全专业培养和输送的新格局。

11.3.2 在职教育:坚持创新、丰富实践、适应需求

目前我国信息安全人才培养仍以学历教育为主,但学历教育的网络空间安全人才培养能力与需求之间还存在很大的差距,人才问题已经成为严重制约信息化发展的瓶颈之一。

为了弥补网络空间安全人才需求的缺口,我国人才培养继续教育逐渐发展成为学历教育之外的另外一种网络空间安全人才培养模式。网络空间安全人才继续教育是以培养网络空间安全岗位技能型人才为目的,重点在知识更新、补充、拓展以及技术和技能的学习和提升上,是一种高层次的追加教育,它进一步完善了网络空间安全知识结构,提高了创造能力和专业技术水平。这是普通高校本专科教育暂时无法独立完成的,应由高校以外的社会机构所提供的非学历教育和培训来承担。

同时,越来越多的国内企业推出了一系列网络空间安全系列培训课程,以提高网络空间安全人才的可用性为目标,加强网络空间安全人才建设。培训方式包括新进员工的入职培训,在职员工的网络空间安全知识和能力更新培训等。目前,我国网络空间安全职业培训已经建立了多层次的培训体系,从数量到质量得到长足发展,为国家网络空间安全保障工作打下了基础,为我国网络空间安全人才培养做出了积极贡献。

另外,在社会继续教育领域,我国网络空间安全继续教育已初具规模。目前,需要依托现有基础资源,对接国家战略和城市保障的需要,在课程改革、培训标准和认证制度上有所创新。另外,继续教育的核心内容应该放在新知识、新技术、新理论、新方法、新信息、新技能方面,这样信息安全人才能够进一步补充知识,扩大视野,改善知识结构,提升创新能力,以适应网络空间安全发展,社会进步和网络空间安全人才的技术技能需要。

从国家层面讲要构建社会化的人才评价机制,将认证认可与人才职业发展相结合。同时需加强企业内部培养,将内部培养作为解决人才市场供需问题的重要途径。

我国信息安全人才继续教育以政府机构和企业共同完成。目前,各种各样的网络空间安全人才认证应运而生,因此,带动的培训市场规模也日渐壮大。近年来,我国涌现多种信息安全培训机构。第一类是以政府为主导的,信息安全测评机构为代表的信息安全认证机构。包括国家信息安全测评中心组织实施的注册信息安全专业人员(Certified Information Security Professional,CISP)、注册信息安全员(Certified Information Security Member,CISM)等。国家信息化工程师认证考试管理中心与美国国家通信系统工程师协会(NACSE)

合作推出的全国信息化工程认证考试(The National Certification of Informatization Engineer, NCIE)，国家信息安全技术水平考试（The National Certification of Information Security Engineer, NCSE)等。其中，CISP资质认证项目是国家对信息安全人员资质的最高认可。

第二类是国外网络空间安全认证。由于信息安全标准、信息化技术主要由西方发达国家所制定，依托其行业的影响力、安全产品的市场地位，国外信息安全人才认证占据着我国网络空间安全人才认证培训大部分市场。

国内比较流行的国外网络空间安全人才认证主要由全球最大的网络、信息、软件与基础设施安全认证会员制非营利组织—国际信息系统安全认证协会[International Information System Security Certification Consortium，(ISC)]提供的专业资格认证人士证书（CVP）、系统安全认证专员（System Security Certified Practitioner, SSCP）和注册信息系统安全专家（Certified Information System Security Professional, CISSP）等。国际信息系统审计协会（Information Systems Audit and Control Association, ISACA）提供的国际注册信息系统审计师（Certified Information Systems Auditor, CISA）。其中，CISSP是目前全球范围内最权威、最专业、最系统的信息安全认证。

11.3.3 产学研结合：网络空间安全人才培养与教育的创新模式

11.3.3.1 树立网络空间安全意识

近年来，网络空间安全的重要性已经深入人心，企业也在不断增加网络空间安全经费，购买最新的网络空间安全设备和软件。尽管这样，网络空间安全事件仍然层出不穷，诸如不断发生的知名企业商业敏感数据泄漏事件到乌克兰多个区域电网遭遇黑客攻击，发生大规模停电事故，等等。很多企业已经意识到，网络空间安全问题不是通过单纯增加设备、软件就可以解决的。无论企业装备了多么先进的设备和软件，如果管理者和使用者缺少网络空间安全意识，黑客很可能只用花费较低的成本，就能轻易突破或者绕过企业花重金打造的防线。因此，提高企业员工的网络空间安全意识水平工作已经刻不容缓。

虽然提高员工网络空间安全意识已经上升到企业制度要求，然而实际工作中还是会出现各种违反网络空间安全规定的情况，有的是员工确实不知道可能会导致什么后果，"无知者无畏"；有的是员工明知道后果，但存在侥幸心理。这都说明在网络空间安全的所有相关因素中，"人"是最关键的因素之一，提升全员网络空间安全意识工作要围绕这个中心。

企业应通过多种形式的网络空间安全意识教育、培训及宣传，使得信息安全意识融入每一个员工心中，变成一种常态化的工作。

第一，要提高企业全体员工的网络空间安全知识水平，可以针对企业领导层、网络空间安全专业人员、普通员工等不同群体，开展不同知识层次的网络空间安全知识普及工作，例如，定期开展基础网络空间安全基础知识讲座；还可以通过网络空间安全技能竞赛的形式,促进网络空间安全专业人员的理论知识水平与实战技能水平的提高。

第二,需要结合企业文化建设,采用生动、形象的宣传方式,实现从企业的管理者到基层员工,全体共建企业信息安全文化。例如,可以编制网络空间安全意识手册,将公司网络空间安全相关规定、工作中常见的网络空间安全问题等以图文并茂的形式,通俗易懂地进行讲解;可以通过海报、屏保等让员工在工作之余,受到网络空间安全文化的熏陶;可以完善网络空间安全网络宣传载体,建设网络空间安全知识专栏,实现网络空间安全重要预警或通知的实时推送。

第三,要建立健全网络空间安全管理制度和工作流程,再配以相应的检测手段,不断规范员工行为,让企业员工循序渐进地认识到网络空间安全是企业每一个员工的责任。

11.3.3.2 教学工作不能纸上谈兵

目前,有些网络空间安全培训过于强调知识体系的完整性,教学内容偏向概念、基础原理等理论知识,忽视了这些理论知识在实际中应用,造成理论与实践脱节。这样容易造成培训人员动手能力不强,综合运用知识的能力不足,难以解决在生产工作中遇到的实际问题。

网络空间安全专业是一门强调动手与实践能力的学科,一个合格的网络空间安全专业人员应同时具备基本理论知识和实践动手能力。网络空间安全培训工作也要做到理论与实践相结合,以理论为指导,以工作实际为出发点。

网络空间安全培训内容要和企业实际生产工作相结合,培训教材选取要适合行业和企业的实际情况,把企业生产内容融入培训课程中,建立基于解决问题的实用型培训内容体系,即培训内容针对具体生产过程中遇到的问题,这样可以有效地激发学生的学习兴趣。培训人员在解决问题的同时学习相关理论原理,可以在较短的时间内掌握相关企业岗位必需的知识体系。

企业开展信息安全培训的目的就是为了提高员工的工作技能,只开展理论知识培训是不够的,还应在模拟环境下开展实操训练。实操培训,就是将理论转化为实际操作技能的培训方式,在实操培训中,可以采用由简入深的方式开展信息安全实战的训练,培训人员由易到难完成一个个的任务,在解决具体的问题同时分析原因、掌握工具利用方法和防护手段。通过实操培训,培训人员可以迅速巩固所学知识,将关键的知识点串接起来,与理论知识培训形成互补。除此之外,实操培训中的相互配合还能够提升培训人员的团队合作精神和沟通能力。

11.3.3.3 人、技术、管理相结合

近年来,企业对网络空间安全的重要性有了普遍的认识,但是大规模用户信息泄漏事件仍然层出不穷,企业花重金打造的安全防线在黑客面前好像透明的一般。而事后分析往往发现,有的用户信息泄漏事件中,黑客并没有采用高深的技术和先进的装备;有的原因

仅仅是因为管理员图省事,密码采用自己姓名、生日、电话等信息进行简单组合而成、甚至在互联网网站上使用相同的账号密码,黑客使用社会工程学工具很轻松就获取管理员密码,取得企业关键系统的管理员权限;有的原因是企业内部员工为了个人利益,将企业数据出售给黑客组织。这些反映出有些企业在网络空间安全工作中不够重视人的因素,存在工作人员安全意识不强的问题,安全意识的薄弱正在成为企业面临的最大风险。

有些企业重视网络空间安全体现在硬件设备投资上,把市面上最流行的安全产品和安全技术,如防火墙、入侵监测、入侵防御、VPN技术、加密技术等一股脑都用上,然后就认为已经做好了网络空间安全防护工作;有些企业认为自己的网络实现了物理隔离,是内部专网,不存在安全防护的问题。而事实上,类似企业被黑客组织成功入侵的例子层出不穷。有些是因为系统维护技术人员未及时更新相关软件漏洞补丁,黑客利用对应的漏洞利用工具,轻松获取企业关键业务系统管理员权限;有些是黑客通过U盘实施"摆渡"攻击,轻易绕过物理隔离防护措施。这反映出部分企业只重视网络空间安全技术投入,而忽视相应的安全管理投入。网络空间安全是一个动态的工作,应该在风险评估基础上采取持续改进的管理方法,不断发现问题、解决问题,不断改进。网络空间安全业界有种说法,信息安全"三分技术、七分管理",足以见得管理是网络空间安全的重中之重,是信息技术有效实施的关键。

网络信息系统是在网络信息技术的基础上,综合考虑了人员、管理等系统综合运行环境的一个整体。网络信息保障体系是在信息系统所处的运行环境里,以风险和策略为出发点,在信息系统的生命周期中,从技术、管理、工程和人员等方面提出安全保障的要求,目的是保障信息和网络信息系统资产,确保信息的保密性、完整性和可用性,保障组织机构使命的执行,是一种将管理、技术和人员三者有机结合的信息安全保障体系。

面向未来的网络空间安全人才培养也要从这三个方面出发,强调人、技术、管理三者的有机结合,建立一套合理和有效的网络空间安全人才培养体系。

11.3.3.4 人才队伍建设不拘一格

近年来,随着企业对网络信息技术重视程度逐步提高,企业信息化建设得到了长足的发展。但伴随着网络技术发展的同时,企业面临的风险隐患也越来越大,企业对网络空间安全人才,特别是高端专业人才的需求也越来越大。而良好的人才体制机制是企业网络空间安全队伍建设的前提和保障,企业要营造出能够吸引高端专业人才,有利于人才发展的环境,创新用人机制,实现人尽其才,才尽其用。

企业可以依托高校师资强、技术力量雄厚的优势,建立产学研一体化的人才培养体系,联合高校一起培养企业急需的网络空间安全管理人才和实用技术人才。一方面,高校可以根据企业需求,合各种优秀教育资源,为企业"量身定做"培训内容,在培训时做到有的放矢;另一方面,企业可以把高校的理论教学和企业生产有机结合,提升人才的实用能力。

这种一体化的人才培养方式,能够充分发挥校企各自优势,提升企业整体的竞争力,满足企业战略发展需要,为企业长远发展提供可靠的人才保障。

企业还可以加强与科研机构、高等院校的合作,采用"借脑"的方式,吸引高端专业人才来企业担任特聘专家和技术顾问,这些专家在发挥自身作用的同时,还可以带动企业内部人才的成长,为企业网络空间安全队伍建设建设奠定基础。

网络空间安全人才培养体系中,信息安全专业认证已经逐步成为各行各业对网络空间安全人才认定的方式,网络空间安全人员持证上岗已经成为大势所趋。由我国专门从事网络信息技术安全测试和风险评估的权威职能机构,根据我国网络空间安全保障工作的需求,开展的全面、系统的网络空间安全保障、技术、法律法规、管理和工程领域的知识培训,能够为企业培养知识全面的高端网络空间安全人才。

网络空间安全领域存在着一些怪才、奇才,按照学历、资历、论文等传统的评价指标去评定他们算不上优秀,甚至达不到企业进人的门槛要求。但在信息安全某个细微分支领域中,他们实际上具备了专家级的技术能力。企业在用人机制方面必须有所突破,要做到不拘一格降人才。

网络空间安全人才队伍建设是一项复杂的系统工程,企业要认真研究网络空间安全人才结构和人才的需求,重点引进紧缺的网络空间安全高端专业人才。只有将其上升到企业战略的高度,建立起具有竞争力的人才培养制度体系,实现"吸引人才、培养人才、留住人才",才能推动企业信息化建设健康发展,保障企业安全生产运行。

11.4 他山之石:他国网络空间安全人才培养与教育观

11.4.1 美国网络空间安全人才培养和教育趋势探析

作为全球网络信息技术最发达、社会信息化程度最高的国家,美国对网络空间安全领域面临的巨大挑战有着清晰的认识,从 20 世纪 90 年代后期就开始着手研究各种网络空间安全人才培养对策,并伴随形势的发展变化逐步升级为国家战略,部分措施对我国具有较好的借鉴意义。

1. 持续加码顶层设计,不断强化国家层面的战略设计、推进及落实工作

长期以来,美国对信息安全人才培养和教育领域的重视是显而易见的,最为突出的趋势就是不断强化顶层设计,包括以下标志性举措。

1995 年,美国国家安全局成立信息安全学术人才中心。

1999 年,制定《国家信息安全战略框架》,启动国家网络空间安全教育培训计划(NIETP)。

2002年，通过《网络空间人才（Cyber Corps）》计划和"网络空间安全研究与开发法案"。

2003年，布什政府发布《网络空间安全国家战略》，首次从国家层面提出"提高网络空间安全意识与培训计划"。

2008年，《国家网络空间安全综合计划（CNCI）》十二项任务中的第八项"拓展网络教育"强调要加强信息安全教育。

2009年，奥巴马政府发布《网络空间政策评估报告》，在十项近期计划中的第六项提出要"发起全国性的公众常识普及和教育运动来加强网络空间安全"。

2010年，专门启动"国家网络安全教育计划（NICE）"项目。

2011年，发布《NICE战略计划（草案）》并公开征集意见，分别针对普通公众、在校学生、网络空间安全专业人员这三类群体的教育和培训开展工作并明确分工（由国土安全部牵头负责提高全民网络安全风险意识；由国家科学基金会和教育部牵头负责扩充网络空间安全人才储备；由国土安全部和人力资源办公室牵头负责"网络空间安全队伍结构"的制定工作，包括岗位需求和职位需求；由国土安全部、国防部和国家情报总监办公室牵头负责"网络空间安全队伍培训和职业发展"工作）。

2013年，国土安全部为信息安全队伍建设提出五项目标。

2015年，奥巴马在国情咨文中强调"网络安全改革的目标之一是提升反间谍能力和扩大联邦政府的网络空间培训"，更为系统且有针对性地为美国网络安全人才中长期发展指明了方向。

美国这种举全国之力，由政府主导、联合公私各部门，专款专人、分工明确地从顶层设计的角度制定和实施信息安全教育战略，是其保持和奠定信息安全抢过和网络空间控制权的基础性举措，值得借鉴。

2. 持续增加对网络安全领域的资金投入，不断细化在研究发展项目和专项奖学金计划中的具体支持

美国政府在网络空间安全领域的投入呈逐年增加趋势。2012年，美国国防部在网络空间安全方面的投资有34亿美元；到了2014年，美政府各个部门在网络空间安全技术研发方面的经费占据整个信息技术研发投入的四分之一，达到130亿美元；2015年，奥巴马又提议在2016年的预算中增加140亿美元以加强网络空间建设。持续增加的经费投入直接或间接地面向网络空间安全专业人才，为美国网络空间安全人才队伍建设提供了坚实的经济基础。

具体到细节，美国将网络空间安全教育教学研究项目等同于科研项目进行支持和管理，既强调了教育教学研究的重要性，同时也加强了对教育教学研究的科学性的高要求，对促进和鼓励网络空间安全教育教学研究有很好的作用。通过设立政府服务专项奖学金，在培养选拔优秀学生进入政府网络空间安全关键岗位方面非常有效。一是能够有目的地培养并

留住优秀人才直接为政府所用;二是导向性地加大了对网络空间安全人才培养的支持力度,可谓双赢。这些举措值得我们学习借鉴。

3. 不断完善人才培养格局,有的放矢地开展专才教育

在学历教育方面,积极推进政府、院校、产业界的深度交流与合作,共同打造以实际需求为导向的人才培养模式,分别授予部分社区大学、高水平大学相关学制资格,分类培养以满足多样性需求;在职业培训方面,打造职业培训中心培养专才,着力培养掌握前沿热点技术的高端专业人才和复合型人才。值得强调的是,对于国家急需的网络空间安全人才,特别是政府相关部门需要补充的专业人才,美国采取了由其网络空间安全主管部门授权的方式,鼓励和支持大学开展网络空间安全领域的培训和学历教育,并由政府用人单位主导,预先确定培养方案,包括具体的主要课程和教学内容。即通过明确实际需求,有的放矢地进行知识培训与能力训练,解决了高校教学与实际应用脱节的普遍问题,值得学习。

4. 不断完善教育管理体制,持续包容并鼓励网络空间安全新兴交叉学科和专业的产生和发展

美国的网络空间安全相关专业发展迅速得益于其包容度较高的教育管理体制。其专业是涉及多个领域的交叉学科,各相关专业尚分散归类在不同的大类之下。美国的"学科专业目录"只是针对各高校现开设专业的分类统计,并不类似我国"一级学科"所承载的地位和功能。它不制定具体专业名称,不要求高校只能开设目录之内的专业。在有需求的情况下,各校可以相对自由灵活地开设未列入"学科专业目录"的新兴专业或者交叉学科。这种几乎没有限制的机制对美国网络空间安全这类新兴交叉学科和专业的成长与发展有着不错的激励作用,值得我们有选择地借鉴,对我国当前的教育相关管理体制改革也有相应启示意义。

总体来看,美国网络空间安全人才战略的实施和推广取得了较好的实效。根据美国兰德公司的研究,尽管美国网络空间安全人才仍然存在短缺,但多年来在政府相关人才政策的引导和推动下,私人机构和公共部门已经具备了应对网络人才短缺的办法,依靠现有的市场机制将基本可以满足强劲的网络空间安全人才需求。

11.4.2 英国网络空间安全人才培养和教育趋势探析

英国是所有 G20 国家中第一个具备抵御网络攻击能力的国家,早在 2009 年 6 月便出台了首个国家网络空间安全战略,指出要提高各级政府对网络空间安全的认识。2011 年,是英国网络空间安全人才队伍建设的重要转折点。这一年,英国发布《网络安全国家战略》,明确强调要"加强网络空间安全技能与教育,确保政府和行业提高网络空间安全领域最需要的技能和专业知识"。此外,作为欧盟的成员国之一,英国也受到欧盟网络空间安全人才培养整体规划的推动。

2013年,欧盟发布《网络安全战略》,对网络空间安全人员教育与培训提出了明确指示。上述战略所涉措施直接或间接地反映了英国网络空间安全人才培养和教育的趋势导向,部分经验值得借鉴。

1. 高度重视网络空间安全人才认证管理体系建设

英国政府主要通过通信总部(GCHQ)着力实施相关举措,其职责主要包含职业化、培训以及教育等内容。2011年,GCHQ下属英国国家信息安全保障技术局(CESG)发布了《信息安全保障专业人员认证》框架,成为英国对网络空间安全人才认证和管理的重要依据。该框架规定了公共部门及其合同厂商的信息保障专业人员的职责和技术能力要求,明确了网络信息保障专业人员招聘、遴选、培训和管理的具体要求。2015年,该框架发布了5.2版本,具体将网络信息保障专业人员分为七个类别:一是认可人员;二是信息保障审计人员;三是信息保障架构人员;四是安全和信息风险咨询人员;五是IT安全人员;六是通信安全人员;七是渗透测试人员。不仅如此,框架还根据不同职责,每个类别分为三个等级,其中"渗透测试"类别细分为四个等级。不断细化的分类细则及能力评估标准为英国培养信息安全人才提供了重要参考,部分思路值得借鉴。

2. 政校联合重点强化信息安全硕士及博士学历教育,扩展高水平专家库

正所谓"千军易得,一将难求",英国政府高度重视信息安全高端综合型人才的培养,为了提高网络空间安全教育质量和教学水平,满足社会对网络空间安全专家的需求,重点强化了高校网络空间安全硕士及博士的培养。

英国政府通过GCHQ负责会同相关政府部门、产业界、学术界专家,对提出申请拥有硕士学位认证的高校进行严格评估,只有通过审核的网络空间安全硕士专业才可获得其授权的认证。2014年与2015年,每年各有6个网络空间安全硕士专业获取认证,其中包括:爱丁堡龙比亚大学先进安全和数字取证硕士专业、兰卡斯特大学赛博安全硕士专业、牛津大学软件和系统的安全硕士专业、伦敦大学皇家霍洛威学院信息安全硕士专业、约克大学网络空间安全硕士专业等。这一特殊学位是英国政府2011年公布的"网络空间安全战略"的一部分,旨在通过教育提升英国防范黑客和网络欺诈的水平,同时为政府和商业部门提供未来的安全专家。

在博士培养方面,英国在2013年5月9日宣布建立两个博士培训中心(CDT),用于培养下一代网络空间安全研究人员和领导人员。英国工程暨物理科学研究委员会(EPSRC)负责提供250万英镑资金,英国商业、创新和技能部(BIS)提供500万英镑资金。这两个中心一个位于牛津大学,主要关注新技术,如网络物理安全和大数据安全;另一个位于皇家霍洛威学院,主要关注业界和政府所面临的问题,如安全加密系统和协议、通信网络空间安全以及关键件基础设施安全。英国在网络空间安全高端人才培养方面投入的政策支持与资金支持为其扩展国内网络空间安全专家学者库奠定了基础,具有现实借鉴意义。

3. 通过竞赛渠道发现、挖掘和培养顶尖网络空间安全人才,不拘一格降人才

GCHQ 于 2015 年 3 月 4 日开始试行一项名为"Cyber First"的新计划,目的就在于从最大范围内搜罗挖掘顶尖的信息安全人才,培养"下一代网络空间安全专家",以此来满足未来国家安全相关部门及企业的人才需求。Cyber First 计划的一个重要途径是通过网络空间安全挑战赛以及国家数学竞赛等比赛发现潜在人才。该计划不仅将为学习科学、技术、工程和数学(STEM)等学科的本科生提供经济资助,而且能够为其提供在政府部门或相关企业从事国家安全工作的机会。试行期间,该计划设置最多 20 个试点,每个试点提供 4 千英镑资金,并于 2016 年根据试行结果和经验在各机构和产业界全面铺开。

此外,私营部门也积极举办网络空间安全挑战赛选拔网络空间安全专才。例如,2015 年 1 月,英国防务公司 QinetiQ 组织业余网络防御人员,在全球在线恐怖威胁模拟平台上进行比赛。此次竞赛获胜者和其他 10 名参赛者也获得 2015 网络空间安全挑战大师班决赛参赛资格。

除了通过竞赛等渠道挖掘专才,英国在网络空间安全人才招募方面展现出的"不拘一格"态度也引人深思。2013 年 10 月,新成立的英国联合网络储备局指出,如果已被定罪的计算机黑客能够通过安全审查,他们可能会被招募到该机构中任职,并将从后备部队中招募百人组成计算机专家组与常规部队协同作战。此举展现出英国政府对网络空间安全人才"求贤若渴"的姿态以及挖掘培养人才"不计前嫌"的包容度,值得参考。

4. 借力行业协会,充分开展校企联合培养网络空间安全人才

英国的 IT 行业技能组织 E-skills(前身是英国 IT 与电信行业协会)在 2013 年末开始与多家技术公司合作,发起一项网络空间安全的联合培训计划。参与该计划的公司包括 IBM、英国石油、QinetiQ、CREST 以及 Atos 等。这项计划的网络空间安全培训共分为三个类别:安全专家、渗透测试员以及安全架构师。

经历多年推进,英国的网络空间安全人才培养成效正逐步显现。2013 年,据英国内阁办公室高官 Chloe Smith 披露,英国已有 2300 家网络空间安全公司,共有从业人员 2.6 万人。这些公司销售的产品总值已达 38 亿英镑,出口达 8 亿英镑,网络空间安全行业发展迅猛。到了 2015 年,英国网络空间安全产业市场已增长到了 60 亿英镑,从业人员已达 4 万人左右。因此,通过借鉴其部分成功经验有望推动我国网络空间安全产业的蓬勃发展。

11.4.3 其他国家网络空间安全人才培养和教育趋势探析

1. 俄罗斯：优先发展，军学结合

俄罗斯作为欧洲第一网络大国，在《俄罗斯联邦宪法》中将网络空间安全纳入国家安全管理范围，并在其网络空间安全纲领性文件《国家信息安全学说》中指出，网络空间安全是国家安全的基础，要着力构建从学历教育到职业教育的人才培养体系。

具体到细节，俄罗斯将网络空间安全领域的信息安全、计算机安全、信息安全自动化系统、信息安全分析系统、电视通信系统的信息安全、信息防御系统方法和密码学等 7 个专业作为国家教育和各级工作的优先方向。

此外，在 2013 年，俄罗斯国防部就成立了由大学生组建的科技连，负责对外国网络攻击进行检测，防范各种网络威胁。同年 7 月，两支科技连开始在莫斯科周边及沃罗涅日茹科夫斯基空军学院服役。不仅如此，俄方还开始面向社会招募非军事高校毕业的青年编程员，在未来五年内为军方开发所需的软件产品。

2. 日本：官产学结合，重启蒙

日本较之于美国虽然在网络信息科技方面起步较晚，但已在 2011 年发布战略层面文件《保护国民网络安全》，文件提出为提高普通用户的网络空间安全知识标准，必须培养一批网络空间安全人才；采用通用人才评估和教育工具、大学与产业合作开发的实用型培养方法等来培养网络空间安全专家，为这些专家规划可行的职业道路，为大众树立职业楷模，以此赢得大众理解并鼓励效仿。

作为有显著特点的官产学结合培养模式，日本政府将信息化作为国策来促进本国经济和社会发展，拨巨资建设信息化基础设施，与企业联手设立网络信息安全人才培训岗位，鼎力提供政策及条件保障。而企业把培训看作劳动力的长期投资，培训时间会根据网络空间安全技术发展的具体要求跨越劳动者整个工作周期。学校方面也积极接收企业职员定期到校学习，学校配讲师进行巡回指导。此番互动联合，为日本全面培养实用型网络空间安全人才提供了保障。

值得一提的是，日本对于网络空间安全知识的普及和启蒙尤为看重。制定了《网络安全普及与启蒙计划》，将普及"网络空间安全文化"作为工作目标，在网络空间安全策略委员会下设立"启迪与教育专委会"，从初等和中等教育阶段启发学生的相关意识，开展"网络空间安全月"活动，举办"中小企业网络空间安全指导者培养讲座"，以此来全面提高社会民众的网络空间安全意识与技能。

通过总结美国、英国、俄罗斯、日本等四国网络空间安全人才培养的特色与趋势，我们可以发现各国在网络空间安全产业发展和安全人才培养上具有共同之处也有不同的侧重

方向，呈现多样化模式。我们取其本质看共性，取其多样、特色看差异性。无论是共性或者是差异，均将对我国的网络空间安全人才培养、教育及产业进步提供一定的启示。

11.5 基于实验室的大数据安全人才培养

11.5.1 大数据时代网络空间安全人才的特点

大数据背景下，网络空间安全人才队伍面临的网络安全风险和黑客攻击挑战更加严峻。数据的大量汇集意味着攻击者更容易找到攻击对象，攻击成本降低，尤其是资源共享、数据互通的平台与渠道更容易成为黑客攻击的首要目标。

1. 大数据成为黑客的主流攻击手段

黑客利用大数据技术手段，通过数据挖掘、数据分析等方式向政企事业单位发起网络攻击，借助大数据技术手段，黑客攻击的目标更加精准、同时，大数据带来便利的同时也为黑客发起定向攻击带来了更多的机会，因此需要建立储备一支复合型大数据网络空间安全人才队伍，抵御来自全球黑客攻击，实现在人才储备方面提供多维度、多层面、立体化的纵深防御体系。

2. 大数据促进整体安全能力升级

大量数据的汇集不可避免地加大了数据泄漏的风险。一方面，数据集中存储也增加了泄漏风险，一旦出现数据泄漏事件，随之会产生重大经济、财产损失，可能还会带来法律风险。因此，在运营、维护、测试、开发、管理、响应等诸多重要环节整个安全生命周期过程中应当加大网络空间安全力度，培养不同领域的网络空间安全人才，实现整体安全能力不断升级，促使新型技术与安全技术能够同步发展。

3. 大数据网络空间安全人才队伍储备成为核心竞争力

在网络空间，大数据会更加成为网络攻击的显著目标。大数据意味着海量的数据，也意味着更加复杂、更加关键敏感的数据，正因为有了这些数据，因此会吸引来自全球的网络空间安全攻击者。网络空间安全的对抗，本质上是人才的对抗、知识的对抗、技能的对抗。因此，培养大数据网络空间安全人才队伍培养是提升、保护大数据安全的主要核心竞争力。

11.5.2 大数据时代网络空间安全人才培养的目标

1. 应用型人才

2017年,在线招聘网站智联招聘发布的一份《网络空间安全人才市场状况研究报告》显示,国内网络空间安全人才市场在数量上呈现出整体的短缺状态,由于用人单位重技能而不重学历,在网络空间安全领域,本科毕业生的供给略显结构性过剩,而大专毕业生的供给则相对不足。

近年来,用人单位在招聘人才过程中更加理性与务实,已经从重视人才的学历转变为重视人才的工作能力。政企事业单位应当根据自身需求、自身条件因素,培养内部应用型网络空间安全人才,注重内部人才的实际动手操作能力、问题分析能力和问题解决能力。

百度、腾讯、阿里巴巴、新浪、搜狐、京东作为国内知名互联网企业,在过去几年内,针对网络空间安全工程类岗位基本无学历硬性要求。

2. 复合型人才

网络空间安全是一门涉及计算机科学、网络技术、通信技术、密码技术、信息安全技术、应用数学、数论、信息论等多种学科的综合性学科。网络空间安全涉及的知识面广、知识更新快,在学习过程中需要打牢基础、长期积累、潜心学习、用心钻研。政企事业单位,应根据单位实际需求所需,培养符合自身安全需求的复合型网络空间安全人才,根据员工的能力、技能、经历、经验、特长等多个特点进行综合评估,来培养具有特色的复合型综合网络空间安全人才。

3. 专业型人才

网络空间安全涉及的知识面较广,传统网络空间安全人才培养过程中更加注重网络空间安全、操作系统安全、数据库安全、应用安全人才培养。近年来,随着安全需求不断升级,安全分析、漏洞挖掘、软件逆向、安全响应等专业型网络空间安全人才,已经越来越受到政企事业单位所关注,通过互联网在线招聘网站显示,百度、阿里巴巴、腾讯、网易、新浪、搜狐、京东等为首的知名互联网企业已经加大力度开展专业性安全人才引荐与内部培养,由于这些在网络空间安全领域属于专业性较强的工种类型,诸多政企事业单位还没有相关的人员储备、资源储备,市面还缺乏相关配套的培训教材、学习教材,因此,开展专业型网络空间安全人才培养可借助市面成熟的大数据网络空间安全人才培养平台根据实际需求所需,培养符合自身具有特色的专业型高级网络空间安全人才。

4. 领军型人才

根据目前在网络空间安全领域相关公开数据显示,我国当前网络空间安全人才缺口高达 70 万人才，高端顶尖人才还极度匮乏，尤其是领军人才和高水平的卓越型人才，培养一流的网络空间安全人才，就需要培养一流的网络空间安全领军人才，培养各个行业的领军人才是各行业、各单位能够不断提高自主创新能力、科技创新能力，提高核心竞争力。

通过加强顶尖网络空间安全人才队伍建设，经过层层培养、层层选拔，突出高精尖缺导向，加强战略性科技人才、高水平创新团队和科技人才的选拔和培养，开展重点技术攻关、核心技术突破、前沿网络空间安全技术研究，培养一批世界领先的领军型网络空间安全人才队伍。

11.5.3　大数据时代网络空间安全人才培养方式

1. 安全意识培训

依托市面成熟的网络空间安全培训平台或邀请外部知名安全专家组织内部各部门开展网络空间安全意识培训，针对员工的日常工作、生活过程中就网络空间安全热点问题开展安全意识培训，包括个人信息保护意识、社交安全、密码安全、邮箱安全、无线安全、内网安全、边界访问安全、通信安全、社会工程、数据传输等进行安全培训，并配套相关的信息安全领域的数据和案例基础以动画视频的形式来说明提升网络空间安全意识的重要性，发挥在于言语的表达和共鸣，举例与员工息息相关的事例或者生活相似的例子来突出说明网络空间意识的重要性。从而提升员工的网络空间安全意识，增强网络空间安全防范技能。

2. 安全管理培训

依托市面成熟的网络空间安全实训平台或邀请外部知名安全专家开展内部高级安全管理人才开展安全管理培训，包括网络空间安全法、等级保护、ISMS、CISP 等安全管理培训，网络空间安全管理体系是一种将管理、技术和人员三者有机结合的网络空间安全保障体系。面向未来的网络空间安全人才培养要强调人、技术、管理三者的有机结合，建立一套合理和有效的网络空间安全人才培养体系。企事业单位必须不断加强和改进网络空间安全保障机制，加强网络空间安全管理工作，才能实现网络空间安全工作责任落实到人，技术操作可以量化考核。

3. 安全技能培训

依托市面成熟的网络空间安全实训平台或邀请外部知名安全专家面向内部开发部门、测试部门、运维部门、网络部门等技术部门开展安全技能培训，包括安全运维、安全开发、网络空间安全、系统安全、安全测试、安全加固、安全分析、安全响应等各个环节过程中安全攻防技术培训，提升各技术部门的安全技术能力，增强安全技术队伍建设与培养，提升企事业单位网络空间安全建设水平。

4. 定期开展演练

随着网络空间技术的不断发展，不少企事业单位逐步引入了攻防对抗演练这种新的网络空间安全人才培养模式。在这种网络空间安全攻防对抗过程中，攻击方模拟黑客的入侵思维和手段，而防护方通过分析攻击的规律及轨迹，不断调整防护手段与攻击方相抗衡。通过网络空间安全攻防演练，企业能够做到知己知彼，可以发现信息系统的潜在脆弱性，提前构建有针对性的防护措施，消除潜在的安全隐患。同时还能充分提高网络空间安全专业人员的实战技术水平，不断提升企事业单位网络空间安全保障的水平。

只有做好上述几个方面的工作，才能培养更多的不同层次、不同领域的网络空间安全人才，才能不断提高企事业单位的网络空间安全水平，从而不断改善企事业单位网络空间安全保障水平，特别是关键领域信息基础设施安全防护保障水平，最终为推动社会经济发展与人民生活稳定做出不可或缺的贡献。

5. 优化人才队伍

基于 CTF 竞赛模式开展内部网络空间安全人才培养、人才选拔、人才挖掘。通过个人作战、团体作战的参赛形式采用 CTF 夺旗、CTF 闯关、CTF 攻防主流竞赛模式倡导"以赛促学、以赛促练、以赛促教、以赛促用、以赛促改、以赛促建"，为内部技术人员提供一个相互交流、技术切磋的平台，有助于提升内部网络空间安全队伍实战化能力，通过不断优化人才队伍建设，制定计划坚持学习，提倡崇尚技术，坚持学习，打造工程师文化精神、工匠精神。

6. 组织社会活动

应当积极鼓励内部网络空间安全人才队伍积极走出单位，不局限于单位内部学习，参与外部社会网络空间安全活动、行业网络空间安全论坛、会议，鼓励内部技术人员参加各种外部网络空间安全活动，了解和学习新型前沿网络空间安全技术，与外部人员加强相互交流的机会。

7. 岗位路径培养

当前，大数据网络空间安全时代，仅仅依靠内部技术力量开展大数据网络空间安全人才队伍建设与培养已经远远满足不了企事业单位需求，依靠定期内部安全培训、外部安全培训单一形式已经无法紧跟当前技术快速发展的脚步。为此，将网络空间安全人才队伍建设、人才队伍优化、人才队伍储备、人才队伍晋升需要有一套专业、成熟的大数据网络空间安全人才培养平台，通过依据企事业单位开发部门、运维部门、测试部门、网络部门、安全部门等部门技术人员、管理部门依托部门岗位业务技术职能职责，针对技术层次不同的人员提供个性化的人才培养方案、人员技术提升进阶方案、人才培养个性化制定方案，适用于各单位、各企业不同的大数据网络空间安全人才培养需求。

8. 前沿技术同步

当前，诸多行业受制于人才培养形式，在于人才培养模式与社会的实际需求已严重脱节，人才培养方案参差不齐，课程体系与讲授内容更新相对较慢，尚无较为规范或较为标准的参考借鉴案例，直接导致网络空间安全人才培养与日益发展的网络空间安全领域及行业严重脱节。通过采用成熟稳定的大数据网络空间安全人才培养平台，保持行业技术与前沿网络空间安全无缝同步，通过平台典型的培训课件、多媒体课件、实训案例、实训环境、实训靶机、实训工具、配套实训作业指导书、安全题库等多维度的学习与实训体系，来确保网络空间安全人才队伍通过一个内部可信、可控的平台学习、掌握前沿网络空间安全技术，能够使得学以致用，将所学知识与技能完全融合在实际工作中。

11.5.4 大数据时代网络空间安全人才选拔模式

当前大数据背景下，开展大数据时代网络空间安全人才选拔应当基于大数据网络空间安全前沿技术，围绕企事业单位面临的大数据网络空间安全挑战、现状问题，符合学校、政企事业单位培养、输出的大数据网络空间安全人才的具体需求。

安全开发人才要求具备良好的信息安全基础知识，较强的动手实践能力，熟练的产品设计开发编程能力，熟悉安全设计、SDL 安全开发流程，良好的规划设计以及软硬件实践能力。

安全运维人才要求具备系统化的网络空间安全技术能力，熟悉各种应用软件、操作系统、数据库系统、网络设备、安全设备的日常安全管理、安全基线、安全审计、安全巡检等，能增强各种 IT 资产与数据的安全性，保障信息系统安全、稳定运行。

安全测试人才要求具备软件安全编程、代码审计、软件代码安全分析能力，熟悉主流编程语言，能够对云平台、应用程序、操作系统、数据库系统进行安全缺陷测试，能够及时发现系统中存在的安全漏洞，并提出安全解决方案，协助开发部门进行修复。

安全管理人才不仅要求熟悉 ISMS、等级保护等各种网络空间安全体系标准，掌握系统规划、建设、运维阶段安全风险评估的能力，还要求具备完善网络空间安全评估体系、制度体系、安全管理、安全策略、安全解决方案的能力，并能够完善网络空间安全人才队伍建设与培养体系，并推动落地。

安全研究人才分为理论性安全研究人才和技术性安全研究人才。理论性研究人才需要具有创新意识，要求具有良好的学术功底，具备扎实的学科理论基础知识，能系统深入地掌握密码学、安全协议、安全体系结构、信息对抗、网络空间安全等网络空间安全理论和方法。技术性研究人才需要具备扎实的技术功底，熟悉各种操作系统、数据库系统、中间件、应用程序等漏洞挖掘能力，和前沿技术研究能力、逆向工程能力、安全分析能力、安全利用能力、安全检测能力，等等。

理论性研究人才需要具有创新意识的研究型人才，要求具有良好的学术功底，具备扎实的学科理论基础知识，能系统深入地掌握密码学、安全协议、安全体系结构、信息对抗、网络安全等信息安全理论和方法。

技术性研究人才需要具备扎实的技术功底，熟悉各种操作系统、数据库系统、中间件、应用程序等漏洞挖掘能力、前沿技术研究能力、逆向工程能力、安全分析能力、安全利用能力、安全检测能力。

大数据安全分析人才要求具备大数据安全技术并具备对各种安全日志、软件协议、安全事件、软件代码、溯源追踪、加密解密、程序配置、木马病毒、程序漏洞等进行海量数据分析、建模、关联等综合分析能力。

安全加固人才应当对应用软件、操作系统、数据库系统、网络设备、安全设备等 IT 资产具有较强的技术功底，能够对账号、服务、端口、共享、权限、补丁、协议、密码、防病毒、防火墙等进行安全配置，形成了一系列的安全基线、安全检查清单、安全加固指导等技术资料及工具，能够最大程度消除或降低系统的安全风险，做到风险可控，保障设备和系统的持续、安全、稳定运行。

安全响应人才要求具备丰富实战的安全分析能力和挖掘能力，能够及时、快速地对各种安全事件、安全漏洞、木马后门、蠕虫病毒进行安全分析、追踪溯源，提升对各种安全事件的响应能力、处置能力、风险消除能力。

第四部分 经典案例

懂得大数据，用好大数据，增强利用数据推进各项工作的本领，对建设智慧城市、加快城市国际化建设意义重大而深远。而大数据的应用、智慧城市的建设都离不开信息安全的保驾护航。本书的最后一部分将着重介绍编者团队参与的经典智慧城市信息安全案例。

第 12 章 优秀案例分享

12.1 某市政务数据安全保障体系规划项目

12.1.1 项目背景

当前，随着信息技术的迅猛发展，信息技术与经济社会的交汇融合，引发了数据的爆炸式增长，大数据时代已经到来，全球社会正式进入了"数据驱动"的时代。大数据技术赋予了人类前所未有的对海量数据的处理和分析能力，促使数据成为国家基础战略资源和创新生产要素，战略价值和资产价值急速攀升，运用大数据推动经济发展、完善社会治理、提升政府服务和监管能力正在成为趋势。

某市作为中国互联网之都，从 2014 年开始，就将"发展信息经济、推广智慧应用"列为"一号工程"，在信息经济方面高速发展。特别是为了更好地提升政府服务的效率，让公众更便捷地享受各种基础公共服务，开展了"最多跑一次"的改革工程，利用数据资源，让数据多跑路，让百姓少跑腿，大大提高了百姓的获得感，而这一切都得益于政府数据资源的开放、共享和基于大数据技术的开发与利用。然而大数据技术引发的数据利用的新模式与保护数据安全之间存在着天然的冲突，数据的高共享和高利用势必会加大数据泄漏的风险，形成了数据利用与保护国家重要数据资源和数据利用与保护个人隐私等多方面的矛盾。为有效促进该市大数据产业的健康发展，加强对政务数据资源的安全保障能力，需要建立全市政务数据安全保障体系。

12.1.2 项目必要性

1. 履行《网络安全法》的需要

2017 年 6 月 1 日，《中华人民共和国网络安全法》（以下简称《网络安全法》）正式施行。它是我国网络安全领域的第一部基础性法律，为网络安全工作提供了切实的法律保障。

《网络安全法》对网络数据以及个人信息的使用、防护和管理提出了明确要求。要求网络运营者采取数据分类、重要数据备份和加密等措施，防止网络数据被窃取或者篡改；要求网络运营者合法收集公民个人信息，加强对公民个人信息的保护，采取技术措施和其他必要措施，确保其收集的个人信息安全，防止信息泄漏、毁损和丢失；要求关键信息基础设施的运营者在境内存储公民个人信息等重要数据，且网络数据确实需要跨境传输时，需要经过安全评估和审批。同时，《网络安全法》明确指出国家鼓励开发网络数据安全保护和利用技术，促进公共数据资源开放，推动技术创新和经济社会发展。加强对重要数据和个人信息的保护，已是法律所赋予的责任和义务。

2. 落实国家大数据发展战略的需要

全球范围内，运用大数据推动经济发展、完善社会治理、提升政府服务和监管能力已成为趋势，发达国家相继制定实施大数据战略性文件，大力推动大数据发展和应用。我国同样开始布局大数据应用领域，国务院在2015年8月印发了《促进大数据发展行动纲要》（以下简称行动纲要），提出加快建设数据强国和释放数据红利，全面推进我国大数据发展和应用，创新民生服务体系和推动政府治理能力现代化。而在行动纲要中更是明确指出网络空间数据主权保护是国家安全的重要组成部分，要求"强化安全保障、提高管理水平，促进健康发展"，要求加强大数据环境下的网络安全问题研究和基于大数据的网络安全技术研究，落实信息安全等级保护、风险评估等网络安全制度，建立健全大数据安全保障体系。

2017年12月8日，习近平总书记在中共中央政治局第二次集体学习时再次明确实施国家大数据战略，加快建设数字中国，强调要运用大数据提升国家治理现代化水平，运用大数据促进保障和改善民生，并再次重申要切实保障国家数据安全，强化国家关键数据资源保护能力，增强数据安全预警和溯源能力。

从国家层面而言，数据安全是保障国家安全，维护国家网络空间主权，强化相关国际事务话语权的工作重点，也是落实我国大数据发展战略的重要保障。

3. 保护公民合法权益不受侵害的需要

数据安全不仅关系到国家安全和经济发展，也越来越多的关系到公民的切身利益。近年来，随着互联网经济、互联网社交、互联网服务等新业态的普及，无论是政府部门还是非政府部门在进行各种活动时，往往会收集、保存大量的个人信息。而在大数据的时代背景下，数据的开放和共享成为常态，个人信息可被更容易的获取和更广泛的传播，个人信息遭到不当收集、恶意使用、篡改的隐患也随之越来越突出，个别政府部门超出职权范围、一些非政府部门超出其业务目的收集利用个人信息的现象随处可见，且由于对个人信息的保存、转让缺乏有效的规范，个人信息被随意篡改、滥用以及被非法转卖牟利的现象愈演愈烈，导致个人信息泄漏事件层出不穷，公民遭受垃圾短信、骚扰电话、电信诈骗、隐私曝光的现象时有发生，严重损坏了公民的个人合法权益。个人信息的非法采集、泄漏、滥用等已成为社会性关注的焦点问题，《全国人大常委会关于加强网络信息保护的决定》《电信和互联网用户个人信息保护规定》《消费者权益保护法》《中华人民共和国网络安全法》等法律法规的出台，体现了国家对个人信息保护的重视，政府部门在推进政务数据共享和公开时应重点加强对个人信息的保护。

4. 满足新技术快速应用所带来的新要求的需要

随着我国移动互联网、物联网、云计算、大数据等新技术的快速发展和应用，网络与信息安全面临的情况也更为复杂。特别是大数据时代背景下，数据应用浪潮逐渐从互联网、金融、电信等热点行业向政府、传统行业领域拓展渗透，大数据和云平台的引入带来了新的安全风险，分布式的系统部署、开放的网络环境、众多的用户访问、不可控的终端，给传统安全防护技术带来了严峻的挑战，频繁的数据共享和交换也使数据流动路径变得交错复杂，数据从产生到销毁不再是单向、单路径的简单流动模式，加大了对数据防护的难度。如何实现覆盖数据生命周期安全技术的整合，有效保障数据生命周期每个阶段的安全，是大数据时代新的安全方向，对数据安全防护技术提出了更高的要求。

5. 推进该市"最多跑一次"改革的需要

为了在该市范围内推进和落实"最多跑一次"改革，在该市数据资源管理机构的组织协调下，开展了全市政务数据的归集，通过建设数据资源共享交换平台实现政务数据的交换共享和开发利用，提高政府服务效率、提升公共服务水平，变群众奔波为"数据跑腿"。

然而在大量政务数据归集并共享使用的过程中，数据应用的场景越来越复杂多样，更多的业务应用将从原先的单部门应用向跨部门的融合业务应用转变，业务和数据的融合加大了数据安全防护的难度。同时，政务数据覆盖行业范围广泛、数据结构多样、关联关系复杂，并会涉及大量个人隐私数据、国家敏感数据等重要数据，集中后的数据治理问题也更加突出，这些都对数据安全防护工作提出了新的挑战和需求，建立全市数据安全保障体系刻不容缓。

12.1.3 存在的主要问题

1. 顶层设计有待加强，标准规范不够健全

针对全市政务数据共享和开放业务，缺乏统一的数据安全顶层设计和统筹规划，对于政务数据的分类分级、数据共享开放的渠道安全、数据共享开放的过程安全等缺乏统一的规范和指导，可能出现该开放的数据没开放，不该开放的数据开放了，开放的数据缺乏有

效的数据保护等问题风险。其次，基于大数据环境下的数据安全防护尚处于摸索阶段，在全国范围内缺乏成熟的、可借鉴的数据安全防护模式，相关标准规范也尚不完善，各政务部门的数据安全保障建设缺乏有效的指导，导致各政务部门只片面注重某些环节的防护，缺乏全局性、完整性的考虑。

2. 组织架构尚不健全，人员配备尚不完备

信息安全领导小组在各政务部门虽已经基本设立，但仍需要进一步完善并夯实领导小组的管理职能，特别是将数据的生命周期管理纳入整体的管理范畴。其次，部分政务单位信息安全组织架构尚不健全，未组建专门的信息安全管理科室，仅由基础运维管理人员负责管理岗职责；部分政务单位未专门设立数据安全岗位，数据安全管理职责由其他系统管理人员兼任，无法形成岗位之间的制约和监督；部分政务单位未设置专门的审计岗位，或者由其他岗位人员兼职，不利于独立审计的开展。

从该市总体情况来看，目前，普遍存在政府机关公务人员精简和信息化应用规模不断扩大之间的矛盾，信息安全管理人员普遍不足，一人兼多岗、一岗只一人的现象普遍存在。

3. 制度规程不够完善，管控措施覆盖不全

针对目前全市数据交换共享业务的开展，大部分政务部门未建立行之有效的数据安全管理体系。各政务部门安全管理策略和制度规程主要以传统网络与信息系统安全管理规范要求为主，不能很好地适应数据开放共享业务对数据在流通过程中的安全管控需要，安全策略、管理制度和操作规程等未能落实到数据生命周期的各个管控环节，导致在实际业务中，数据安全管理过程缺少管理规范和相关审批流程，具体工作落实无规可依。

4. 缺少技术防护手段，安全防护能力不足

以往政务数据均在各个政务部门系统内部，数据共享流通环节少，相对风险较为可控。随着该市数据共享和开放的推进，各政务部门的数据开始共享和流通，加大了数据泄漏和被非法利用的风险。目前各政务部门对于数据层面的安全技术措施和手段略显不足，从数据产生到销毁的整个生命周期阶段，缺少有效的数据自动化分类分级措施、敏感数据的存储加密和共享脱敏手段、数据使用过程的复杂多用户授权管理、数据交换共享的合规性监控能力、数据生命周期全过程的溯源机制、数据销毁的软硬件工具等，无法很好地辅助管理制度的有效落地。

5. 云上系统保障不足，监管缺乏有效手段

政务系统上云后，针对云上的信息系统安全防护不同于传统环境的安全建设，需要采用新的防护思路和办法，部分政务部门对于云安全的认知不足，过度依赖云服务商提供的安全基础防护能力，疏于云上系统的安全建设，导致云上系统安全防护能力不足。其次，

业务上云后，政务部门对自身的数据和业务系统的控制能力减弱，部分的管理、运维权限被云服务商掌控，目前对云服务商缺乏有效监管机制和监督手段，不能确保云服务商按照国家相关政策法规及约定的合同义务来履行其职责，导致部分政务部门对上云存在疑虑。

6. 缺乏联动防护机制，应急预案流于形式

传统的边界围墙式防护体系在互联网、云计算和大数据时代已无法有效的应对新的系统环境，随着该市范围内数据资源的打通，网络边界已经变得非常模糊，传统的监测、防护和响应手段已无法有效地应对复杂的、快速变化的网络攻击行为。虽然各政务部门都在网络中均部署了一些安全设备和系统，但基本都处于独立运行状态，犹如一个个安全孤岛，缺乏整体性的联动防护和响应机制，无法有效地感知全市的网络安全风险并进行有效的预警和防护。其次，部分政务部门网络安全应急预案侧重于设备设施障碍的排除，针对网络攻击、信息泄漏等安全事件的内容较少；有的应急预案缺乏可操作性；有的应急预案长期未修订，已不能应对当下的网络安全事件；部分政务部门由于应急演练相关条件不足，未真正举行过应急演练。

12.1.4 建设内容

1. 政务数据安全保障体系架构设计

该市数据安全保障体系的设计，以国家的相关政策和国内外数据安全的标准规范和最佳实践为指导，以国家标准《信息安全技术 大数据服务安全能力要求》（GB/T 35274-2017）为基准，明确数据生命周期各个阶段应具有的安全能力要求，并借鉴在研的国家标准《信息安全技术 数据安全能力成熟度模型》的安全能力维度来进行安全规划与设计，通过"顶层设计、健全管理、创新技术、协同运营、夯实基础"的数据安全保障体系建设，做到安全规划全覆盖、安全管理上台阶、安全技术见实效、安全运行保稳定、基础设施稳支撑，形成具有主动防御和协同运营能力的数据安全保障体系。该安全体系架构，如图12.1所示。

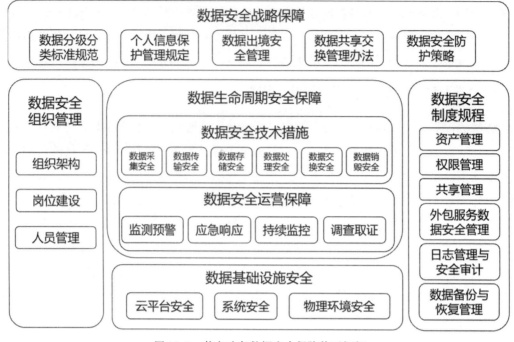

图 12.1　某市政务数据安全保障体系框架

2. 政务数据安全保障体系建设内容

（1）数据安全战略保障。

数据安全战略保障是数据安全保障体系的顶层规划，在遵循国家数据安全相关政策和国家标准的基础上，制定该市数据安全保护方面的地方法规和规章，约束和规制该市大数据业务开展各环节中的行为基础；健全地方性数据安全相关标准及指南，引领和指导各级政务部门落实数据安全保障工作；明确该市数据安全总体策略和方针，在推进数据安全开放共享的同时，满足国家层面的数据安全管控要求，实现数据安全防护的总体目标。同时指导各政务部门数据安全组织规划、管理制度、技术防护、安全运营及基础平台安全建设工作的开展。

在本次项目中，对该市提出了尽快建立《政务数据分类分级标准规范》《个人信息保护管理规定》《数据出境安全管理办法》《政务数据共享交换管理办法》等规章制度和标准规范，确保该市范围内的政务部门在开放和共享政务数据时，实现对政务数据的正确分类和分级保护，明确收集、存储、使用和披露公民个人信息的相关要求来保障公民个人信息安全，通过规范政务数据出境的审批流程及评估方法来确保辖区内政务数据能够在境外得到充分和合理的保护，通过明确政务数据在共享交换过程中的各方职责来切实保障政务数据共享交换的安全问题。并提出建立覆盖数据生命周期各个阶段的安全管控策略，为各政务部门制定数据安全管理制度规程，建设技术防护措施提供指导依据。

（2）数据安全组织管理。

数据安全组织管理是落实数据安全保障工作的首要环节。在本次项目中，通过建立覆盖全市的数据安全管理组织架构，来确保该市数据安全管理方针、策略、制度规范的统一制定和有效实施。通过进一步完善各级政务部门的数据安全管理组织，建立"管、监、察"分离的数据安全岗位职责，明确分工，加强沟通协作，落实安全责任，把握每一个数据流通环节的管理要求，以完整而规范的组织体系架构保障数据流通每个环节的安全管理工作。通过扩大数据安全管理人才队伍规模，培养具备一定安全技能的数据安全人才梯队队伍，切实建立保障安全运行、协同安全响应、监督指导安全工作的数据安全管理队伍。

（3）数据安全制度规程。

数据安全管理制度与规程是数据安全保障工作的制度保障，在实际业务的各个环节中明确具体的安全管理方式和方法，以规范化的流程指导数据安全管理工作的具体落实，避免了实际业务流程中"无规可依"的场景，是数据安全管理工作实际操作中的办事规程和行动准则。本项目中依据国家信息安全保障的相关政策法规以及该市数据安全管理的规章制度和标准规范，来指导各政务部门在已有的信息安全管理体系的基础上，建立符合数据共享开放业务发展，基于风险管控的数据安全管理及内控体系，在发展中提高数据安全风险管理能力。提出了重点加强政务数据资产管理、用户访问权限管理、政务数据共享管理、外包服务管理、监测预警与应急响应管理、日志与审计管理、数据备份与恢复管理等相关要求的制定和落实。

（4）数据安全技术措施。

数据安全技术措施是数据安全保障工作的技术支撑，确保了管理制度的有效执行。各政务部门应基于自身业务的开展情况，政务数据的防护目标来构建自身的数据安全技术防护手段和工具，确保管理制度要求在实际工作中切实得到了有效执行，同时可为数据安全运营提供易于操作的技术工具，实现动态应对数据安全风险。

本项目中基于该市数据安全防护现状，结合目前国内外的最佳防护实践经验，提出通过内容分析技术、密码技术、数据防泄漏技术、数据脱敏技术和安全审计等数据安全技术的应用，来切实保障数据采集、数据产生、数据传输、数据存储、数据处理、数据交换到数据销毁的全生命周期安全。

（5）数据安全运营保障。

数据安全运营保障是对数据生命周期活动过程的保障支撑，是未来开展全市大数据服务业务的重要保障。通过加强全市政务单位的有效沟通，建立协同防御的安全机制，发挥已有的基础安全能力，加强安全监测与通报预警能力建设，确保该市数据共享交换以及未来的大数据服务业务在可管理、可监视、可预见的状态下运行。本项目中提出数据安全运营保障需要做好全市数据安全的态势感知、预警监测、应急响应和灾备恢复工作，同时加强对第三方服务提供商（云服务商、大数据服务商等）的持续监督管理，对大数据服务业务运行过程中的安全风险进行有效的管控。

(6) 数据基础设施安全。

政务数据基础设施提供了数据生命周期各环节所需的基础设施、存储和处理平台等，是政务数据安全保障的基础。本项目中提出各政务部门应按照国家网络安全等级保护的相关要求，对政务系统进行等保定级和安全建设，并定期开展风险评估和等保测评工作。对于政务系统上云的单位，应明确与云服务商的安全责任边界，做好相关的防护措施。对于政务系统部署在本地机房或托管机房的政务部门，应加强对安全技术产品的适用性和可控性的检查，确保采用的安全技术和产品满足安全防护的要求，在条件允许的情况下往政务云上迁移。

12.1.5 项目特色

规划先行，谋定后动，面对大数据环境下的数据安全防护这一个全新的挑战，该市数据资源管理部门联合安恒信息公司在调研了全市各政务部门数据安全管理现状的基础上，设计了全市的政务数据安全保障体系规划，也是全国范围内首个数据安全保障体系的规划。规划围绕着该市数据资源共享开放的发展趋势，在现有的安全防护基础上，通过进一步加强网络安全风险管理和运营应急能力，建立有效支撑该市大数据应用服务业务的安全体系架构，提高该市政务系统的安全监测、纵深防御、风险管控和应急响应能力，全面保障政务系统和数据安全，具有极高的创新性和实践性。

同时，本次规划在全市范围内明确了数据安全建设目标，指导了各政务部门有序地开展数据安全保障体系建设，落实相关管理制度和技术防护措施，避免了盲目建设和重复建设带来的资源浪费，具有很好的规范和引领作用，可以快速高效地形成合力，提高全市政务数据资源的安全保障能力，有效促进该市大数据产业的健康发展。

12.2 大数据智能安全平台助力某金融机构构建网络安全体系

12.2.1 项目背景

某省级农信作为农村合作金融系统的管理机构，是该省网点数量最多、业务规模最大的金融机构。该单位于2005年开始进行新一代信息化系统的建设，至今全省各地市业务和数据已经完成了大集中，与其行业地位不相称的是仍然存在以下较为突出的网络安全问题。

安全设备孤岛式分布，无法真正关联分析；安全设备告警泛滥，运维人员事半功倍；安全分析依赖内置规则，缺乏分析建模扩展能力；缺少安全分析有效回溯能力，无法对攻击者追踪溯源；缺乏弱点信息与安全事件的关联分析，没有有效的情报能力做支撑。

随着大数据分析技术的成熟以及在安全领域的应用，利用安全大数据进行多维度的安全态势分析，对可能存在的安全隐患和威胁进行感知，对可能发生的安全事件进行提前预警，以此来加强安全建设，降低安全事件的发生成为未来安全建设的主要方向。因此，在满足日常应用与管理的同时，如何利用已有的海量安全数据进行分析，有效识别各种风险漏洞，提升自身信息安全工作水平成为该单位信息安全工作中的关键。

12.2.2 项目建设内容

基于该省农信现状以及信息安全体系架构，项目分期建设，第一期主要完成大数据网络安全态势感知系统平台（AiLPHA 大数据智能安全平台）的建设。大数据网络安全态势感知系统平台架构分为五层（如图 12.2 所示），分别为被保护对象层、采集层、处理层、应用层、态势感知层、可视化展现层。本期项目通过日志信息的采集、全流量数据的采集以及态势感知分析平台的搭建，实现网络安全态势感知系统平台的建设，为该省级农信网络安全搭建一个保护屏障。

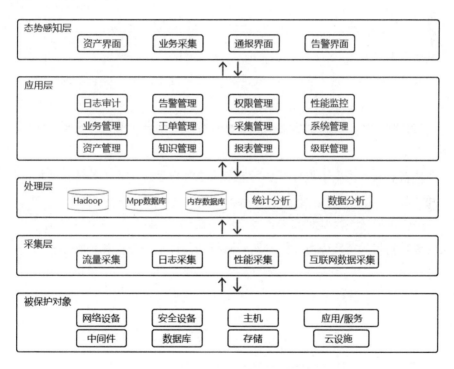

图 12.2 大数据网络安全态势感知系统平台架构

根据总体架构，该省农信网络安全态势感知系统平台由分析中心、日志采集引擎、流量采集引擎、威胁情报等组成，其部署如图 12.3 所示。

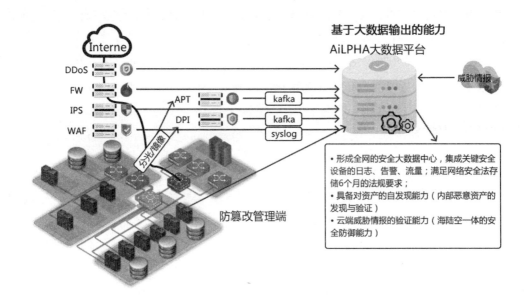

图 12.3　大数据网络安全态势感知系统部署示意图

主要包括以下内容。

（1）部署日志采集设备（SOC），流量审计采集设备，用于日志数据和流量数据的采集。

（2）在该省农信核心机房部署安全态势感知分析平台，主要包含大数据中心和大数据态势感知分析平台。

（3）在该省农信的两个节点分别部署流量采集分析系统，采集的流量数据汇聚后，经过标准化处理后实现数据的归一化，并上传至安全态势感知分析平台。

（4）威胁情况通过云端实时同步，或者在线查询、云端推送或离线复制至本地威胁情报库，实现威胁情报的关联分析，提升对威胁行为的识别、分析和预警。

（5）考虑平台的扩展和安全业务增加的需求，平台设计过程中采用开源的组件规划，支持硬件的动态扩展；态势感知分析平台采用模块化思想设计，支持分析功能和模型的模块化扩展。

12.2.3　项目成效

通过大数据网络安全态势感知系统平台建设，该省农信可全面掌控范围内的资产整体安全态势，态势感知平台为省农信管理人员提供了全局的安全状况视图，实现对机房设备的实时监控，帮助管理人员及时了解资产的安全状态，及时发现网络环境的入侵、攻击和非法访问行为，也便于后期安全的规划与建设。

12.3 某城市级云安全运营服务案例

12.3.1 案例背景

某市政务云于 2016 年 5 月开始建设，由市政府总体指导，当地的运营商承建，按照等级保护三级安全标准进行建设。政务云面向市本级和下属区县的政府、事业单位提供按需的云计算服务，以提高政府资产利用率，降低政府信息化投入成本。

2016 年 10 月，政务云建设完毕。首批 20 多个业务系统也成功迁移上云，但业务上云之后陆陆续续也出现了一些问题。上云后的单位集中反馈了一些顾虑和担忧，主要包括以下方面。

（1）多数部门担心上云之后的数据安全。

（2）有部门反馈其业务系统很重要，安全要求很高，不想和别的部门的系统混在一起。

（3）有部门反馈要上云可以，但必须让其知道系统的在云上是怎么部署的、明确业务流量情况。

（4）有部门担心业务系统数据被云服务商通过后门窃取。

（5）有部门觉得云平台无法提供满足自己安全需求的安全产品，不能让其了解业务系统的防御状态、安全日志等。

（6）有部门担心云上业务系统无法通过等级保护测评。

不巧的是，这些担心真的成为现实，在 2017 年初两会期间，该政务云平台上就有业务系统遭受到了黑客攻击。虽然后面通过应急响应，对业务系统造成的影响不大，但这件事情将政务云的安全性推到了风口浪尖之上，各委办局上云的积极性也受到了一定影响。事情发生后，也引起了市领导的高度重视，市领导要求信息化主管部门充分分析政务云的安全风险，尽快采取安全加固措施，建立城市级的安全运营体系。市领导重点提到以下几点要求。

（1）需要做到政务云安全问题可预见、可防御、可追溯。

（2）技术需创新，需利用好云计算、大数据的能力做安全。

（3）需加强安全运营、安全服务体系，提升响应效率。

（4）需尽快通过国家等级保护的评估认证。

根据市领导的指导意见，市政府信息办组织安全专家进行论证分析，对政务云进行全面的评估分析。总结下来，政务云的安全风险主要在以下几个方面。

（1）安全责任边界不清晰：业务系统上云后没有明确各参与方的安全职责，上云的委办局认为市政府会总体负责，而市政府则认为租户会自行负责，同时云平台又由运营商负责部分的运维和运营，导致各参与方的安全职责关系混乱。

（2）市政府运维压力巨大：政务云新建之初为了快速上云，市政府、运营商都投入了大量资源配合委办局租户迁移业务系统，也间接承担了其部分的运维工作。上云结束后这部分工作没有顺利的移交到租户。

（3）缺乏完善的云安全解决方案：由于虚拟化、大数据等新型技术的应用，在云安全方面缺乏技术保障，部分业务系统在云上基本没有防护措施，特别是若虚拟机之间的安全隔离防护不当，则可能导致一个租户的信息系统出现故障会影响到其他租户信息系统的安全运行。

（4）缺乏全网态势感知能力：大量的业务系统在政务云运行，其安全防护能力也参差不齐，在业务集中的同时，也导致了风险的集中。而且市政府和云运营服务商缺乏技术手段来了解政务云全局的网络安全态势，无法及时发现安全漏洞、安全事件，只能在发生安全事件时被动的响应恢复。

（5）国家等级保护标准推行不利：等级保护已经全面进入 2.0 时代，《网络安全法》也明确规定信息系统需要满足等级保护要求，云上业务系统也不例外。而目前政务云无法有效地进行业务系统边界界定，云安全等级保护无法推行。

12.3.2 解决方案

为了解决政务云的安全问题，促进业务系统安全上云，经过多方专家讨论，决定建立一个面向全市政务云的安全资源池解决方案。云安全资源池主要是通过虚拟化技术将众多安全产品能力集成起来，以服务的方式将各种安全能力提供给云租户，既可通过独自层面去解决不同的安全问题，满足不同角度的业务需求，又能够紧密结合服务链技术，实现安全资源灵活调度、动态扩展、按需快速交付，全面满足政务云对业务安全部署的要求。

云安全资源池的部署效果如图 12.4 所示。

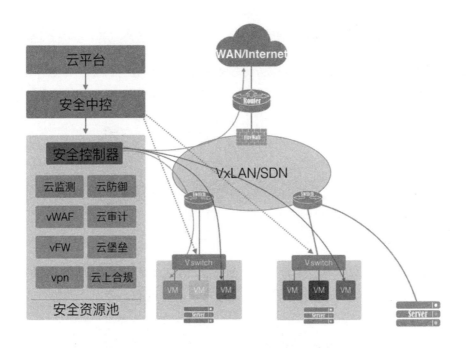

图 12.4 云安全资源池部署方案

该市政务云安全资源池方案以"SaaS（安全即服务）+NFV（网络功能虚拟化）"技术为依托，聚焦应用安全灵活调度安全资源，具备安全可视、可控、安全资源自动化部署、弹性扩展、平台开放等特点，很好地满足了该市政务云平台的安全防护与运营的需求。该防护方案具有以下特点。

1. 全面地安全防护服务能力

除防火墙、负载均衡、VPN 等基础网络安全服务，某市政务云安全资源池重点建设了云监测（主要包含网站的 7×24 h 监测，包括网站的漏洞、安全事件等，可实现对全市已上云和未上云网站的监测）、云防御（主要包含 Web 应用防火墙、虚拟防火墙、虚拟 IPS 等，可为政务云应用系统提供完善的防护能力）、云审计（主要包含全网的流量审计、日志审计，通过大数据方法进行安全分析）、云上合规（主要包括等级保护预测评服务）、网页防篡改、云数据库审计、云堡垒机等服务，结合虚拟网络隔离技术，全面满足用户安全等保合规建设需求。

2. 弹性可扩展安全资源池

通过服务链技术按需灵活调度业务流量，使安全资源的部署与物理网络位置解耦。基于硬件虚拟化技术，为虚拟安全设备独立运行提供资源保障，结合集群堆叠技术，提供安全可靠的安全服务。系统全面兼容硬件、NFV 方式的安全资源池，安全资源可在线扩容，现网业务运行不受影响。

3. 安全业务自动化编排部署

通过 SDN（软件定义网络）与服务链技术的结合，安全控制器可实现网络、安全资源的一体化管理与调度，云数据中心安全业务部署所需的安全资源分配、业务流量调度、安全策略部署得以集中交付，轻松实现安全业务的自动化部署。

4. 安全可视化管理

可实现安全拓扑、业务风险、安全合规等可视化管理，使安全运维管理变得简单。

12.3.3 特色和价值

本案例电子政务云安全体系建设充分考虑到了云平台和云租户的效益和价值，云平台是指云的运营和建设方，在本案例中主要是指政务云的建设和运营方，云租户就是指委办局。

12.3.3.1 政务云平台安全收益

政务云平台安全收益主要用来帮助云平台建设方、运营方了解整个云平台的安全状态，并依据此数据提供、孵化出有针对性的租户增值服务，提高云平台的收益，还可以为云平台的后期建设规划提供依据。

1. 形成丰富的增值服务产品

通过本方案的部署，可以帮助政务云平台的运营单位形成非常丰富的增值服务产品，一方面可以让云租户有更多丰富的安全产品选择，另外，也可以帮助云平台尽快收回成本，实现盈利。可形成的增值服务产品见表 12.1。

表 12.1 增值服务产品

分类	产品	功能简介	收费模式说明
云监测	Web 监测	提供租户网站的漏洞、可用性、篡改事件等监测	按租户的网站数量计费
	数据库监测	提供租户数据库的漏洞、配置扫描监测	按租户的数据库数量计费
	系统监测	提供租户应用系统的漏洞、配置扫描监测	按租户的虚拟机数量计费
云防御	DDoS 防护	为云租户和云平台提供按需交付的 DDoS 防护	按租户选购的防护带宽计费

	Web 应用防火墙（云 WAF）	为云租户提供按需交付的 Web 应用攻击防护	按租户选购网站个数、防护带宽计费
	下一代虚拟化防火墙 VFW	为云租户 VPC 内提供 IPS、防病毒、VPN 等服务	按并发计费
	网页防篡改	为租户提供网站提供防篡改服务	按网站数量计费
	云堡垒机	保障租户云上 IT 运维的安全性和审计管理	按租户的虚拟机数、并发数计费
云审计	云数据库审计	保障租户云上数据库的访问行为有据可依	按租户的数据库数、并发数计费
	云 Web 审计	保障租户云上的 Web 网站访问行为有据可依	按租户的网站数、并发数计费
	云日志审计	收集租户 VPC 网络内所有日志，进行关联分析	按照日志源数量计费
云服务	风险评估、渗透测试	提供租户的网站、系统等风险评估、渗透测试	按需交付
	等级保护预测评	提供租户的等级保护合规咨询	按需交付

2. 所有租户应用可用性及时掌握

通过云安全管理类平台的大数据分析系统和可视化展示，展示整个云平台的所有租户的网站应用概况。通过此视图可以让云平台建设方、运营方了解整个云平台到底有多少网站应用存活，也可以了解有多少网站的出现访问异常。云安全运营方可以针对网站出现访问异常情况进行跟踪和服务，提供增值服务。

3. 所有租户应用安全状况了如指掌

通过此视图可以了解整个云平台所有租户的网站安全状态，主要包括以下几个方面。
(1) 总共有多少网站存在安全漏洞、安全事件。
(2) 整个云平台的安全漏洞类型、高危端口分布情况。
(3) 最新的安全事件取证分析情况。
(4) 0day 漏洞的分布情况。

对这些信息的了解，都可以帮助云平台运营方去提供丰富的安全增值服务产品，也能够大大提升云平台的应急响应能力。

4. 云平台防御动态展示

通过云安全资源池的防御动态展示中心，可以帮助云平台了解自身云平台安全防御能力状态。比如，云平台建立了 10G 的 Web 应用防护清洗能力，通过此视图就可以了解到目前有多少用户启用了 Web 防护，整个云平台受到了哪些类型、地方、IP 的攻击排行，方便云平台及时采取有效措施。

5. 高危漏洞影响快速评估

信息安全是一个变化非常快的领域，每天都会有非常多的新型漏洞爆发，此视图可以帮助云平台运营方快速完成 0day 漏洞的分布情况，通过大数据的分析系统基本可以实现：

(1) 30 min 完成 0day 漏洞的影响范围评估；

(2) 30 min 内提供具体的漏洞影响单位、域名信息；

(3) 3 s 内完成用户端的告警信息分享。

12.3.3.2 政务云租户安全收益

政务云租户安全主要为云租户提供定义安全策略、自助分析安全日志、自助部署安全产品的能力。

1. 让云租户拥有最方便的安全方案

在云计算平台上传统的安全防护方案都无法按照原始模式进行交付，比如，传统的防火墙、IPS、WAF、日志审计等硬件设备都无法在云平台进行安装。即使厂家按照软件方式进行交付，也会存在日志采集、流量采集困难、无法达到防护策略的最佳效果、无法关联分析等。本方案可以帮助云租户以最小的成本、最便捷的方式开启云上安全防护方案。租户的防护效果可以从以下三个方面进行。

(1) 攻击流：从用户发起流量就会经过公有云防御中心进行 DDoS 的流量检查，检查完毕后流量才会抵达云平台出口，并会经过本地云防御中心再次进行 DDoS 清洗、WAF 清洗、防火墙清洗，然后才会进入到云租户 VPC 网络内。云租户 VPC 出口还可以部署租户独享的下一代防火墙、网页防篡改等，实现更加精细化的控制。

(2) 监测流：监测主要从两个方面发起，一个是通过在公有云防御中心部署的扫描引擎，对租户的互联网应用（Web）进行 7×24 h 的监测，及时发现网站的漏洞、访问状态等。而部署在租户内的数据库、系统漏洞扫描引擎，则可以及时发现系统和数据库层的漏洞情况。

(3) 日志流：通过云平台 API、部署在租户内的日志采集引擎，将租户相关安全设备日志、系统日志、应用日志等进行统一收集，送入到大数据分析系统，进行标准化处理、大数据关联分析后进行可视化展示。让租户的日志完整保存，做到任何事件有据可依。

云租户防护效果示意，如图 12.5 所示。

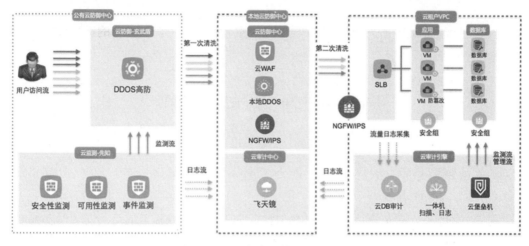

图 12.5　云租户防护效果示意图

2. 应用防护效果一目了然

通过云安全运营平台的网站防御监测视图，可以对租户已经开通了 Web 防护的网站应用状态进行了解，也可以了解最新的攻击动态，如图 12.6 所示。包括攻击国家排行、攻击 IP 排行、攻击的 URL 排行等，也可以实时展现出网站的攻击流量比例，还可以一目了然地知道网站在全国各省的访问状态。

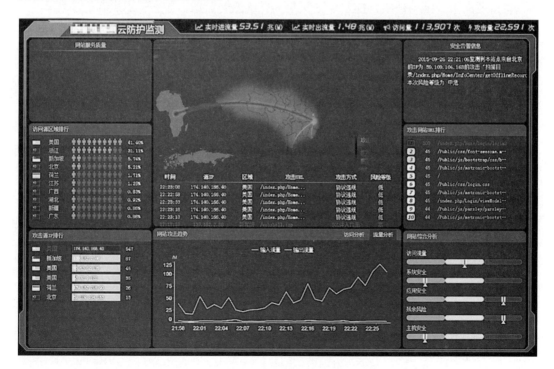

图 12.6　网站防御监测视图

3. 运行状态清晰可控

通过提炼形成每个租户的应用防护结构图，展示租户相关应用设备的运行状态，方便租户查看和管理。

12.4 某市平安城市安全案例

12.4.1 项目背景

平安城市是一个特大型、综合性非常强的管理系统，不仅需要满足治安管理、城市管理、交通管理、应急指挥等需求，而且还要兼顾灾难事故预警、安全生产监控等方面对图像监控的需求，同时还要考虑报警、门禁等配套系统的集成以及与广播系统的联动。平安城市的建设，加速了视频专网的形成，视频专网是实现城市安全和稳定的重要基础，是"平安城市"建设的重要组成部分，更成为"智慧城市"的重要载体，它不仅可以满足治安管理、城市管理、交通管理、应急指挥等需求，在预防、发现、控制、打击违法犯罪，提供破案线索，固定违法犯罪证据等方面也发挥人防、物防所不可替代的作用。

但是随着某市平安城市的建设，视频监控背后的数据存储量与日俱增，其自身的安全问题也接踵而来。因为视频监控包含更复杂、更敏感的数据，最易吸引黑客的注意，一次攻击中获得数据越多，对于黑客来说攻击成本越低，收益率越高。虽然平安城市视频监控系统在系统安全设计、建设、维护的规范性上相对比较好，但从整个安防行业深入看，黑客活动仍然日趋频繁，APT 攻击、Web 应用攻击、网站后门、网络钓鱼、移动互联网恶意程序、拒绝服务攻击事件呈大幅增长态势，因此，现有的信息安全整体都面临严峻挑战。

当前，视频专网安全问题已经上升到国家层面，发改委、中央综治办、公安部等九部委联合下发《关于加强公共安全视频监控建设联网应用工作的若干意见》，要求加强视频监控系统安全防护能力，严格安全准入机制，站在全局的角度建立完整的安全体系，因此，该市政府基于这样的大背景下，建设了基于该市平安城市的安全体系，包括视频专网设备安全、网络边界安全、终端安全、应用安全、数据安全等，做到设备可知、入网可信、边界可控、行为可查。

12.4.2 平安城市建设面临的安全问题及需求

12.4.2.1 安全风险分析

平安城市在建设过程中，涉及大量的社会资源，以及广泛的地域范围，因此，对于整个系统的建设耗费了大量人力物力。在安全方面，也遇到了多种多样的攻击。平安城市涉及的点位广泛，每个点位都可以成为被利用的节点，因此，安全问题不容小觑。根据对于平安城市的理解，以及网络结构划分，并结合了等级保护以及网络安全法内容，该市平安城市面临的风险如下。

1. 前端接入区风险分析

平安城市的组成重中之重是前端设备，因此，对于前端设备的防护是首当其冲应该考虑的问题，该区域的设备容易被劫持、被破坏、被利用。主要涉及系统漏洞、弱口令策略、不安全的配置、传输保密性、准入控制等风险问题。一旦不能有效处理好其中一个问题，很可能造成入侵者，利用弱点进行攻击，甚至威胁到内部核心整个网络数据的安全。因此，对于该区域的安全建设是首先需要考虑的。

2. 边界互联区风险分析

边界互联区是进行隔断内外网的重要区域，该区域面临前端不同终端的接入，并且将平安城市核心网络内部操作信息下发到各个终端，因此，可以认为是内外网的门户。在该区域，存在着恶意攻击、病毒入侵、非法入侵、访问控制、远程接入等风险。因为平安城市所管控的前端设备不仅仅包括政府、公安等部门自建的设备，还包含一些社会资源。因此，将这些社会资源统一接入到边界区域进行内部的统一管控，那么风险也相应增加，因为标准不一，而且社会资源类型错综复杂，所以作为平安城市的整体安全，对该区域的把控显得重要。

3. 视频专网区风险分析

视频专网区主要包括数据库区、视频联网基础平台区、终端办公区、视频应用平台区、开发测试区、运维管理区等区域组成，该区域主要是进行所有前端内容的收集、处理、运用并且统一管理。对于该区域的调研，主要发现了专网内部服务器的功能性划分不明确，各个区域之间容易形成威胁传播；同时，因为服务器众多，但是没有相应的运维管理措施，增加了内部运维人员非法举措的概率；内部系统存储了大量结构化非结构化重要数据，对于这些内容的防护，是重中之重，数据库内容也是极易遭到非法攻击的对象；内部通信链路并没有进行有效防护，因此病毒很容易从一个小区域蔓延开来；内网设备的端口存在风险，端口容易进行信息的输入输出；内部平台、系统、主机等系统，存在漏洞被利用的风险；内部系统和前端系统可以通过 Web 页面进行远程运维，因此，提供 Web 应用服务的设备，也存在被攻击的风险。以上的内容，共同构成了对于视频专网区的防护体系，主要从物理安全、网络安全、主机安全、应用安全、数据安全五个层面来考虑。

4. 安全管理层面的风险分析

完善的安全防护体系"三分技术，七分管理"，因此，在注重技术投入的时候需要时刻关注管理的重要性。同时，对于管理的要求，也符合等级保护的需求。本期通过调研，该市平安城市项目的管理风险主要有以下两种。

（1）安全技术管理风险。

随着信息化的发展，网络规模迅速扩大、设备数量激增，建设重点逐步从网络平台建设，转向为深化应用、提升智能分析为特征的运行维护阶段，IT系统运维与安全管理正逐渐走向融合。信息系统的安全运行直接关系单位效益，构建一个强健的IT运维安全管理体系对单位信息化的发展至关重要，同时对运维的安全性也提出了更高的要求。

而技术层的管理风险主要来自于相应的信息系统本身的可管理性风险。一个完善合理的信息安全解决方案首要考虑的是数据中心网络资源（设备与应用）的可管理性。

传统的IT管理观念将IT环境按照IT元素分类，分割为：网络管理、系统管理、应用管理等多个分离的层次，使得业界纷纷发展分别针对各个层次的IT元素管理工具。长期以来，用户只能按照这样的分类模式分散的选择管理工具软件，使得被管理的各个相关环节被人为地隔离，IT管理与业务管理脱节，无法更好地观察、管理、衡量和报告IT给业务带来的价值。更严重的是，给网络和业务的进一步扩展和升级设置了重大的隐患。每一次改造和升级，原有的监控工具和维护人员都涉及巨大的再投入和再集成，极大地增加了建设成本。

因此，面对日趋复杂的系统，不同背景的运维人员已给单位信息系统安全运行带来较大潜在风险。

（2）安全管理风险。

管理风险主要表现在安全组织的建设、安全管理策略和制度的制定与执行、人员的管理等方面。责权不明、管理混乱、安全管理制度不健全及缺乏可操作性等，都可能引起管理的安全风险。即使采用了各种先进的安全技术手段，信息系统仍然无法有效抵御所受到的各种安全威胁。

12.4.2.2 安全建设需求分析

1. 安全技术层面的需求分析

（1）前端安全需求。

● 需要对于前端的准入进行严格的把控，对于前端监控的配套设备的准入进行权限配置。

● 对于前端设备的系统进行漏洞扫描、弱口令扫描等安全服务，并且打上补丁，应对最新的网络攻击。

- 对于前端的 VPN 接入需求进行加密措施，有效防止违规接入。
- 对于前端设备，进行有效的审计措施，有效追踪违规操作。

（2）边界互联区安全需求。

- 互联网边界出口是整个数据中心业务的出口，承担着抵御 DDoS 攻击和保证带宽正常可用及数据中心业务可正常访问的重任，重点需防治 DDoS 攻击造成的带宽或主机资源被大量消耗。
- 作为数据中心主干出口网络，首先需要把好网络安全关，如访问控制、入侵检测、网络脆弱性扫描、网络设备安全加固等，其次肩负着为整个数据中心业务做负载均衡和进行流量分析管理等职责。
- 需要部署入侵防御设备，为网络提供主动的、实时的防护。需要准确监测网络异常流量，自动对各类攻击性的流量，尤其是应用层的威胁进行实时阻断，而不是简单地在监测到恶意流量的同时，或之后才发出告警。
- 从外网（互联网或广域网）进入视频专网的用户，需要被防火墙/网闸有效地进行类别划分。防火墙可以允许合法用户的访问以及限制其正常的访问，禁止非法用户的试图访问。

（3）视频专网区安全需求。

- 在安全区域边界均需要采用防火墙进行隔离和访问控制，严格控制外部网络对业务系统信息资源的访问，确保网络和信息系统自身的安全。
- 数据库安全区域需要部署数据库审计设备，实现对数据库访问的详细记录、监测访问行为的合规性，针对违规操作、异常访问等及时发出告警，将安全风险控制在最小的范围之内。
- 对于重要的安全域提供准确监测网络异常流量，自动对各类攻击性的流量，尤其是应用层的威胁进行实时阻断，而不是简单地在监测到恶意流量的同时或之后才发出告警。
- 需要对终端办公区部署终端安全准入，对内网的入网终端进行统一管理，加强对网络接入、访问情况进行统一授权和管理，更加有效地防范各类违规、泄密事件的发生，提高网络的整体维护效率和管理力度。
- 需要对终端办公网络进行合理管控流量，提升带宽利用率。解决大量非法业务资源的访问、超大型文件的交互传输等行为，合理利用带宽资源，建立可视、可控、可优化的高效网络。
- 认证和授权管理。
- 安全审计管理。
- 事前安全预防：需要采用专业的安全隐患扫描工具，定期对网络中的重要操作系统、应用系统、数据库系统、网络设备等进行脆弱性扫描和评估，并及时封堵漏洞，做到防患于未然。

- 数据安全及备份恢复。
- IT 运维管理：建立安全运营中心和网络管理中心。

2. **安全管理层面的需求分析**

（1）安全管理组织。
- 需要建立全网统一的安全管理组织机构，专门负责信息系统的安全管理和监督。
- 需要制定符合业务系统业务特点的人员安全管理条例。
- 需要进行 IT 使用人员和运维管理人员的安全意识和安全技能培训，提高各级中心自身的安全管理水平。

（2）安全管理制度。
- 需要制定符合国家和行业监管部门的安全管理要求，参照国际成熟的 ISMS 标准规范，并具有业务系统自身特点的安全管理制度，保证信息系统的安全运行。
- 需要规范安全管理流程，加强安全管理制度的执行力度，以确保整个网络系统的安全管理处于较高的水平。
- 需要建立安全应急预案并定期进行演练、审查和更新。

（3）安全运维服务。
- 需要通过专业的安全服务机构，对业务系统网络中的网络设备、安全设备、操作系统、应用系统、人员组织以及相关的管理制度进行评估分析。找出相关弱点，并及时提交相关解决方案及进行安全方面的加固，使得网络的安全性得到动态的、可持续的发展，保证整个网络的安全性。
- 需要由专业的安全服务机构为业务系统，提供安全事件的应急响应服务。一旦发生安全问题，信息系统管理员能够在最短的时间内通知到安全专家并及时进行问题的解决，以尽可能缩小安全事件的影响范围和程度，并尽快恢复信息系统的正常运行。

12.4.3　对策与措施

针对该市平安城市建设中遇到的信息安全风险问题，杭州安恒信息技术有限公司提出了基于等级保护、网络安全法的整体安全防护方式，承担该市平安城市的安全防护和安全运营工作，结合自身优秀的安全产品线和优质的服务，帮助该市政府部门构建智慧的平安城市安全防护体系，如图 12.7 所示。

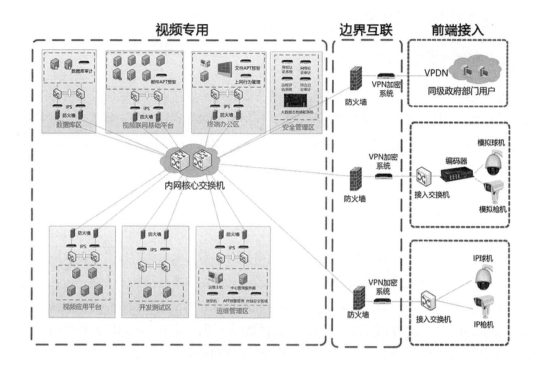

图 12.7 平安城市网络架构图

以下为该市平安城市安全保障建设方案的措施。

12.4.3.1 物理环境安全设计

网络的物理安全是整个网络系统安全的前提。在平安城市网络设备的建设中，由于网络系统属于弱电工程，耐压值很低。因此，在网络工程的设计和施工中，必须优先考虑保护人和网络设备不受电、火灾和雷击的侵害；考虑布线系统与照明电线、动力电线、通信线路、暖气管道及冷热空气管道之间的距离；考虑布线系统和绝缘线、裸体线以及接地与焊接的安全；必须建设防雷系统，防雷系统不仅考虑建筑物防雷，还必须考虑计算机及其他弱电耐压设备的防雷。总体来说，物理安全的风险主要有，地震、水灾、火灾等环境事故；电源故障；人为操作失误或错误；设备被盗、被毁；电磁干扰；线路截获；高可用性的硬件；双机多冗余的设计；机房环境及报警系统、安全意识等。因此，要尽量避免网络的物理安全风险等。

视频专网安全设备所在的物理环境的安全，是整个系统运行安全的前提。系统的物理安全应当包括机房电源安全、电磁兼容性安全、环境安全、设备安全、防雷接地、记录介质安全等方面。视频专网安全设备的物理安全主要从机房工程、专用链路两个方面上来体现。

12.4.3.2 前端区域安全设计

1. 安全准入建设

现在业务内网是核心业务运行平台，业务重要性越来越突出，特别是随着内网信息系统日益扩大，在信息化越来越简便的背景下，任何接入网络的设备和人员都有可能对内网信息资源构成威胁。因此，针对前端接入以及分支机构接入的系统安全，以及访问区域管理显得尤为重要。如果出现安全事故或越权访问的情况，将会严重影响整体业务系统运行安全。

2. VPN 加密建设

视频专网建成后，大量的业务信息依托网络平台。有的单位没有设置专线网络，不是通过专网来连接，而是租借运营商带宽的方式通过互联网链路进行数据传输。这种传输方式十分容易被非法窃取、篡改或删除。例如，以窃取商业秘密为目的的"网络大盗"，利用互联网的开放性，采集流经通过互联网传送的业务数据，窃取有价值的商业情报。对于使用互联网链路的下属单位，必须要建立如 IPSEC VPN 这样的加密安全连接通道，保证数据传送的完整性、可用性、机密性。

3. 漏洞扫描建设

需要对前端设备进行漏洞扫描，对服务器以及数据库等进行弱点评估，发现设备和系统存在的安全风险，并给出解决建议，方便运维人员针对弱点进行加固，将信息系统的隐患消除在弱点被利用之前。

12.4.3.3 边界互联区域安全设计

1. 防火墙/网闸

通过部署防火墙/网闸，对该区域提供边界访问控制。严格控制进出该安全区域的访问，明确访问的来源、访问的对象及访问的类型，确保合法访问的正常进行，杜绝非法及越权访问；同时，有效预防、发现、处理异常的网络访问，确保该区域信息网络正常访问活动。开通防火墙/网闸的 VPN 功能与防病毒模块，严格监控外网的访问控制与流量病毒检测。

2. VPN 加密

通过部署 VPN 加密设备建立视频专网与互联网之间的加密通道，通过最基本的用户名密码认证和 LDAP/AD、Radius、CA 等第三方认证、USB KEY、硬件特征码、短信认证（短信猫和短信网关）、动态令牌卡等加强认证方式，构建身份认证安全、终端访问安全、数据传输安全、权限划分安全、应用访问审计安全五大安全体系。

3. IPS 入侵防御

部署入侵防御系统，对外部网络黑客利用防火墙为合法的用户访问而开放的端口穿透防火墙对内网发起的各种高级、复杂的攻击行为进行检测和阻断。

4. 防病毒网关

当前，互联网病毒、蠕虫、木马、流氓软件等各类恶意代码，已经成为互联网接入所面临的重要威胁之一。面对越发复杂的网络环境，传统的网络防病毒控制体系没有从引入威胁的最薄弱环节进行控制，即便采取一些手段加以简单的控制，也仍然不能消除来自外界的继续攻击，短期消灭的危害仍会继续存在。为了解决上述问题，对网络安全实现全面控制，一个有效的控制手段应势而生：从网络边界入手，切断传播途径，实现网关级的过滤控制。

12.4.3.4 视频专网区域安全设计

1. APT 系统

APT 预警对协议进行深度分析，发现其中的安全问题。通过对已知攻击特征的扫描、未知攻击漏洞的扫描和动态分析的方式进行测试，发现其中的攻击。

2. 下一代防火墙

视频专网根据应用功能或者地理位置不同，划分成不同的功能性区域，每个功能区域的业务访问比较复杂，建议在这些区域边界部署下一代防火墙进行系统内外数据的访问控制，保护每个区域系统整体的网络安全。通过区域边界下一代防火墙将这两个系统内部区域与其他区域进行逻辑隔离，保护上述两个内部安全域，实现基于数据包的源地址、目的地址、通信协议、端口、流量、用户、通信时间等信息，执行严格的访问控制。

3. 数据库审计

在数据库区域旁路监听部署一台数据库审计系统。通过部署数据库审计系统能够实现所有对数据库进行访问的行为进行全面的记录，以及包括对数据库操作的："增、删、改、查"等全方位细粒度的审计。同时，支持过程及行为回放功能，能够还原并回放所有对数据库的操作行为，包括："访问的表、字段、返回信息、操作"等。从而使安全问题得到追溯，提供有据可查的功能和相关能力。

4. 安全准入

由于信息化程度较高，终端点数较多，对 IT 软硬件的资产管理及故障维护，如果单纯靠人工施行，难度和工作量都比较大且效率较低。同时，如果员工存在对管理制度执行不到位的情况，就迫切需要通过技术手段规范员工的入网行为。

为加强网络信息安全管理以及内部 PC 的安全管理，提高内网办公效率，准备建立一套终端准入管理系统。

5. 漏洞扫描系统

在视频专网区域网络中部署漏洞扫描系统，对服务器以及数据库等进行弱点评估，发现设备和系统存在的安全风险，并给出解决建议。方便运维人员针对弱点进行加固，将信息系统的隐患消除在弱点被利用之前。

6. 审计系统

为了不断应对新的安全挑战，视频专网先后部署了防火墙、NGFW、IDS、IPS、漏洞扫描系统、防病毒系统、终端管理系统、WAF、DB-AUDIT 等，构建起了一道道安全防线。然而，这些安全防线都仅仅抵御来自某个方面的安全威胁，形成了一个个"安全防御孤岛"，无法产生协同效应。更为严重地，这些复杂的 IT 资源及其安全防御设施在运行过程中不断产生大量的安全日志和事件，形成了大量"信息孤岛"。

因此，布设日志、运维、数据库审计系统，对于操作进行全程记录和追溯十分重要。

7. 大数据态势感知系统

为了实现所有数据的快速处理，以及潜在的威胁预测、统一展现，建立大数据态势感知系统。该系统对于日志、运维、APT 等产生的数据进行统一的管控和展现，既从感官上直观展现了现有的安全态势，又从技术上实现了对未来安全态势的分析和预判，对安全威胁进行提前的响应，使得整个安全防护体系更智能。

12.4.3.5 管理层面的安全设计

管理层面的建设，主要包括安全服务以及安全管理制度的建设。其中，安全管理又包含大量人工所参与的服务，如渗透测试、安全巡检、应急响应、安全培训等，主要弥补了安全设备的一些不足，能够实时高效完成安全防护。安全管理制度的建立从员工管理、系统运维等角度出发，协助该市进行平安城市的安全保障工作。

12.4.4 项目成效

通过对整个平安城市的安全建设，打造了网络、主机、应用、数据多层安全保障的环境，并从外部攻击防御到内部安全管控两方面提升安全水平，建立感知、处置、响应一体化的安全运营机制。本项目中防病毒网关、入侵防御、负载均衡、入侵检测、安全审计等安全功能相配合，形成一道道安全防线；安全管理中心提供对终端管理、漏洞扫描、运维审计、防火墙等安全设备的集中管理，统一日志分析，提高网管效率。同时，建设了统一的管控平台——大数据态势感知平台。利用大数据技术进行数据分析和威胁溯源，实现事前预防、事中审计、事后响应的安全应急服务能力，能够加快处理速度、预测潜在威胁、感知安全态势，从根本上将安全由分散独立的设备，形成了一整套纵深防护体系，有效破解原有的安全技术壁垒。

同时，本项目采用基于大数据分析的平安城市犯罪行为发现、全时空多模态犯罪嫌疑人画像等关键技术，引领我国在网络犯罪行为自动分析预警领域相关技术的发展，为推动相关领域的技术进步起到示范效应。

12.5 涉众型金融风险监测预警处置实践

12.5.1 背景

近年来，随着信息技术的普及，人们的社会生活已经与计算机网络紧密结合在一起，计算机网络已经成为人类活动的第五空间。在国务院提出"互联网+"行动计划和"大众创业，万众创新"发展战略的大背景下，我国互联网金融产业快速发展，但是随着金融的互联网化，相应的网络经济犯罪也应运而生，非法集资、非法传销等经济犯罪行为开始在互联网蔓延，造成了日益严重的风险隐患。e 租宝、钱宝、五行币、善心汇等借助互联网非法集资诈骗事件的发生，严重威胁了我国的经济安全和社会稳定，敲响了我国金融安全威胁的警钟。

12.5.2 涉众型经济犯罪的现状与问题

1. 网络平台多样化导致经济犯罪实施更为便捷隐蔽

当前，随着互联网技术的高速发展，传统网站、微信、手机 APP 等平台，为网络传销等涉众型经济犯罪提供了更为便捷和隐蔽的交易渠道；支付宝、微信支付、微信红包等网络支付手段，为涉网风险型经济犯罪提供了更为便捷的结算渠道；微信、微博私信、陌陌、米聊、YY 语音、QQ、MSN 等即时通信工具，为犯罪分子提供了更为隐蔽的沟通渠道。

2. 作案手段隐蔽化规避了传统的侦查方式

非法分子利用网络隐匿真实身份的特点，规避由人到案的侦查模式；利用网络工具匿名沟通的渠道，规避传统侦查手段；利用不断变更的关键词，规避传统的关键词封堵监管手段，等等。

3. 跨境作案增加了传统侦查工作的难度

非法分子利用境外网络平台作案增加取证难度；选择跨境远程操控作案增加抓捕难度；通过网络跨国勾结作案增加了源头打击的难度。

4. 侵害对象广泛严重影响社会稳定

涉众经济犯罪具有涉及地域广、蔓延速度快的特点，导致其涉及人数众多，涉及地域广泛。同时，涉众经济犯罪受害人普遍为网民，网民群体更倾向于通过互联网开展维权活动，串联容易、发酵快，易形成网络热点舆情，增加维稳压力。

12.5.3 对策与措施

针对互联网涉众经济犯罪问题频发的现状，为了贯彻落实国务院关于我国互联网金融行业规范发展的工作部署，安恒信息开发建设了涉众型金融风险监测预警处置平台，实现"全面监测、系统分析、及时预警、证据留存、配合处置"的一体化功能，全面形成从事前的总体情况摸底，到事中的运营情况监测，再到事件跟踪的风险发现与应对的闭环体系，并实现综合分析和前沿探索。通过风险监测，为监管部门提供数据支撑，并逐步成为金融管理的智库，为相关职能部门侦查打击经济犯罪工作提供支撑。

平台基于大数据技术设计，可分为数据采集层、分析层、应用层、展现层、管理层，多个层级进行相互协作，共同完成涉众经济犯罪的网络监测预警，平台系统的框架，如图12.8所示。

涉众经济犯罪监测预警平台包含10个子系统，每个子系统相互配合形成了完整的平台功能。

1. 数据采集系统

采集的数据主要来自于安恒信息自有数据、互联网数据，以及第三方的数据，主要包含安恒信息自主研发的全网探测引擎探测网站特征数据、互联网舆情数据、网站注册公开数据等数十项，并针对各项采集数据预处理形成金融数据大脑。

2. 数据分析系统

通过对各类金融违法犯罪行为进行深入研究，建立"全网探测模型""舆情监测模型"、"重点人员监控模型""同源同构模型""团伙关联模型等多个模型"，通过评分卡模型进行数据清洗，在结合大量数据的情况下，进行各维度机器学习优化，自动化对目标进行区分和初步研判。

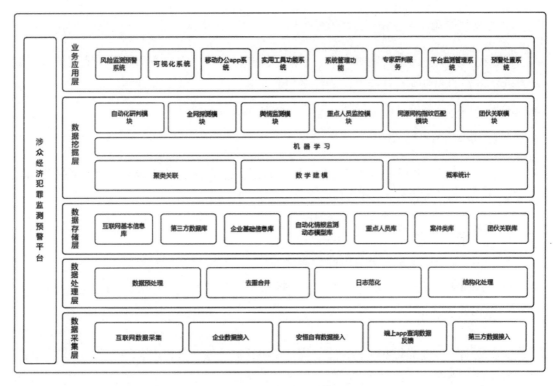

图 12.8 涉众型金融风险监测预警处置平台

3. 专家研判服务

结合多维度数据，通过专家研判服务生成红、橙、黄三类等级目标，依法分类处置，并纳入动态监控。

4. 监测管理系统

涉众经济犯罪的监测管理系统，通过对互联网站的运行状态进行全方位和多层次的动态监控，形成重点金融机构、重点金融部门以及重大活动金融网站运行态势的全息视图，有效支撑相关部门开展网络监管和应急处置等行动。

5. 预警处置系统

针对监测管理功能系统，以及研判服务系统所提供的数据支撑，预警处置模块提供了完善的预警系统与应急响应系统。可以根据网络管理员或系统管理员的初步判断认为和目标风险提升事件相关；通过电话咨询信息安全客户专家进行协助判断，根据最终判断形成预警。同时，调用应急预案，最快速追查问题节点，打击犯罪团伙，阻止和降低安全威胁事件带来的严重性影响。

6. 可视化系统

通过可视化展示方式，能够全面、形象、清晰地展示以上业务功能，并能支持大屏展示，具备良好的人机交互功能。涉众经济犯罪在各个维度上的全局动态，辅助大方向的决策，同时，形成有效的多维度的研判报告，统计报表等，辅助重要决策。

7. 移动办公 APP 系统

通过移动办公 APP 终端可随时随地进行线索提交，将获得的线索第一时间通过移动终端递交到中心平台并进行自动化研判。

8. 实用工具功能系统

实用工具包含"批量手机号码归属地查询"、"批量身份证归属地查询"、"企业公开注册信息查询"等十余款辅助工具，辅助各职能部门的相关工作人员日常工作开展。

9. 情报数据库集

实现数据情报内部共享功能，建立信息资源共享体系，可根据各部门实际业务开展需求，实现可动态配置的数据分发权限，技术平台将接入基础数据及分析数据结果共享给各监管部门，以便各监管部门的业务监管领域进一步分析使用，协同支撑监管。

10. 系统管理

系统管理功能通过"处置管理功能""联动处置功能""联动接口功能""账户权限管理功能"等，为平台协调联动提供基础数据分析、管理、展示。

12.5.4 应用成效

1. "以网治网"遏制涉众型经济犯罪的互联网发展趋势

随着互联网技术快速发展，互联网已深入到社会生产、生活方方面面，同样经济犯罪+互联网的趋势凸显，涉网涉众型经济犯罪案件数占经济犯罪案件总数逐年上升。与此同时，互联网上存在大量经济犯罪信息，而受精力和能力等制约，网上经济犯罪线索少有人关注。运用大数据、人工智能等互联网技术，对互联网上的经济犯罪线索进行智能分析研判，实现以网制网，能有效地遏制涉众型经济犯罪的互联网发展趋势。

2. 破解涉众经济犯罪处置等案爆发、被动接案、疲于应付的现状，实现主动预警、精准打击

涉众经济犯罪不仅是百姓之痛，也是政府之痛。从近几年爆发的"e租宝""善心汇"等全国性案件，反映出相关职能部门在处置风险型经济犯罪案件处于等案爆发、被动接案、

疲于应付的局面。我们认为，通过现有的互联网技术，完全可以提前预测、感知风险。为此，利用人工智能技术，从海量的互联网信息中监测经济犯罪情报线索，实现主动预警预测，甚至主动精准打击。

3．遏制涉众经济犯罪高发态势，实现打防管控一体化治理水平的提升

遏制涉众经济犯罪高发态势需要依托一个载体，并在党的领导下，有效整合各资源，各司其职、各负其责、各把关口，合力围剿。综合研判结果及时予以处置，抓早抓小，最大限度地减存量、控增量，遏制风险型经济犯罪高发态势。

12.6　某电厂工控网络和信息安全防护体系建设

12.6.1　背景

据权威工业安全事件信息库 RISI 统计，全球已发生几百起针对工控系统攻击事件。随着通用开发标准与互联网技术的广泛使用，使针对工业控制系统（ICS）的病毒、木马等攻击行为大幅度增长，结果导致整体控制系统的故障，甚至恶性安全事故，对人员、设备和环境造成严重。

我国发电厂已经对 DCS/PLC/SIS 等生产控制系统网络环境都有了一定安全投入，按照国家发展改革委 2014 年 14 号令《电力监控系统安全防护规定》的要求，根据安全分区、网络专用、横向隔离、纵向认证的原则，将发电厂网络划分为生产控制大区和管理信息大区两大部分，而生产控制大区又分为生产控制区（定义为安全区 I，DCS 生产控制系统主要置入此区）和非控制区（定义为安全区 II）。各安全区域之间，通过访问控制或单向网闸进行隔离。这些措施的实施，在过去，对保障发电厂监控系统和电力调度数据网络安全起到了很好的防护作用。但随着计算机和网络技术的发展，特别是信息化与工业化深度融合，以及无线网络的快速发展，工业控制系统产品越来越多地采用通用协议、通用硬件和通用软件，以各种方式实现网络互连互通，高度信息化的同时，也减弱了控制系统等与外界的隔离，病毒、木马等威胁正在向工业控制系统扩散，我国发电机组发生过病毒感染的严重异常事件。

2015 年，Modicon 的 M340 可编程逻辑控制器（PLC）被发现存在高严重性漏洞，在访问该型号的施耐德 PLC 的 Web 服务器时，用户会被要求在弹出的一个安全对话框中输入用户名和口令，但该口令域没能正确处理输入数据，当输入一个较长随机密码（如：90～100 个字符）后，会导致设备崩溃，还有可能被利用在设备内存中远程执行任意代码。

12.6.2 电厂建设面临的安全威胁

1. Web 应用安全威胁分析

电厂为了适应发展，树立自身良好的形象，扩大社会影响，提升工作效率，均建立起自己的门户网站。然而，由于网站是处于互联网这样一个相对开放的环境中，各类网页应用系统的复杂性和多样性导致系统漏洞层出不穷，病毒木马和恶意代码网上肆虐。电厂没有部署 Web 应用防护的产品，厂内 Web 服务容易受到黑客入侵和篡改网站的网络攻击，甚至有的篡改网站的事件直接升级成政治事件。

2. 数据库安全威胁分析

电厂信息管理大区中的数据库中储存着大量的关键数据信息，是不能被窃取和篡改的，因此，保护数据库就成为保护数据的重要环节。然而，数据库的威胁是越来越多，数据库中的数据随时都有被窃取的威胁。电厂却没有部署相关的安全防护产品，不能有效保护厂内的数据库系统，不能有效防止受到特权滥用、已知漏洞攻击、人为失误等侵害。

3. APT 攻击威胁分析

APT 攻击多针对国家战略基础设施，其攻击目标包括政府、金融、能源、制药、化工、媒体和高科技企业，电厂是一个潜在的攻击目标。APT 攻击综合多种先进的攻击手段，多方位地对重要目标的基础设施和部门进行持续性攻击，其攻击手段包含各种社会工程攻击方法，常利用重要目标内部人员作为跳板进行攻击，且攻击持续时间和潜伏时间可能长达数年，很难进行有效防范。

4. DCS 控制网络威胁分析

对于关键基础设施，特别是工控系统的管理者们来说，需要走出"物理隔离"带来的虚假安全感：传统的内网隔离依托物理安全措施提升攻击成本，提升了接触式攻击的成本。然而，控制网络内没有用工业防火墙，未实现最小安全域划分与防护，网络内部也没有适用的威胁检测产品，这都为各类摆渡攻击带来便利。2017 年 7 月，国内另一个电厂，因外部人员运维笔记本同接入生产大区并感染生产大区主机，变种"WannaCry"病毒迅速感染整个生产大区，使得部分工控主机出现蓝屏、重启的现象。这一例子生动揭露了 DCS 控制网络防护的脆弱。

12.6.3 对策与措施

12.6.3.1 总体防护策略

电厂工控网络和信息安全防护体系建设是根据"纵深防御"这一总的安全原则。不仅加固管理大区信息安全防护手段，同时，通过对工业控制系统进行安全区域划分，建立不同区域之间的数据通信管道，对管道数据进行全面的分析与管控。中央管理与控制平台必须使企业管理者能够总揽全局，时刻了解工业控制系统网络安全的状况，指导企业建立合理的安全策略，规范安全管理流程，建立工业控制系统网络安全的"纵深防御"体系。在本电厂中建立"纵深防御"体系，如图 12.9 所示。

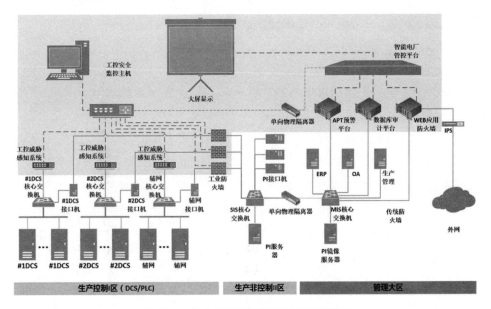

图 12.9　发电厂工控机信息系统智能防护

主要的安全防护措施如下。

1. 加固管理大区信息安全防护

在信息大区部署安全防护产品，对 Web 攻击及 APT 攻击进行过滤和预警，具体措施如下。

- 在四区核心交换机上，采用旁路接入的方式部署数据库安全审计系统。
- 在四区核心交换机上，采用旁路接入的方式部署 APT 攻击预警平台。
- 在四区 IPS 与防火墙之间部署 Web 应用防火墙。

2. 实现生产大区工控安全防护

在生产大区部署工控安全防护产品，提高工控系统在边界隔离、入侵检测及安全审计等方面的防护能力,具体措施如下。
- 在 1 号 DCS 根交换机上,采用旁路接入的方式部署工控威胁感知系统。
- 在 2 号 DCS 根交换机上,采用旁路接入的方式部署工控威胁感知系统。
- 在辅网核心交换机交换机上,采用旁路接入的方式部署工控威胁感知系统。
- 在 1 号机 DCS OPC Server 与 PI 接口机之间,部署工业防火墙。
- 在工业废水处理 PLC 与水网核心交换机之间,部署工业防火墙。

3. 实现全厂安全信息运营

在四区部署企业安全感知中心,收集部署在生产大区及管理大区安全设备提供的安全数据,其中生产区的安全数据通过单向隔离装置导出,保障生产大区的物理隔离。

企业安全感知中心为本方案中的工业控制系统信息安全的中央管理与控制平台,实现对工业控制系统及设备、安全设备等的监控。

12.6.3.2 Web 应用安全防护

Web 应用防火墙(Web Application Firewall,简称 WAF)代表了一类新兴的信息安全技术,用以解决诸如防火墙一类传统设备束手无策的 Web 应用安全问题。结合电厂中常用的 Web 服务和专有的业务流程,配置了 Web 应用防火墙防护策略。与传统防火墙不同,WAF 工作在应用层,因此,对 Web 应用防护具有先天的技术优势。基于对 Web 应用业务和逻辑的深刻理解,WAF 对来自 Web 应用程序客户端的各类请求进行内容检测和验证,确保其安全性与合法性,对非法的请求予以实时阻断,从而对各类网站站点进行有效防护。WAF 针对安全事件发生时序进行安全建模,分别针对安全漏洞、攻击手段及最终攻击结果进行扫描、防护及诊断,提供综合 Web 应用安全解决方案。

Web 应用防火墙产品提供了领先的 Web 应用攻击防护能力,通过多种机制的分析检测,能够有效地阻断攻击,保证 Web 应用合法流量的正常传输,这对于保障业务系统的运行连续性和完整性有着极为重要的意义。同时,针对当前的热点问题,如 SQL 注入攻击、网页篡改、网页挂马等,Web 应用防火墙按照安全事件发生的时序考虑问题,优化最佳安全成本平衡点,有效降低安全风险。

12.6.3.3 数据库安全防护设计

部署数据库审计与风险控制设备,能够根据对数据库系统的威胁与风险分析,全面监测数据库超级账户、临时账户等重要账户的数据库操作;通过细粒度的审计,可以从中发现数据库潜在问题。通过对不同数据库的 SQL 语义分析,提取出 SQL 中相关的要素(用户、SQL 操作、表、字段、视图、索引、过程、函数、包……);系统不仅对数据库操作请求进行实时审计,而且还可对数据库返回结果进行完整的还原和审计,同时,可以根据返回结果设置审计规则。

通过应用层访问和数据库操作请求进行多层业务关联审计,实现访问者信息的完全追溯,包括:操作发生的 URL、客户端的 IP、请求报文等信息,通过多层业务关联审计更精确地定位事件发生前后所有层面的访问及操作请求,使管理人员对用户的行为一目了然,真正做到数据库操作行为可监控,违规操作可追溯。通过解析和分析数据库操作行为,自动建立数据库访问行为基线,并依据行为基线自动智能识别可疑行为进行告警。

12.6.3.4 APT 攻击预警防护设计

APT 攻击的原理相对于其他攻击形式更为高级和先进,其高级性主要体现在 APT 在发动攻击之前,需要对攻击对象的业务流程和目标系统进行精确的收集。在此收集的过程中,此攻击会主动挖掘被攻击对象受信系统和应用程序的漏洞,利用这些漏洞组建攻击者所需的网络,并利用 0day 漏洞进行攻击。

电厂有更大概率,受到来自于敌对势力的网络攻击的威胁。部署 APT 攻击预警平台,该平台使用了深度检测和沙箱重定向技术,能够实现深度协议解析,实现高危邮件分析、Web 攻击、账号异常、隐蔽信道检测、TCP 异常会话检测等,通过全方位、多角度的异常网络行为的检测,对攻击事件进行完整的分析。除了发现 APT 攻击行为,还能拦截和阻断攻击行为。对于发现的执行恶意样本而发起的网络连接请求,或潜伏的木马外联网络通信,进行有效的拦截与阻断,并能及时更新拦截规则,实现对 APT 攻击行为的有效防御。

12.6.3.5 生产控制网络安全防护设计

遵循 ANSI/ISA-99 标准的纵深防御思想,对工业控制系统网络划分为 1#DCS 控制网络、2#DCS 控制网络以及辅网控制网络,如图 12.9 所示。各区域与 SIS 接口机之间的访问通过工业防火墙隔离,完成对不同区域的安全保护,工业防火墙将系统按其工段工艺、通信业务等划分为不同的安全域。防火墙通过对工业控制协议的深度解析,运用"白名单"和"自学习"等技术建立工业控制网络安全通信环境,阻断一切非法访问,仅保证制造商专有协议数据通过,对一切不符合标准和合法功能需求的通信数据进行拦截。为工控网络与外部网络互联、工控网络内部区域之间的连接提供安全保障。

在各个安全域内的核心交换机上,旁路部署工控安全监测审计平台,该平台不仅能够支持对 OPC、Modbus、IEC104、Profinet、DNP3 等公开协议报文进行深度解析,更为特殊的支持 Ovaton 设备的私有协议。该平台通过对协议的深度解析,识别网络中所有通信行为,检测针对工业控制协议的网络攻击、工控协议畸形报文、用户异常操作、非法设备接入以及蠕虫、病毒等恶意软件的传播,并实时报警和详实记录。同时,对工程师站组态变更、操作指令变更、程序下装、负载变更等操作行为进行记录和存储,便于安全事件的事后审计。平台能够建立工控系统正常运行情况下的基线模型,对于出现的偏差行为进行检测并集成网络告警信息,使用户在了解网络拓扑的同时获知网络告警分布,从而帮助用户实时掌握工业控制系统的运行情况。

12.6.3.6 电厂新安全统一管理的设计

部署工业安全感知中心,该平台是一款企业全网威胁态势分析产品,其摒弃了研究单一的安全事件。以区域和网络拓扑空间——呈现电厂内重要资产和安全设备的分布维度,对全网关键节点的综合安全信息进行网络态势监控,对区域内各安全设备进行在线监控、威胁量化评级、网络安全态势分析以及预警。

通过构建工控安全大数据中心,将所有的安全类和泛安全类的数据统计收集和处理,通过大数据分析平台协调计算资源和网络资源,既满足大数据智能平台的计算资源需求,同时又多维度分析安全事件。将各类安全信息整合到工控安全主动防护的建设中,缩短漏洞修复时间,明确海量告警的优先级,持续基于威胁事件复盘,并更新自己的安全防御体系。提供可视化界面,可以接入到生产管理的集控室内,让一线管理生产的工作人员也能实时把握全信息安全的态势情报,从整体上动态反映网络安全状况,还可查看告警威胁事件的详细信息,同时支持自定义告警策略,设置告警范围和阈值等策略。全厂安全威胁感知和统一管理提高了网络的监控能力,也提高了对数据的综合分析能力,能够有效地降低误报率和漏报率,提高系统检测效率,减少反应时间。实现了从全网的整体安全威胁感知,到信息资产以及安全数据的检测,进行全方位安全统一管理。智能电厂安全感知中心界面,如图 12.10 所示。

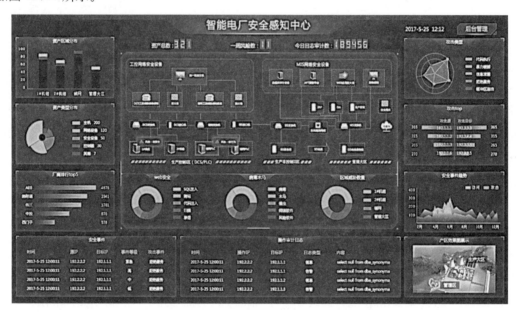

图 12.10　智慧电厂安全感知中心界面图

12.7　某市康养之都智慧城市建设案例

12.7.1　背景

新时代、新征程，习近平总书记决定，"健康中国 2030"规划纲要是未来推进健康中国建设的行动纲领，作为新时代健康卫生行业发展的纲要，明确将"提高保障和改善民生水平，加强和创新社会治理"部分定义为"健康中国"的战略实施路线。"健康中国"作为中国特色社会主义新时代发展的重要目标，与实现中华民族复兴的伟大复兴的目标不谋而合，也是解决我国新时代社会主义主要矛盾的关键路线，其建设意义重大，影响深远。

健康是促进人类全面发展的必然要求，是经济社会发展的基础条件。实现国民健康长寿，是国家富强、民族振兴的重要标志，也是全国各族人民的共同愿望。2016 年中共中央国务院印发了《"健康中国 2030"规划纲要》，该纲要是未来推进健康中国建设的宏伟蓝图和行动纲领，要求全社会要增强责任感、使命感，全力推进健康中国建设，为实现中华民族伟大复兴和推动人类文明进步作出更大贡献。2017 年习近平总书记在十九大报告中提出实施健康中国战略，要完善国民健康政策，为人民群众提供全方位全周期健康服务。"健康中国"作为中国特色社会主义新时代发展的重要目标，与实现中华民族复兴的伟大复兴的目标不谋而合，也是解决我国新时代社会主义主要矛盾的关键路线，其建设意义重大，影响深远。

某市作为中原重镇、水运重镇，在 2017 年政府工作报告中市政府明确指出，将做精做深第三产业，落实康养产业全域规划，打造全国康养旅游示范基地，非常切合"健康中国"的发展路线，符合国家总体健康战略。

12.7.2　建设目标

为了贯彻落实十九大提出的"健康中国"的重要指示精神，该市市委、市政府已明确将人民健康发展指数作为人民幸福指数的重要组成部分。随着社会不断发展，新型智慧城市的不断演进，打造以云计算、大数据为基础，以物联网、人工智能为抓手，"以人为本"为核心的"新型生态智慧城市"的需求已迫在眉睫，充分发挥"人性"、"孝道"在新型智慧城市里的主观因素，努力将该市打造成"康复疗养""生态养老""运动旅游""学习拓展""健康管理"为招牌的新型智慧城市康养之都，努力孵化智能康养示范基地，人工智能康养产业孵化平台，康养培训中心，国际健康贸易中心等新项目、新合作，形成"康养之都"的健康发展生态产业链，迅速提升城市人民幸福发展指数和经济发展水平。

12.7.3 建设内容

1. 坚持以人为本,打造康养绿道

建设"以人为本"的智慧城市战略方向,坚持以大数据技术为主线,以"人"的主观意识为核心,将人的主观意识牵引到智慧城市建设的主干道,形成"以人为本"的智慧城市建设模式,提升智慧城市建设过程中"人"的参与力度;特别是打造康养绿道的过程中,要大力提高人的参与力度,在模式上、空间上、方法上、时间上加强"人人参与"的保障力度,形成智慧城市运营的良性循环,打造独具匠心的康养绿道。

2. 培育主观意识,提升幸福指数

创新智慧城市运营思路,打破传统智慧城市"政府主导"、"社会参与"的管理模式,通过采取"积分方式"、"红包方式"、"签到方式"等诸多互联网思维模式,结合中国百善孝为先的传统美德,充分利用子女对父母、亲人、朋友的关爱纬度,让更多的人愿意主动参与康养相关活动。结合巧妙的运营模式,使老百姓在运动中寻找快乐,在快乐中得到健康,进一步提升居民幸福指数,通过智慧康养管理模式进一步应用和拓展,提升全市的智慧城市运营水平。

3. 融合产业服务,完善政府职能

进一步完善康养产业链条,大力引进养老、理疗、休闲、运动、科研等相关产业,大力扶持具有当地基因的康养产业发展,弥补政府康养事业空缺和不足,强化社会企业对康养行业的参与力度,激发社会企业的活力和创新力,逐步完善康养领域各环节的架构设计,脚踏实地,逐步完善"康养之都"的特殊使命;通过智慧城市创新思维和产业拓展,进一步完善政府对康养领域的战略部署,强化人民群众对康养行业的需求和发展,强力支撑政府对康养领域的重要职能。

4. 保障网络安全,建设安全之都

优化信息安全保障组织,充分利用新技术、新理念、新方法等,对智慧城市安全进行立体防护,遵循"谁建设,谁负责"的安全原则,建立标准的智慧城市安全标准体系、智慧技术安全技术体系和智慧城市安全管理体系;建设统一安全评价标准、评价指标体系及安全处罚体系;建立健全智慧城市安全监管体系。围绕"康养之都"智慧城市安全建设目标,强化智慧城市技术体系、管理体系及运营体系,以保障康养之都安全运营目标,实现康养之都跨越式发展。

5. 打造人才智库，促进人文交流

创新发展，人才集聚一直是某市发展之根本，大力发展人才智库，设计关于技术、管理等各项"天使"和"大使"的角色，不断引领某市跨越式发展。通过人才智库管理机制实现政府与人才之间的双向交流，充分发挥"天使"和"大使"的发展潜力，为该市带来的新技术、新成果、新契机，大力发展人才双向交流机制。通过人才互动，进一步提升本市科教创新发展、人文价值提升、经贸跨越发展，实现康养之都的发展目标。

12.7.4 创新特色

1. 创新思维，让管理运营更简单

通过思维创新，由政府牵针引线，让更多的民营产业投入当地的智慧城市建设，充分发挥企业的活力和智慧，积极摸索适合当地的管理与运营模式，全力激活子女对父母身体健康关爱的巨大市场，多元化运营康养概念，实现从被动接受变为主动接受的过程，实现智慧城市创新发展与协调发展。

2. 创新模式，让方案优势更突出

积极探索"政府主抓，人人参与"的创新发展模式，结合政策导向及优势产业扶持，优化本市康养产业结构调整，努力争取康养相关的理疗、养老、运动、休闲、科研、教育等相关产业。通过激发康养相关产业的创新力，打造全国独具特色的康养之都，形成产业齐全、活动丰富、人心所向的温馨、和谐的康养城市大家庭，共创康养之都美好生态圈。

3. 创新技术，让基础建设更先进

充分利用互联网+"康养"的理念，结合大数据、物联网、移动互联网、网络安全、人工智能及工业互联网等多种新兴技术手段，以"康养之都"为突破口，利用智能医疗设备、健康大数据分析、国际健康制造、专业科学健康咨询及金融保险等手段，形成具有较强竞争力的智慧产业孵化平台，将城市的特色发挥出来。与此同时，进一步融合相关系统及技术，进一步完善智慧城市"城建"、"民生"等方面的功能。

12.8 教育行业网络安全综合整治案例

12.8.1 背景

教育行业网络安全是国家网络安全的重要组成部分。近年来，按照国家网络安全的总

体部署,在全行业共同努力下,教育行业网络安全意识显著提高,形势明显好转,工作机制基本建立,防护能力不断加强。但也要看到,教育行业机构多、系统多、数据多、影响面广,网络安全工作仍存在许多问题,主要表现在:安全责任不落实、管理不规范、安全隐患突出、监测和应急响应能力不足等,网站页面遭攻击和篡改、数据被窃事件时有发生。

这些问题给教育行业造成了不良影响危害了师生的切身利益。为全面贯彻党中央、国务院关于网络安全的统筹部署,落实《网络安全法》,按照教育部网络安全和信息化领导小组的统一部署,计划自2017年3月至8月,在全行业开展以"治乱、堵漏、补短、规范"为目标的网络安全综合治理行动。

安恒信息作为教育部网站安全监测通报工作合作单位,为全国教育网站与在线Web应用系统提供了 7×24 h 的安全检测、监测、漏洞挖掘、应急响应、处置等全方位安全服务,为此次行动提供了原始基础保障。然而,要落实整个系统网络安全,还需要安恒信息同各级教育厅、高校、职校、中小学、科研院所等单位共同努力。

安恒信息根据此项行动,提出了"治乱、堵漏"的综合解决方案,基于大数据云平台安全运营中心——"风暴中心",提供全面安全解决方案,在多地教育行业进行了推广和落地。

12.8.2 治乱解决方案

教育部门由于管理、技术等多种原因,大量信息系统基础数据的验证、维护、更新与比对检查工作,长期处于缺失状态。政府网站存在的自身资产不清晰、网站大量开放子域名、僵尸站点、网站IP被劫持,甚至劫持到境外等情况屡见不鲜,尤其是教育行业在2016年黑客事件频发,这都是网络安全主管部门对其监管对象基本情况不明、基本数据不全、缺乏基本数据检测与监测手段所造成的。因此,治乱首先需要了解辖区内的资产情况。

12.8.2.1 网站基础信息普查

风暴中心先知系统,通过部署在全国的全网爬虫集群,在互联网空间中进行广度优先的爬取,不间断采集域名信息,目前已累计监测到2亿个域名。并对探测发现的域名,进行基础信息获取与智能处理。

凭借云端不断丰富的在线系统数据,能为行业用户提供对应的资产清单,可提供的在线系统基础信息分为系统的域名信息和系统的指纹信息两类。

信息系统的域名信息主要包括以下内容。

- 网站域名、标题。
- 域名所有者:域名注册单位信息。
- 域名解析者,即域名所采用的 DNS 解析服务器类型,还有域名解析的 A 记录与 CNAME 信息。

- 网站与业务系统名称。
- IP 地址及其物理区域。
- 资产行政归属地，即该资产所属单位的省、市、县多级行政归属。
- 资产行业信息二级细分识别：教育行业细分普教、高教、教育地方行政等类型。
- ICP 备案信息：ICP 备案号、注册单位以及单位性质。

除上述系统的域名信息外，还可进一步获取网站的以下指纹信息。

- 网站指纹信息。
- 应用服务器指纹。
- 操作系统指纹信息。
- 开发语言指纹信息。
- CMS 指纹信息。
- 安全设备信息。

用户按需获得对应的资产信息后，可对此类数据进行维护与更新，以完善更精确的资产信息。

12.8.2.2 僵尸网站、黑站、伪造网站专项筛查

风暴中心先知在全国各省市都有监测节点，采用多线路、多节点监测目标站点的可用性情况，包括网站的域名解析可用性、网站服务可用性，以及网站内容可用性。通过可用性的监测，可分析出辖区内站点的整体维护情况。

- 僵尸网站清单。
- 网站过多开放子域名清单。
- 无法访问网站清单。
- 网站 DNS 非法解析网站清单。

除此之外，先知的安全事件监测服务可监测网站的被黑、被嵌入暗链以及伪造网站情况，伪造网站监测通过多种技术实现。

- 通过对目标域名进行 500 多种变形来进行伪造网站的监测。
- 根据关键词组持续对主流搜索引擎返回的结果进行监测，防止伪造网站利用搜索引擎来传播伪造站点。

通过这些监测可全面地掌握辖区内站点的存活情况，排查僵尸站点和伪造网站。

12.8.3 堵漏解决方案

12.8.3.1 网站及应用系统监测与预警服务

通过分析目前教育行业校园网络的安全现状和需求，结合综合治理行动工作目标规划，

分期、分步建设，协助各地校园网络安全主管单位，全面建成技术领先、国内一流的网络安全态势感知通报体系，为准确把握全省网络安全态势、及时发现并处置各类网络安全事件提供全面技术与人员支撑；为各行业网络安全工作提出标准规范要求，提供技术指导、技术支持和网络安全服务，并协助进行安全事件的应急响应和处置；进一步健全和完善校园网络安全保障机制与措施，增强网络安全技术保障能力。网站及应用系统监测与预警服务，主要实现以下三个目标。

1. 实现校园网站与重点互联网主机的安全态势的掌控

针对校园网站系统与相关重要信息系统基础数据安全，完成覆盖校园互联网、地方政务网站、其他行业网站及重要信息系统的网络安全态势感知通报体系的总体框架建设。实现教育行业信息系统数据的收集，掌握校园互联网站、重要信息系统的网络安全状况，及时发现、识别各类网络安全事件，及时掌握重点网络安全态势，了解跨省、跨国级网络的网络攻击和异常行为等网络安全事件，为安全威胁预警、应急响应和事件处置提供技术支撑。

2. 实现教育行业统一的网络安全预警、通报、处置机制

通过网络安全态势监测服务、网络安全威胁预警服务、网络安全事件通报服务、网络安全事件处置服务、网络安全态势分析服务以及网络安全态势报送服务的实施与持续跟进，实现教育行业全网安全问题发现和快速定位，完善网络安全事件管理流程，初步实现校园网络安全体系的统一管控。

3. 实现信息安全事件应急响应处置

针对各单位安全现状制定适合本单位的安全事件应急预案，出现安全事件及时响应和快速处置，通过网络安全事件处置和应急响应服务，初步实现网络安全事件应急响应处置，增强和补充校园网络和重要信息系统运维管理能力。

网站及应用系统监测与预警服务包括：校园网络信息系统基础数据服务，校园网络安全问题、事件通报和处置服务，网络安全威胁预警服务，网络安全态势分析服务，网络安全重点事件专题分析服务，重点信息系统安全实时保障服务，网络安全监测可视化展现服务，网络安全资讯通报推送服务，网络安全应急响应服务，网络安全报告报送服务。具体包括以下九个方面。

（1）校园网络信息系统基础数据服务。

依托风暴中心在全国各省部署的监测设备，对校园网络空间中的在线信息系统进行自动发现，并配套提供各类系统采用的基础指纹数据。为网络安全主管部门对全国或全省、市范围内的网站安全管理提供全面资产清单。

（2）校园网络安全问题、事件通报与处理服务。

风暴中心安全专家值守团队进行 7×24 h 实时监测，并对重要安全事件和漏洞进行人工分析和审核，对出现的安全问题提供快速准确发现与及时通报的服务。安全通报可通过邮件、密信等方式提供。

(3) 网络安全威胁预警服务。

安全专家团队对互联网中出现的最新安全威胁进行深入分析和研究，对 0day 漏洞、最新攻击行为提取特征，在风暴中心内置与不断完善的站点指纹库中，通过指纹特征方式迅速匹配识别，对受影响站点、主机进行定向监测和预警，并提供威胁分析报告服务。

(4) 网络安全态势分析服务。

随着校园网络规模和应用的迅速扩大，网络安全威胁不断增加，单一的网络安全防护技术已经不能满足需要。网络安全态势感知能够从整体上动态反映网络安全状况，并对网络安全的发展趋势进行预测。风暴中心将每个月定期分析网站安全状态、安全风险和走势，帮助网络安全主管部门宏观掌握校园网络整体安全态势。

(5) 网络安全重点事件专题分析服务。

网络安全重点事件对社会危害性大，影响范围广，有必要单独进行研究分析，制定相应的策略，使其可防、可控。风暴中心经过 10 多年的安全监测和数据积累，可对校园网站中普遍存在且影响较大的安全问题进行专题分析，提供专题报告。

(6) 网络安全监测可视化展现服务。

风暴中心可提供网站安全态势的可视化展现服务，定制化开发展现页面，并提供展示设备与监测数据，可视化展现页面可实时展示以下数据。

- 所有网站的总体安全态势监测情况。
- 单个重点网站安全态势监测情况。
- 以地图形式展现各地区出现安全事件的情况。
- 最新安全事件、攻击行为分析。
- 各单位安全事件通报、处置、漏洞修复情况。
- 常见安全事件监测情况。

(7) 网络安全资讯通报推送服务。

为了协助网络安全主管部门掌握全球最新发生的各类网络安全动态，风暴中心将编制最新的安全资讯，为用户每周提供一次安全资讯，涵盖本周的总体安全状况、最新病毒、漏洞以及影响较大的安全事件。

(8) 网络安全应急响应服务。

风暴中心针对爆发的网络安全事件，依据用户需求，提供安全应急响应支持服务，包括 7×24 远程应急和最长 48 小时内赶赴现场支持服务。依托全国多个省份的分支机构，包含安全服务团队与其他技术团队，可保障全国范围的安全应急响应服务覆盖。

(9) 网络安全报告报送服务。

风暴中心为网络安全主管部门提供报告获取的在线应用，可按需查询和获取站点的安全检测报告。

12.8.3.2 网站安全云防护方案

以态势感知为依托，在网站纳入云安全防护系统的系统管理之前，首先进行应用入场源代码安全检测，然后由系统的五大子系统进行监测、防护、态势感知、管理支撑及数据审计，实现安全可视化、工作流程化、管理规范化。再通过持续性的 7×24 h 安全专家值守服务，提供全面的安全保障。

网站安全防护方案采用云端安全防护的方式，用户无需在本地部署任何安全设备，只需将别名解析到云防护系统上，云防护系统通过全国 DNS 调度中心会对用户访问进行就近选路，用户的访问先经过云防护系统，从网络层面对黑客发起的 Syn-flood、Upd-flood、Tcp-flood 等 DDoS 攻击进行防护，应用层过滤注入攻击、跨站脚本、Webshell 上传、网页木马、第三方组件漏洞和应用层 CC 等攻击，防止网站被篡改、信息泄漏、拒绝服务，有效保障网站的可用性和安全性。

云防护平台对网站进行 24 h 实时监控、对潜在威胁进行预防、对存在威胁进行防护，通过大屏、电脑动态展示，监控数据实时推送到用户手机，对网站问题进行实时追踪、预警、通报。同时，提供人工安全值守服务，7×24 h 远程服务团队的网站监控、攻击威胁处理和应急响应服务，重要节会的安全值守服务。具体防护流程如图 12.11 所示。

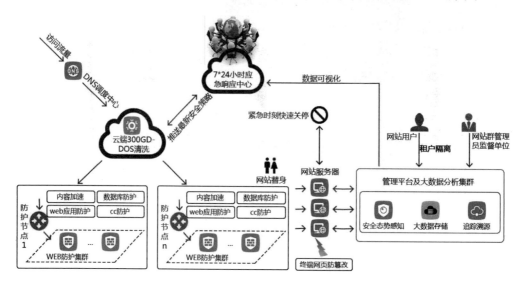

图 12.11　云防护平台安全防护流程图

网站安全云防护的实施步骤如下。

（1）应用入场前安全检测。

网站应用入场前，需要进行安全体检工作。一方面，避免部分网站已经存在木马、Webshell 等安全问题造成防护失效；另一方面，存在安全问题的网站也会影响其他网站的安全性，在接入前对所有网站进行漏洞检查，并对网站目录进行扫描，检查是否存在木马和 Webshell。

（2）接入到云防护系统部署。

通过更改网站域名解析，将域名解析到为其云防护分配的 CNAME 别名地址。

（3）防篡改部署。

对重点网站服务器上部署防篡改模块，通过防篡改模块进行静态页面锁定和静态文件监控，发现有对网页进行修改，删除等非法操作时，进行保护并告警。通过网页防篡改技术，对网站加以防护，同时，借助防篡改引擎，实现对篡改行为的监测。网页防篡改系统采用 Web 服务器核心内嵌技术，将篡改检测模块和应用防护模块内嵌于 Web 服务器内部，自定义相应的防篡改策略，实现网页和数据内容的实时监测和保护。网页防篡改引擎不仅可以提高网站安全性，也为安全事件发生后的调查取证提供有价值的线索和依据。

同时，提供手机 APP 云管家服务。用户可通过 AppStore 中下载安恒通软件，通过手机 APP 与云端联动，为用户提供网站云防护态势分析，包含网站漏洞监测、可用性监测、攻击防御状态、防护报表、安全事件等数据报告，让用户实时了解关键系统的安全情况，做到心中有数，如图 12.12 所示。

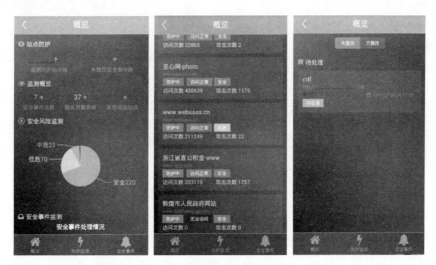

图 12.12　手机 APP 云管家服务

12.8.3.3　数据防泄漏解决方案

数据泄漏可从多个途径泄漏，并且根据泄漏的源头分为内部数据泄漏、外部数据泄漏。由于泄漏的途径、源头多种，数据防泄漏方案建立应从数据库操作审计、运维审计与防护、数据库防护等多方面建立完整数据防护体系，从而完成局部防御带来的局限，形成一体化的数据安全解决方案，体系化地解决各类数据安全隐患，保证数据的安全。

从业务系统的视角，以业务数据流为导向，结合内部管理流程及运维制度，以数据安全为核心,从数据流经的各个环境实现整体全流程防护、管控及审计的能力,立体化保护数据的安全,为用户提供一套整体防护监控审计的平台,解决各个设备不能有机协同工作的风险难题,自动化地防护、预警各种数据安全事件。同时,为用户建立全流程事后事件调查取证的能力,规避管理层的风险,真正实现数据安全防护的极大提升。

数据安全整体解决方案,主要从以下几个方面解决数据安全问题。

(1) 数据库主机安全,通过对数据库主机的管控,避免误操作。

(2) 数据库应用层管控,通过网关来对数据层进行权限划分、隔离。

(3) 数据库操作审计,为追踪溯源提供依据。

(4) 根据特征识别攻击、恶意操作,提示处置意见。

(5) 对数据库进行定期进行扫描,对于弱口令、配置不当、漏洞问题给出处理意见。

(6) 对敏感数据进行管理,扫描敏感数据,对外提供数据进行脱敏。

数据防泄漏的体系框架如图 12.13 所示。

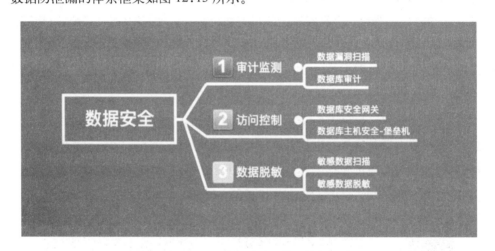

图 12.13　数据防泄漏体系框架

整个数据防泄漏安全体系框架由三块组成,分别为审计监测、访问控制和数据脱敏。通过部署数据漏洞扫描、数据库审计、数据库安全网关、堡垒机、敏感数据扫描、敏感数据脱敏等技术产品,做到检测、防御、审计、检测、管控一体解决方案。

● 数据库漏洞扫描:通过对数据库进行扫描,可以发现数据库中存在的默认账号密码、弱口令、配置不当、漏洞等问题,从而使客户在应用上线前,即可排查数据库自身的风险,极大地提高数据库的安全性。

● 数据库审计:提供专业级的数据库协议解析审计,能够对进出核心数据库的访问流量进行数据报文字段级的解析操作,完全还原出操作的细节,并给出详尽的操作返回结果,以可视化的方式将所有的访问都呈现在管理者的面前,数据库不再处于不可知、不可控的情况,数据威胁将被迅速发现和响应。

● 数据库安全网关:以数据库访问控制为基础,以攻击防护和敏感数据保护为核心的专业级数据库安全防护设备,可以实现对数据库服务器从系统层面、网络层面、数据库三维一体的立体安全防护,数据库层面防护主要是从精细的合规访问控制、攻击漏洞特征识别阻断、虚拟补丁加固防护、数据篡改泄漏保护四个方面,对数据库提供实时的防护。极大地减少了数据库攻击行为及违规访问发生,提高数据库的安全,保护企业敏感数据的合法正常使用。

- **堡垒机**:堡垒机是一款针对主机、数据库、网络设备等的运维权限、运维行为进行管理和审计的工具。主要解决云上IT运维过程中操作系统账号复用、数据泄漏、运维权限混乱、运维过程不透明等难题。堡垒机可以对运维行为进行阻断和控制,所有运维、开发人员对服务器的登录、命令、文件传输等都必须是合法,否则将会被阻断。
- **敏感数据脱敏**:数据脱敏系统可以根据内置的规则扫描发现敏感数据,并可以针对敏感数据采用专用的脱敏算法进行脱敏,从而在测试、开发环境中隐藏真实的敏感数据,为数据安全提供有力的保证。同时,数据经过加工脱敏以后,可以保留原有的数据格式,无需改变相应的业务系统,从而实现低成本、高效率、安全的使用生产环境的敏感数据。

12.9 某市智慧公安建设案例

随着互联网,尤其是移动互联网的发展,一个以信息爆炸为特征的大数据时代正在到来。这对公安来说,既是挑战,也是机遇。对此,以创新的理念和思维,把深入实施科技强警战略,大力推进科技创新摆上更重要的位置,努力提升公安工作的信息化、科技化和现代化水平成为智慧公安建设的主要方向。智慧公安的建设发展涉及核心技术研发、应用体系创新发展、产业体系优化升级以及人才体系建设等诸多方面,需要国家政策的大力扶持才能促进其快速、健康发展。同时,随着信息技术不断发展,网络与信息安全在国家政治、经济和社会稳定中具有举足轻重的重要意义,信息安全给安全监管部门提出新的挑战。目前,我国信息系统安全产业和信息安全法律法规和标准不完善,导致国内信息安全保障工作滞后于信息技术发展。为提高国家信息安全保障能力,"中央网络安全和信息化领导小组"宣告成立,习近平总书记亲自担任信息化领导小组组长,并指出"没有网络安全就没有国家安全",将网络安全上升到国家安全战略高度。

就警务信息化应用而言,某市公安通过系统大整合,从技术层面解开信息孤岛和信息碎片化,为实现更大范围、更高层次的共享应用提供现实基础。同时,利用大数据针对海量数据实现大数据的深度应用、综合应用和高端应用。通过使用大数据算法对海量数据进行分析和建模,挖掘出各类数据背后所蕴含的、内在的、必然的因果关系,进而研判出某一事件发生的概率,科学预测其发展趋势,以此来服务打防管控一体化。系统部署如图12.14所示。

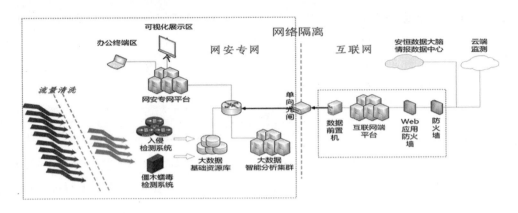

图 12.14 某市智慧公安系统

结合某市公安的实际情况，重点从以下几个方面落实和推进智慧公安的相关工作。

一是创新多维度展示、提供多视角态势分析。该市智慧公安系统结合网安业务流程和工作重点，多维度展示各类网安业务重点数据，以网络资产管理为基础，结合事前掌握隐患、事中监测攻击、事后管理实践的业务思路，形成总体态势、安全隐患、安全攻击、安全事件、通报预警等六个维度的可视化展示。同时，根据数据碰撞比对、智能分析模型应用，形成数据分析情报。

深入排摸公安底层数据，现有的基础底数有哪些？对比现实打防管控的工作，需要的数据还有哪些？下一步工作需要的数据有哪些？为优化进一步工作，有哪些技术方面的需求？

二是建设公安大数据平台。重点加强公安大数据平台技术架构的顶层设计，进一步优化当前技术架构，着重做好基于云技术的基础设施梳理。结合大数据的有效信息提供分析展示平台，从多个维度，提供大数据分析结果，为研判、决策及重要时期的网络安全保障工作提供有效支撑。

三是做好海量数据预处理。数据处理层主要针对数据采集层采集、汇总的数据进行处理，包括数据预处理、去重合并、日志泛化、结构化处理等。数据处理是为了将海量公安大数据中的无用信息去除，然后，经过初步处理成为易于检索、查询和引用的形式。数据去重合并是将不同来源表达相同事件或情报的数据进行去重合并，消除数据冗余。

四是要建设公安机关的安全防护管理业务平台，实现围绕公安监管业务的各项功能，建立公安机关"打防管控"一体化综合管理平台。实现对等级保护检查的管理，创建通报预警、应急响应机制，建立 7×24 h 的监测体系与全天候全方位网络安全态势感知分析能力，利用基于可视化、集成式、一站式的技术平台，实现情报共享，以及违法犯罪的侦察打击、追踪溯源，形成对网络黑灰产的威慑作用。创新业务流闭环，打通公安业务"最后一公里"。为支撑公安快速监管业务，在发现、通知、整改等环节，充分利用各类终端应用，包括安卓、苹果在内的客户端，形成事件发现、确认、通报、处置完整无纸化闭环。